住房和城乡建设部“十四五”规划教材
A+U 高等学校建筑学与城乡规划专业教材

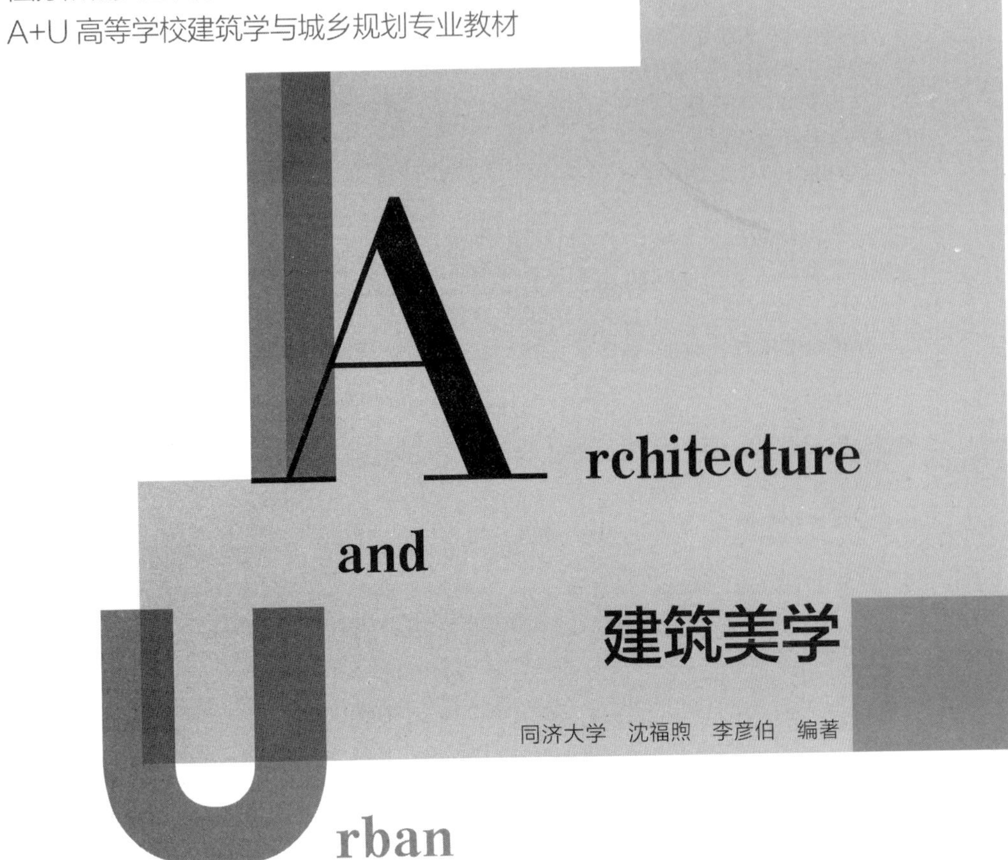

建筑美学

同济大学　沈福煦　李彦伯　编著

第3版

中国建筑工业出版社

图书在版编目（CIP）数据

建筑美学 / 沈福煦，李彦伯编著 . — 3 版 . — 北京 ：中国建筑工业出版社，2021.9

住房和城乡建设部“十四五”规划教材　A+U 高等学校建筑学与城乡规划专业教材

ISBN 978-7-112-26534-3

Ⅰ . ①建…　Ⅱ . ①沈… ②李…　Ⅲ . ①建筑美学—高等学校—教材　Ⅳ . ① TU-80

中国版本图书馆 CIP 数据核字（2021）第 176353 号

责任编辑：杨　琪　陈　桦
书籍设计：付金红　李永晶
责任校对：赵　颖

为了更好地支持相应课程的教学，我们向采用本书作为教材的教师提供课件，有需要者可与出版社联系。
建工书院 http：//edu.cabplink.com
邮箱：jckj@cabp.com.cn　电话：（010）58337285

住房和城乡建设部“十四五”规划教材
A+U 高等学校建筑学与城乡规划专业教材
建筑美学
（第3版）
同济大学　沈福煦　李彦伯　编著
*
中国建筑工业出版社出版、发行（北京海淀三里河路9号）
各地新华书店、建筑书店经销
北京雅盈中佳图文设计公司制版
北京圣夫亚美印刷有限公司印刷
*
开本：787毫米 × 1092毫米　1/16　印张：$13^{3}/_{4}$　字数：353千字
2021 年 12 月第三版　2021 年 12 月第一次印刷
定价：39.00元（赠教师课件）
ISBN 978-7-112-26534-3
（38088）

出版说明

党和国家高度重视教材建设。2016 年，中办国办印发了《关于加强和改进新形势下大中小学教材建设的意见》，提出要健全国家教材制度。2019 年 12 月，教育部牵头制定了《普通高等学校教材管理办法》和《职业院校教材管理办法》，旨在全面加强党的领导，切实提高教材建设的科学化水平，打造精品教材。住房和城乡建设部历来重视土建类学科专业教材建设，从“九五”开始组织部级规划教材立项工作，经过近 30 年的不断建设，规划教材提升了住房和城乡建设行业教材质量和认可度，出版了一系列精品教材，有效促进了行业部门引导专业教育，推动了行业高质量发展。

为进一步加强高等教育、职业教育住房和城乡建设领域学科专业教材建设工作，提高住房和城乡建设行业人才培养质量，2020 年 12 月，住房和城乡建设部办公厅印发《关于申报高等教育职业教育住房和城乡建设领域学科专业“十四五”规划教材的通知》（建办人函〔2020〕656 号），开展了住房和城乡建设部“十四五”规划教材选题的申报工作。经过专家评审和部人事司审核，512 项选题列入住房和城乡建设领域学科专业“十四五”规划教材（简称规划教材）。2021 年 9 月，住房和城乡建设部印发了《高等教育职业教育住房和城乡建设领域学科专业“十四五”规划教材选题的通知》（建人函〔2021〕36 号）。为做好“十四五”规划教材的编写、审核、出版等工作，《通知》要求：（1）规划教材的编著者应依据《住房和城乡建设领域学科专业“十四五”规划教材申请书》（简称《申请书》）中的立项目标、申报依据、工作安排及进度，按时编写出高质量的教材；（2）规划教材编著者所在单位应履行《申请书》中的学校保证计划实施的主要条件，支持编著者按计划完成书稿编写工作；（3）高等学校土建类专业课程教材与教学资源专家委员会、全国住房和城乡建设职业教育教学指导委员会、住房和城乡建设部中等职业教育专业指导委员会应做好规划教材的指导、协调和审稿等工作，保证编写质量；（4）规划教材出版单位应积极配合，做好编辑、出版、发行等工作；（5）规划教材封面和书脊应标注“住房和城乡建设部‘十四五’规划教材”字样和统一标识；

（6）规划教材应在“十四五”期间完成出版，逾期不能完成的，不再作为《住房和城乡建设领域学科专业“十四五”规划教材》。

住房和城乡建设领域学科专业“十四五”规划教材的特点，一是重点以修订教育部、住房和城乡建设部“十二五”“十三五”规划教材为主；二是严格按照专业标准规范要求编写，体现新发展理念；三是系列教材具有明显特点，满足不同层次和类型的学校专业教学要求；四是配备了数字资源，适应现代化教学的要求。规划教材的出版凝聚了作者、主审及编辑的心血，得到了有关院校、出版单位的大力支持，教材建设管理过程有严格保障。希望广大院校及各专业师生在选用、使用过程中，对规划教材的编写、出版质量进行反馈，以促进规划教材建设质量不断提高。

住房和城乡建设部“十四五”规划教材办公室

2021 年 11 月

第三版前言

《建筑美学》第二版已经出版并被使用了 8 年时间。21 世纪的第 2 个十年，不仅建筑学领域获得了许多新的发展，当代社会更是发生了翻天覆地的变化，在这样的背景下，对这一教材重新修订，既十分必要，又面临挑战。

人们获取信息的途径与方式，同以往已然大大不同了，书本、教材，早已不是唯一或者最有效的信息来源。伴随网络的日益发达、数据库与搜索引擎的广泛使用，人们面临的不再是若干年前那样获取信息无门，而是受困于信息的过度充盈甚至溢出。因此，检索与摄取怎样的信息，以怎样的线索或脉络去获取有效信息，已成为前所未有的挑战；另一方面，捕获信息，并不等于得到知识。因此当我们在当下谈论建筑美学的时候，比以往任何时候都更需要结构性的知识体系，去帮助初学者系统性地理解与认知建筑美学。

建筑美学，既同美有关，又立足于建筑学学科及其技术的基本原理与规律。事实上，建筑学本身的知识体系又是非常庞杂的。虽然往往被称为技术与艺术的结合，但事实上若以美学而论，其技术面相中也蕴含美的法则，例如力学平衡、结构关系、几何秩序、构造交接逻辑等。与此同时，美学既有一定的普遍性规律，同时也是个价值观的问题。不仅是形式，往往也涉及背后的各种支撑或影响因素。所以需要知其然，也要知其所以然。

因此，在本版修订中，对教材各章节的总体逻辑结构进行了微调，增补了大量英文原文，对于中文译名也力图按照当今的习惯称谓进行了修订，并新增了“索引”部分，以便于检索。从而使其在教材之外更好地承担起一本检索手册或说工具书的职责，作为读者驶向无垠知识海洋的锚点。

最后，应该清醒地看到，教材更多是对既往经验、理论与案例的总结归纳，更不用说编纂所费周期甚巨。因此便决定其自付梓面世之日起，便已经是被时代发展抛在背后的一个节点了。因此想要学好这门课程，既要审慎地举一反三、更有赖于读者自身的勤奋与独立思考。这样的知识体系，其自身又是开放而充满可能性的，而教材仅能提供作为一家之言的参考。希望它的再次修订，能够不令读者局限于此，反而成为他们学习路上开启的一扇窗。正如第二版后记中最后一句话所言——未来是写不完的。

（在此也深切缅怀为建筑学基础教育倾尽毕生心血、躬耕不辍的沈福煦老师。）

李彦伯于同济大学

2021年11月

第二版前言

本教材已用 6 年，按例需重新修订，一是为了新的教学要求，二是在 6 年后，全球的建筑有了很大的变化，建筑思潮也有不少新意。所以，笔者根据这些新内容和新要求，便组织力量，着手编写第二版。

《建筑美学》第一版在这些年的教学中，得到许多好评，特别是在当今的社会现实中，对建筑的审美提出了更高的要求。对于建筑，只是实用、坚固、经济的要求越来越显得不够了。特别是近年来，大量的居住建筑，在建筑形式美方面的要求更为突出；住宅，要让人们在视觉形象上也有所提高。所以不但是建筑设计者，更事关广大群众，也要求对建筑有更高的审美要求。“眼高手低”，人们虽然不会设计建筑，但对建筑美，所谓“眼力”，则越来越高了。为此，我们在修改补充中也就根据这些方面作了很多努力。

尽管编写者用了不少精力，对本教材作了修改补充，但总免不了还会有讹谬或遗漏，所以希望广大读者及专家们不吝赐予指正。我们还要说，沈爕癸老师在首版中付出了大量的精力，现在她已离开了我们，在此并记，以示感念。

参加本书的编写的人员还有：沈鸿明、邵睿、沈晓明、王爽、沈颢诚、黄松、邵双林、易志琴、锁景华等。

沈福煦于同济大学

2011 年 7 月

第一版前言

本书是建筑学和其他相关专业（如城市规划、室内设计、景观园林等）的建筑美学课的教材。当今，许多高等学校相继开设建筑美学课（选修课），甚至被认为有必要成为一门必修课，安排在建筑历史与理论课程体系中。

本书章节，按照此课程一学期 16 次（32 学时），前后共十六章，每次课（2 节）一章来安排。这十六章分上、下两篇。上篇以建筑的历史发展为主，分别是，第一章：外国古代建筑的美；第二章：外国中古建筑的美；第三章：外国近世建筑的美；第四章：中国古代建筑的美；第五章：外国近现代早期建筑的美；第六章：两次世界大战之间的建筑美学；第七章：外国现当代建筑与建筑美；第八章：中国现当代建筑的美。下篇是建筑美学与建筑，分别是，第九章：造型；第十章：比例与尺度；第十一章：轴线；第十二章：虚实与层次；第十三章：建筑形象的起止和交接；第十四章：空间布局；第十五章：建筑与色彩；第十六章；建筑美学与其他美学的比较。

建筑美学这门课，笔者至今已有 18 年的教学经验，并有相关的教材出版。在此基础上，这次编著的这本教材，内容更完备，也更符合教学要求。当然还需请有关专家和广大师生、读者多多指出本书的缺点和谬误，以便今后做得更完善。本书在编写过程中，还有以下几位老师、专家共同参加：沈夔癸、沈鸿明、邵睿、沈晓明、王爽、黄松等，在此致谢。

沈福煦于同济大学

2007 年 8 月

目　录

下篇：建筑美学与建筑

Introduction
绪 论

一

上海世博会期间，从西班牙驶来一艘大型的仿古帆船“安达卢西亚号”，为西班牙馆和整个世博会助兴。它于 2010 年 3 月从西班牙的塞维利亚港起航，途经马耳他、以色列、埃及、斯里兰卡、新加坡等地，路远迢迢，最终到达上海。此船用绿柄桑木和松木打造，是典型的 16 世纪西班牙大型远洋帆船形式。这艘古老的航船造型可谓精于完美，令人百看不厌；要比几十年前在长江上航行的客轮好看多了。有些艺术理论家曾这样认为：早期的轮船或汽车，现在看起来会觉得很可笑；但 15 世纪的葡萄牙航船却显得很悦目，就像这艘西班牙帆船那样。这是因为，那些老式的轮船或汽车，在外形上与现代最新式的轮船或汽车相比，显然会显得过时、难看。古希腊哲学家赫拉克利特曾说：“比起人来，最美的猴子也还是丑的。”但我们看小鸡、小猫之类，却觉得十分可爱，也是同样的道理。美学，就是研究这种审美的理论。建筑美学就是研究这种含有时空意义的建筑形式的美的问题。

什么是建筑美学？建筑美学就是研究建筑美的学问。但这不能算是建筑美学的定义。只是建筑美学这个词的同义反复。其实，如果我们用黑格尔对美和美学的定义：“美是理念的感性显现，美学是艺术哲学。”我们也就会明白什么是建筑美，什么是建筑美学了。

建筑美学不能只是空谈，不能只是在概念上兜圈子，而是应当从建筑实际出发进行研究。有了建筑美学的基本理论，还应当从许多实际的建筑中进行剖析，从古今中外的大量建筑中分析它们美在何处。

古希腊的建筑为什么美？这要从两方面来分析：首先是从建筑形式上来分析，包含了建筑的比例、尺度、虚实、节奏、层次等诸多方面；其次是在哲理深度上来探索。艺术不同于生产、经济或科技，没有一个进步的标尺。马克思在《〈政治经济学批判〉导言》中说：“……在艺术本身的领域内，某些有重大意义的艺术形式只有在艺术发展不发达阶段上才是可能的。……他们的艺术对我们所产生的魅力，同它在其中生长的那个不发达的社会阶段并不矛盾。”这是对艺术的一个十分精辟的论点。建筑艺术正是如此，我们不能说上海大剧院要比雅典的帕提农神庙美；也不能说纽约的电话电报公司总部大楼要比巴黎圣母院美，两者无法相比。不同时代的对象难以简单类比。

二

建筑美学属门类美学，不是建筑历史，但也不是建筑艺术。建筑美学应当立足于建筑，又有哲理的深度。建筑美学既要从分析具体的建筑着手，又要有美学和哲学的深度。建筑历史不能代替建筑美学；对建筑作介绍式的鉴赏（这种书如今却很多）更不能代替建筑美学。因此这本书的特点就在于“有肉”“有骨”，从书的编排来说是先“肉”后“骨”。为什么这样编排？因为这是一本教材，面对的是初次系统地接触建筑美学的读者（主要指学生），所以须先让他们熟悉建筑艺术史知识，在这个基础上再来讨论建筑的美较为妥当。

古希腊的一些重要建筑，古罗马的一些重要建筑，以及古希腊和古罗马建筑中的柱式，这些是研究建筑美学首先要把握的。事实上，我们在论述希腊、罗马柱式时，已经说到了关于美的问题。

中国古代建筑也同样，我们在讨论古代的宫殿、庙宇、陵墓、宗教建筑、民居、园林建筑时，也已经论及它们的许多美学、艺术上的问题，所以说这不同于建筑历史。

如上所述，这是一本教材，因此应当按照教学的要求来写。但笔者认为，教材固然要遵从教学进度和教学时数来写，但也要适当写得多一点，以便能让学生在课外进行阅读，得到更丰厚的收益。这本书不但是一本教材，同时也是一本研究建筑美学的参考书，对当今的许多从事社会文化工作的人员也有用，让他们也有兴趣读这本书。同时，本书不仅可以作为大学本科生的建筑美学课的教材，而且也可以作为大学研究生的教材或参考书。鉴于这种情况，所以这本书尽量涵盖全面一点，并且尽量深入浅出一点。

三

建筑也是文化，近年来研究建筑文化的人多起来了，有关建筑文化的书也多起来了。这是个好现象，至少在社会大层面上，人们不再把建筑看成“土木工程”的对象了。但建筑美学也有别于建筑文化。

什么是建筑文化？这也是个很难回答的问题。其实，建筑文化有两层含义：建筑自身是文化；建筑又是其他文化的“容器”。例如，我国古建筑中的斗栱，除了它本身的作用（作为木结构的一个部件）外，它的作用还包含许多社会等级的意义。《明史·舆服志》中说：“……洪武二十六年定制，官员营造房屋，不许歇山转角，重檐重栱，及绘藻井，惟楼居重檐不禁。”可见斗栱的作用与行政级别有关。建筑是其他文化的“容器”则很容易理解。宫殿建筑为皇家的使用服务，宗教建筑为宗教活动服务，这些文化内涵，也就都积淀在建筑上了。建筑既是这些文化的容器，也表述着这些文化。西方中世纪的哥特式教堂，其建筑本身就宣扬着教义，那高高的空间，修长的柱子、门窗，以建筑语言表述出要人们信奉上苍，将来可以到天国去享受……我国民居中的厅堂做得比卧室或其他房间来得高大、奢华，这既是厅堂功能上的需求，也是对家族的表述，对家族的伦理道德的表述。

宗教、伦理上的许多概念，几乎都在建筑形态上表述出来了，这种形态的美，就表现在合乎它的功能。但与此同时，建筑当然也追求不属于功能的形式的美。如巴黎圣母院，它的立面在整体比例上是符合黄金比关系的，即高与宽之比是 1 ： 0.618。它还可以纵横各三等分，立面可以分成 9 等分，其中每一等分的高与宽之比也同样是 1 ： 0.618 的比例。当时的美学家分析认为，这是因为“上帝也爱美”，或者说“上帝就是美”，用以自圆其说。中世纪美学家托玛斯·阿奎那（Thomas Aquinas）（1226—1274 年）也是神学家，他的著作《神学大全》中就有许多关于美的论述，他说：“美有三个因素：第一是一种完整或完美，凡是不完整的东西就是丑的；其次是适当的比例或和谐；第三是鲜明，所以着色鲜明的东西公认为是美的。”（转引自：朱光潜. 西方美学史（上册）. 北京：人民文学出版社，1982：131）

建筑文化和建筑美学是两个不可分割的领域。有人认为，建筑文化倾向于内容，建筑美学倾向于形式。但真正研究建筑文化或建筑美学，也不能这样简单来分。

四

现代建筑从文化上来看，似乎已经脱离了那些观念形态上的束缚，在建筑设计、创作时可以随心所欲。可是如果没有现代文化观、美学观，也就“欲”不起来。

众所周知，美国宾夕法尼亚州的流水别墅，其建筑体量的穿插错动十分自由。如果从建筑美学的角度来分析这座建筑，是否可以说设计者赖特是“随心所欲”地塑造起来的呢？显然不是。首先，赖特设计这座房子是有主题的，即要强调建筑的“有机”，强调人与建筑的和谐。但在创作这个动人的形象时，则充分调动了他熟练的形式美学手法。有人说，这座建筑的造型是充分运用“现代建筑语言”。著名建筑理论家布鲁诺·赛维在《现代建筑语言》一书中这样说：“用悬挑结构和连续墙代替以往盒子式建筑的梁柱结构，使建筑结构获得了新生。悬挑结构和连续墙刚刚在建筑学上崭露头角，它们是全新的结构元素。但是你在当今世界上看到的一切空间的根本解放，充其量也不过是安装了角窗。然而，这种思想上的单纯变化都包含了整个建筑学变革的精髓，其中包括从盒子式到自由平面以及要空间不要烦琐装饰这种全新的真谛。”（以上是该书作者引自赖特本人的话）这正是现代建筑美学的主要思想。

五

后现代主义建筑也有它的美学理论。后现代建筑与现代建筑的不同，实质上也在美学理论上之不同。后现代主义者公然申明，他们不像现代派那样进行平、立、剖式的设计，认为芝加哥学派提出的“形式服从功能”没有必要。后现代主义建筑师们认为，建筑的美或建筑的艺术性，就是建筑形象的语言问题。他们强调建筑形象的符号特征，做建筑设计就是运用这些符号，就是用语境（Context）的方法来做就一篇文章（Composition）。如：栗子山住宅正面墙上的大弧线，纽约电话电报公司总部大楼顶上的断山花，或者新奥尔良意大利广场上用不锈钢做成的古希腊爱奥尼柱等，都说明这种思想。

后现代主义把建筑的种种形象（符号）归纳为几组特性，如柱式、建筑风格、建筑体系，用男性、女性、单纯、复杂、直率、修饰等几组语义学上的概念来进行分析，还有用隐喻的手法取代象征。总之，视建筑为一个语言系统，来进行创作、设计，也以此来分析历史上的许多建筑。后现代主义最重要的特征就在于它的一套语言系统。

建筑，无论古今中外，一个基本的核心属性就是：建筑是人的空间，建筑要满足人对空间的物质需求和精神需求；人的种种文化形态和观念（包括哲理、审美等），都会在建筑上反映出来。过去是，现在是，将来也还是如此。将来会怎么样？所谓“温故知新”？看看过去是怎么变过来的，为什么变，就会知道将来会变得怎样。

20 世纪 60 年代，美国心理学家马斯洛提出人本主义心理学（Humanistic Psychology），这个理论的核心就是需求层次：安全保障、归属、尊重、认识、审美，直至最高层的自由创造或自我实现。人的需求是否果然如此呢？但当今的社会文化不同于从前这是事实，人们提出各种各样的都能自圆其说的理论，也可以说是多元化时代。除了上面说的，还有美国未来学家托夫勒提出的“第三次浪潮”理论，提出人类经过农业革命、工业革命，如今正在向信息时代过渡，信息时代与工业时代有许多方面不同。另外一位美国未来学家奈斯比特著有《大趋势 · 改变我们生活的十个新方向》，提出“信息社会”理论，他提出十个方面的变革。建筑呢？建筑是人的建筑，所以也必然会有大的变革。建筑艺术，建筑美学也随之会有大的变革。再来看我们这本教材——建筑本身的变革、建筑美学系统性的变革以及建筑学的教育系统的变革，这本书从性质上来说还仅仅是过渡性的，但已经显示出这种趋势。几年之后，这本书也就不但不适合需求，而且可能会像“老式轮船”那样显得滑稽可笑了。

上篇

建筑历史与建筑美学

第一章 The Aesthetics of Foreign Ancient Architecture 外国古代建筑的美

第一节　文明早期建筑的美

一

马克思曾说："蜜蜂建筑蜂房的本领使人间的许多建筑师感到惭愧。但是最蹩脚的建筑师从一开始就比最灵巧的蜜蜂高明的地方，是他在用蜂蜡建筑蜂房以前，已经在自己头脑中把它建成了。"（马克思恩格斯选集 . 第二卷 . 北京：人民出版社，2006：178.）史前时代的建筑，在本质上已不同于狼窝、蚁穴，这些建筑虽然很简陋，但却是人用头脑思考建造起来的，因此有本质上的不同。

从人类学的角度来看，人是从野蛮进步为文明的。人类文明有几个标志：一是文字的出现，二是金属的使用，三是城市的形成，四是礼制的产生。有了文字，就有历史记述，所以文字出现以前的时代就称史前时代。史前时代已经有建筑了，在此举几个例子。

一是位于今苏格兰刘易斯的一组建筑，这些建筑产生于新石器时代（大约公元前 7000—前 5000 年），用石块垒成，建筑体量不大，只有 20m^2 左右，但数量很多。这里是一个史前时代的聚落。如图 1-1 所示，是其中的一个建筑，由于它用小石块垒成，看上去很像一个蜂窝。所以人们就称它为蜂窝形石屋。

二是位于今波兰的毕斯库滨湖（Biskupin）附近的一处古村落，其中有道路、房子等。房子是长条形的，分好多小间。据考古分析，每小间住一家，其形态也属聚落。

三是位于今英国沙利斯堡的史前时期所建的大石栏。据考古研究，认为它距今已达 4700 余年。但这个大石栏的功能，至今仍未有定论，有的说它与天文、计时有关，也有的说它与农业有关，又有的说它与宗教有关，说法不一。

四是位于今法国布列塔尼的石台，类似的形式在英国、丹麦及东欧等地也有。据考古学家研究，这是史前时代的墓。如图 1-2 所示，就是法国布列

图 1-1　蜂窝形石屋

图 1-2　远古时代的石台

塔尼的一处石台。

从美学上说，这些史前时代的建筑，多是出于满足实用功能，至于建筑美，其实是萌芽。“……在实际生活中，只是满足实用功能的建筑是存在的，但不可避免地同时存在形式美的问题；反映社会意识，表达思想感情的艺术的建筑也是存在的。”（杨鸿勋．建筑文化丛谈．中国文化研究集刊．第一辑．上海：复旦大学出版社，1984.）

二

关于人类文明早期的建筑及其美，我们这里要介绍人类文明的几个发祥地的建筑，包括古埃及、古代两河流域、古印度、古代爱琴海域及古代中国的建筑及其美。古埃及位于非洲东北部，尼罗河流域。早在公元前 4000 年，这里已形成了奴隶制的古埃及王国。古埃及原有上、下两个国家，尼罗河上游者为上埃及，下游者为下埃及。大约到了公元前 3000 年，统一成为一个国家。

古埃及的著名建筑有两大类：一是金字塔，二是太阳神庙。金字塔是法老（国王）的陵墓，最大的一座是齐奥普斯金字塔，底边正方形，每边长达 230.6m，高为 146.4m。这种建筑形象的美，对人来说其实是一种震慑力，是崇高。按照黑格尔（1770—1831 年）的说法是一种“巨量物质压到心灵”之美。

古埃及的太阳神庙，最大的、最有代表性的是位于底比斯的卡纳克阿蒙神庙（阿蒙即太阳神）。此建筑始建于公元前 1530 年，直到公元前 323 年才建成，如图 1-3 所示。从建筑美学上说也是给人一种巨大而坚实的震慑力。

图 1-3　卡纳克阿蒙神庙中的连柱厅

三

两河流域，为幼发拉底河和底格里斯河之间的一块平原，即现在的伊拉克所在地，这里气候湿润，土地肥沃。早在公元前 3000 余年前，这里就已经形成奴隶制国家了。公元前 19 世纪，这里是古巴比伦王国，后来被亚述帝国所灭。公元前 612 年，这里又被新巴比伦所取代。到了公元前 538 年，新巴比伦又被强大的波斯帝国所灭。公元前 330 年，波斯帝国又被西边的马其顿王国所征服。

这块富饶的土地，曾先后出现过许多国家，他们也留下来很多建筑遗址。这里少林木，又缺乏大块石材，所以这里的建筑多为砖结构，从而留下来的建筑原物也就不多了。这里曾经有过辉煌的萨艮二世王宫（亚述帝国时代），曾经有过号称世界古代七大奇迹之一的“空中花园”以及波斯的帕赛波里斯宫等优秀的建筑，可是如今都消失了，只留下遗址。

四

另一个文明古国是印度。大约在公元前 3000 年，这里就有完整的城市了。在印度北部，今属巴基斯坦的信德省，人们发掘到一座完整的城市：摩亨佐 · 达罗城。这座城市的面积约 7.6km^2，城内有宫殿、庙宇、民居等遗址，城内街道很整齐，还有上下水道等城市设施。从城市美学的角度来看，所谓美，首先是在功能，而它的形象则在于秩序。早期的城市有如此完美，确实是相当难得的了。

印度进入文明时代，从建筑来说着重在宗教建筑上。佛教最早在公元前 6 世纪兴起，由释迦部落的王子乔达摩 · 悉达多所创立。后来就尊称他为“释迦牟尼”，即“释迦族的隐修者”。宗教也有其美学，这里我们要说的是佛教建筑的美学。古印度佛教建筑有两大类：一是窣堵坡（佛塔），二是支提窟（石窟）。窣堵坡（Stupa）是佛教徒去世后的坟墓，其形式是半球形的。最著名的是印度桑吉（Sanchi）的 1 号窣堵波，其直径为 32m，高 12.8m，置于一个高 4.3m 的鼓形基座上，内为砖砌，外为石材贴面。窣堵波外面有一圈石围栏，围栏四面各设一座门，门上雕饰很丰富。如图 1-4 所示，是这个窣堵波的外形。

支提（Chaitya）即石窟，里面是大厅式的空间，这里是佛教徒讲经说法和进行其他佛事活动之处。最有名的是卡尔利（Karli）支提，如图 1-5 所示，图中画的是其内部的形象。此窟深 38.5m，宽 13.7m，最里面的平面呈半圆形，圆心处有一窣堵波，大厅的两边设石柱廊。

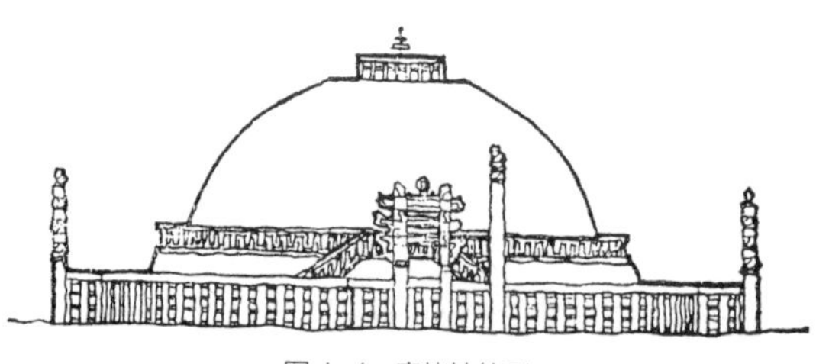

图 1-4　窣堵坡外形

图 1-5　卡尔利支提内部

第二节　古希腊建筑的美

一

人类文明的又一处发祥地是位于地中海之北的爱琴海域。这里有个岛屿叫克里特岛，大约在公元前 20 世纪，形成一个强盛的奴隶制国家，即米诺斯王国。这个国家的文化其中有好大一部分留在《荷马史诗》中。相传克里特国王米诺斯，他是众神之主宙斯和欧罗巴所生之子，米诺斯文化即以他的名字命名。这里有许多神话传说，其中最著名的是米诺斯王宫中的牛头怪。此怪要吃童男童女，后来雅典王子特修斯（Theseus）将这个妖怪杀死。这个宫内空间很复杂，地面有高有低，人在哪一楼层，自己也难以搞清，故称“迷宫”。此宫占地达 2 万余平方米，据传由希腊的一位叫代扎卢斯的建筑家设计。19 世纪 70 年代，德国著名考古学家谢里曼，他根据《荷马史诗》的“伊利亚特”中的描述，先后在今天的土耳其西部、希腊半岛的南部和克里特岛诸地进行大规模的考古发掘，证实了这座米诺斯王宫的确凿性。米诺斯的建筑还有一个特色是用倒圆柱，即柱子上部的圆径要比下部的大。

公元前 16 世纪，在希腊半岛的南端伯罗奔尼撒半岛东北，也建立起一个奴隶制国家，即迈锡尼。它与米诺斯隔海相望，后来迈锡尼征服了米诺斯，这就是古希腊的前身。迈锡尼的建筑也很有特色。迈锡尼城门，即狮子门，如图 1-6 所示。此门位于

图 1-6　迈锡尼狮子门

迈锡尼城的西北角，门柱高约 3.2m，上面一根石梁，长 5m，高 0.9m。梁的上面有正三角形花饰，上面刻有两只狮子，相对而立，中间是一根上粗下细的柱子，这种上粗下细的“倒圆柱”，明显地看出迈锡尼文化源于克里特岛上的米诺斯文化。

迈锡尼的另一座名城泰伦城，建造得相当坚固，城内宫殿造得很考究，空间处理得很有艺术特色。其中宫殿的正厅迈加隆室（Megaron）布置得精美华丽，柱廊仍用上大下小的倒圆柱。

公元前 16 世纪 ~ 前 12 世纪是迈锡尼的盛期，后来为多利安人灭，成为希腊的一个城邦。因此，迈锡尼文化可以认为是欧洲文化之源。或者说，欧洲文明的摇篮即是爱琴海文化。

二

古希腊文化大致可以分为三个时期：古风时期（公元前 7 世纪 ~ 前 6 世纪），古典时期（公元前 5 世纪 ~ 前 4 世纪）及希腊化时期（公元前 3 世纪 ~ 前 2 世纪）。公元前 146 年被罗马所灭。

从建筑美学的角度看，古希腊是个十分重要的时期。不仅是建筑，就整个文化领域来说，古希腊的文化艺术是相当有价值的。马克思在《政治经济学批判》导言中说：“……为什么历史上的人类童年时代，在它发展的最完美的地方，不该作为永不复返的阶段而显示出永久的魅力呢？有粗野的儿童，早熟的儿童。古代民族中有许多是属于这一类的。希腊人是正常的儿童。他们的艺术对我们所产生的魅力，同这种艺术在其中生长的那个不发达的社会阶段并不矛盾。”（马克思恩格斯选集 . 第二卷 . 北京：人民出版社，1995：29.）。

古希腊的文化艺术成就包括许多方面，并诞生了好多伟大的作者和作品。如雕刻，就有著名的雕刻家米隆、菲迪亚斯等，他们的作品有“掷铁饼者”“雅典娜神像”等，这些作品称得上是西方雕刻艺术至高无上的典范。又如建筑，其成就也很辉煌，不但留下大量的作品（如：帕提农神庙、波塞冬神庙、伊瑞克提翁神庙等），更是创造了独特的形式，特别是其中的柱式，对后世西方建筑学影响至深。在古希腊的文化中，还须说哲学和科学。古希腊的哲学（包括逻辑学）是古希腊文化的基石。没有哲学，也就没有文化的高度和深度。在科学方面，则无论是在数学，还是在天文学等方面，也都有很惊人的成就。

从建筑美学的角度来说，古希腊建筑非常重视形式美，他们遵循哲学家亚里士多德的“美是和谐”的理论，在建筑上加以应用，如图 1-7 所示，这是波塞冬神庙。它的正立面从几何分析正好包络一个正三角形，很稳定，因此建筑也很庄重有力，象征着力大无比的海神波塞冬的形象。

特别值得注意的是古希腊的雅典卫城中的建筑。此卫城早在迈锡尼时代就已形成，这是雅典人的军事、政治和宗教的中心。这座卫城位于今雅典城的一座小山上。卫城长约 280m，宽约 130m。这座卫城大约于公元前 5 世纪中叶重建。

图 1-7　波塞冬神庙正立面

三

帕提农神庙是雅典卫城中的主体建筑。此建筑始建于公元前447年，于公元前438年基本建成。“帕提农”（Parthenon）意为圣女宫，是雅典的守护神雅典娜的庙宇。这座建筑用白色大理石砌成，如图 1-8 所示，正面朝东，用 8 根高 10.4m 高的多立克式柱组成柱廊，上部为山花，立面向水平方向展开，看起来十分壮观。神庙内部，分前、后两部分，前面是祭祀的场所，正中有雅典娜女神像，后面是置放档案和财宝的地方。帕提农神庙侧面也是柱廊，南北两侧均为 17 根多立克柱。庙的背面与正面一样，也是由 8 根多立克柱组成的柱廊。

从美学的角度说，帕提农神庙的正立面有严格的几何构图关系，其高、宽之比为“黄金比”即 0.618 ： 1。相传此比例是由古希腊著名哲学家毕达哥拉斯（公元前 580~ 前 500 年）研究出来的。

图 1-8　帕提农神庙

四

雅典卫城中的另一座著名建筑是伊瑞克提翁神庙，是供奉雅典人祖先的庙宇。此建筑建于公元前 421—前 406 年。这座建筑总体呈不对称，其平面呈“品”字形。伊瑞克提翁神庙最精彩之处是其南墙西侧的半亭（一边靠墙壁），亭以 6 根柱组成，前面 4 根，后面两端各 1 根。这 6 根柱用 6 个女性雕像做成。这 6 个女人像，有人用轻盈秀美、楚楚动人来形容，殊不知这些形象本来的含义并非如此浪漫。据古罗马维特鲁威所著的《建筑十书》中说，这些女性的形象，原来是希波战争中帮助波斯的卡利亚邦（Caryae）妇女，在波斯战败后成了战俘，作为国人之耻让她们负重（头上顶着屋顶），以儆效尤而设，所以这个半亭被命名为“Caryatides”，如图 1-9 所示。但是，既然它成了建筑形象，那就须按建筑美的法则来对待。德国美学家莱辛（1729—1781 年）认为，诗歌可以表述痛苦、残酷，而绘画和雕塑却困难，所以《拉奥孔》（古希腊雕刻）的形象是给人一种“力感”，而不是痛苦。因此，这些女像柱的形象本身却是优美动人的。这些都成为了古希腊艺术的组成部分。

图 1-9　伊瑞克提翁神庙中的女像柱

五

古希腊的建筑，除了雅典卫城的几座重要建筑外，还有其他一些建筑也值得一说。吕西克拉特（Lysicrates）音乐纪念亭（又名奖杯亭），建于公元前 400 年左右。此亭位于雅典卫城之东，总高约 10m，分上、中、下 3 部分，下部是基座，中部是壁柱，上部是顶，即奖杯，如图 1-10 所示。中部用 6 根柱头为科林斯式的壁柱，一半嵌入墙内，一半凸出在墙外，起到建筑装饰的作用，这是最早在建筑外立面使用科林斯柱式的案例。

埃皮达鲁斯（Epidaurus）露天剧场，约建于公元前 350 年，是古希腊古典晚期的一个杰作。此建筑位于伯罗奔尼撒半岛东北。埃皮达鲁斯剧场观众席呈扇形布局，利用山坡，形成前低后高的形态，符合观看演出的视觉要求。此剧场可以容纳观众约 12000 人，表演区（舞台）呈圆形。

六

古希腊的建筑，从造型艺术来说很重视柱式（order）。这种建筑美学观一直延续到 19 世纪末。古希腊主要有 3 种柱式：多立克、爱奥尼、科林斯，如图 1-11 所示。柱式一般由柱子和檐部组合而成。柱子包括柱头、柱身和柱础 3 部分。但多立克柱不做柱础，柱身直接置于地面。檐部主要包括额枋、檐壁、檐口等几部分。

多立克柱式简洁有力。粗壮而大方，象征男性美。雅典卫城中的帕提农神庙的柱廊，用的就是这种柱式。这种柱式在柱身上做出“收分”，不是完全笔直的，而是有一点点向外鼓出。据视觉心理学分析，这样做使柱子具有“力感”。这种柱子做得较粗，其高度与它的底部直径之比大约是 6 ∶ 1。

爱奥尼柱式的曲线要比多立克柱式多。柱头一对涡卷（螺旋曲线），增添了形象的秀美之气。这种柱式比较修长，柱高与底径之比约为（8 ∶ 1）~

图 1-10　列雪格拉底音乐纪念亭

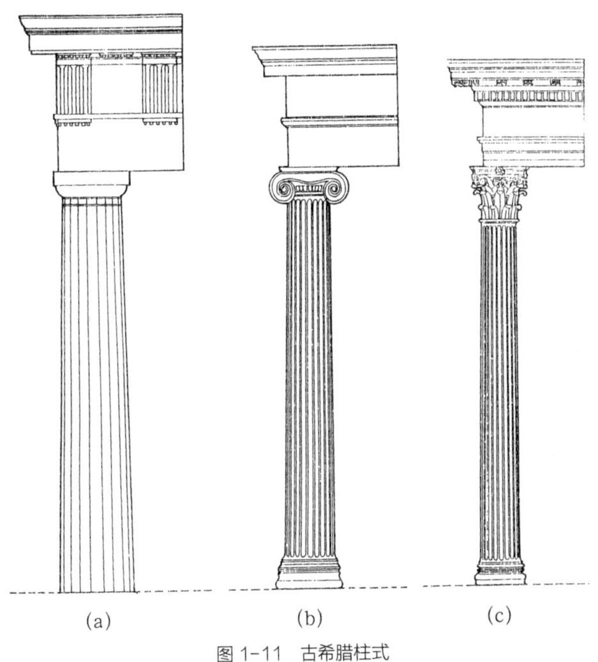

图 1-11　古希腊柱式

（a）多立克柱；（b）爱奥尼柱；（c）科林斯柱

（9：1），显示出女性之美。在雅典卫城的伊瑞克提翁神庙中用的就是这种柱式。爱奥尼柱的柱身齿槽做法也与多立克柱的做法不同，它用的是平齿，多立克柱用的是尖齿。

科林斯柱式显得更为纤巧、丰富。这种柱式的柱头形象，还有个动人的故事：据古罗马建筑学家维特鲁威所著的《建筑十书》中记载，相传古希腊时，在科林斯有一位美丽的少女，正当她快要出嫁时，突然生急病，不久便去世了。家里的人为她下了葬。在少女生前与她日夜相处的保姆更是伤心不已，于是就把这位少女玩过的玩具和其他的她心爱之物收集起来，装在一只小花篮里，放在她的坟墓上面。第二年春天，在坟墓上长出来一棵美丽的莨苕花，茎叶越长越多，竟把这只小花篮环绕了起来，形成一个很美丽的花丛般的形象。后来人们就根据这个奇妙的故事做成一种柱式，上部是藤蔓式的涡卷，下面便是莨笞花的茎叶图案，这就是科林斯柱式。

第三节　古罗马建筑的美

一

古罗马的起源也很早，公元前 8 世纪，在今天的意大利（亚平宁半岛）早已有伊特鲁利亚人居住，曾建立早期的奴隶制国家。后来于公元前 509 年，建立共和国，这是世界上最早的共和国。[①]

古罗马最早的历史，起于传说，早在古希腊与特洛伊战争的时期，一些人由于战争而逃到今意大利的一处地方，后来老国王被杀。他的孪生儿子被人放在篮子里丢入台伯河，漂到一处地方，竟被一只母狼所救。这两个孩子一个叫罗慕洛斯，一个叫雷默斯。他们长大以后，为选城址发生争执，罗慕洛斯杀死了雷默斯，自称为国王。这里就命名为罗马。

大约在公元前 2 世纪，罗马共和国强盛起来，从此开始了大规模的建设，除了建筑物外，他们还大量地建造公路、桥梁、街道、输水道等。公元前 146 年征服了希腊，从而在建筑上大量地学习希腊，包括柱式、柱廊及其他建筑形式和细部。不单是建筑，在其他艺术文化领域也学习希腊。当时著名诗人贺拉斯（公元前 65—前 8 年），在他的《论诗艺》一书中说：“你们须勤学希腊典范，日夜不辍。”（转引自：朱光潜 . 西方美学史（上册）. 北京：人民文学出版社，1982：103.）

位于今法国南部尼姆市的加特输水道，全长 40km，今尚存横跨加特河的一段，全长 275m，输水道最上面离河约 49m。此建筑建于公元 14 年，分上、中、下 3 层，上层是水道，中层是架立层，下层是桥，架立柱的两侧可以通行人和车马。因此下层比较宽。这 3 层均用连续拱券建造，如图 1-12 所示。顶层用小拱券，下面两层用大拱券。从形式美来说，兼具变化与统一，而且很有韵律感。古罗马的建筑，不但重视工程技术和功能，而且也很注重形式美。

二

古罗马的建筑，类型很多，这里先讲凯旋门。这种建筑的功能，顾名思义，是对外战争得胜归来，作为庆典而用的。军队班师回朝，浩浩荡荡通过凯旋门，那种兴奋、热烈的场面可想而知。位于罗马城内的提图斯凯旋门，建于公元 82 年，如图 1-13 所示。此建筑高 14.4m，宽 13.3m，立面近乎正方形。凯旋门厚达 6m。由于要解决拱的水平方向的推力问题，因此凯旋门的两边做成厚厚的实墙，挡住水平推力。

① 我国西周时期也有“共和”，那是在公元前 841 年，“国人”起义，周厉王逃奔到今山西霍周，由共伯和摄政王共管政事，由周、召二公掌握实权，号“共和元年”，共达 14 年，周厉王死后，归整于周宣王，其实与“共和国”的性质不同。

图 1-12　加特输水道

图 1-13　提图斯凯旋门

如图 1-14 所示，是君士坦丁凯旋门，也建在罗马城内，建成于公元 312 年。这座凯旋门体形高大，十分壮观；但装饰（浮雕）太多，未免琐碎，故有美中不足之嫌。

罗马城中的角斗场也是著名的古罗马建筑，如图 1-15 所示。古罗马建造了很多角斗场，其中以这一座为最大，也最著名。在古罗马时代，奴隶主们喜欢观看奴隶角斗，或奴隶与猛兽斗，场面惊心动魄，又很残忍，你死我活，血流满地。

科洛西姆角斗场平面呈椭圆形，长轴 189m，短轴 156m，中间表演区长轴 87.5m，短轴 55m，场内可容纳观众 5 万余名。在观众席下部还有休息室、服务性用房、兽栏、角斗准备室等。

这座建筑共分 4 层，从外形看，下面 3 层连续券，富有韵律感。每层檐部都用线脚、栏杆等，以强调水平线；墙上均设壁柱，以强调垂直线。因此其整体感很和谐，可谓古罗马建筑中之上品。

图 1-14　君士坦丁凯旋门

图 1-15　古罗马科洛西姆角斗场

万神庙，如图 1-16 所示，建于公元 120—124 年，这是古罗马最大的一座神庙。此建筑的下部呈圆柱状，上部为半球形的穹窿顶，直径 43.2m。为了克服穹窿顶的水平推力，所以墙身做得很厚，达 6.2m。穹窿顶正中有一个直径 8.9m 的圆孔，作为采光口，光从顶部射入，有神启之感。万神庙正门用柱廊，上面是山花，正面用 2 排柱，每排 8 根科林斯柱，空间很有层次，形象丰富、庄重。

图 1-16　万神庙

古罗马人有去公共浴场沐浴的习惯，所以当时建造了许多浴场，最著名的是罗马城内的卡拉卡拉浴场。这个浴场建筑不但规模大，而且相当豪华。人们去浴场不只是为了沐浴，同时也是进行社交和娱乐。卡拉卡拉浴场长 575m，宽 363m，中间是可供 1600 人同时沐浴的主体建筑，周围是花园，还有运动场、讲演厅、商店等。

古罗马时代，人们喜欢享乐，同时也重视“歌功颂德”，为皇帝建造凯旋门和纪功柱等。公元 1 世纪末到 2 世纪初，罗马皇帝图拉真率领军队，沿着多瑙河前进，战胜了达西亚人，又在亚美尼亚战胜帕提亚人，从而罗马帝国的版图一再扩大，大量的战俘、奴隶流入罗马，国库也进一步充裕，经济繁荣，在一定程度上也缓和了国内的许多矛盾。图拉真皇帝为了炫耀自己的丰功伟绩，于是便建造了以他的名字命名的广场：图拉真广场（建于公元 109—113 年）。广场中立图拉真纪功柱。这是个空心圆柱，柱内设有螺旋形楼梯，人可以直达顶端。柱顶上有一个巨大的图拉真雕像，纪功柱总高 35.27m，柱身高 29m，底径 3.7m，全部用白色大理石砌成，形式采用罗马多立克柱式。在柱身上螺旋形地盘刻着浮雕，绕柱达 23 圈。如图 1-17 所示，就是图拉真广场和纪功柱。到了 16 世纪，柱顶上的图拉真雕像被圣彼得雕像所取代。

图 1-17　图拉真广场和纪功柱

第四节　美洲古代建筑的美

图 1-18　太阳神庙（金字塔）

一

美洲古代文化发展也比较早，但后来被西欧殖民者中断，成了断层，以后不再延续下去。美洲古代文化，有许多积淀在那些古老的建筑上，留下可贵的遗迹。

古代印第安人所建的太阳神庙和羽蛇庙等，位于今墨西哥城东北约 40km 处，波卡特佩尔火山和伊斯塔西瓦特尔火山的山坡谷底之间，面积超过 $20km^2$。“提奥提华坎”在印第安语中的意思是“众神造人之地”。公元 1 世纪，提奥提华坎人在这里建造了拥有 5 万人的城市，为中美洲的第一城市。公元 450 年，城市达到全盛时期，兴建起大量宏大的建筑，其中就包括著名的太阳神庙（金字塔）和月亮神庙（金字塔）。如图 1-18 所示，是太阳神庙（金字塔）。

图 1-19　羽蛇神庙残迹

二

在城南有古城堡，是当年祭司的住地。城堡中有羽蛇神庙，如今只有庙基及部分残迹了。庙基斜坡上有遗留的羽蛇神及其他一些石雕形象，此雕刻表现出他们的雕刻艺术的高超技艺，生动非凡。如图 1-19 所示，是羽蛇神庙的一个局部。

图 1-20　战士金字塔庙

三

位于墨西哥湾尤卡坦半岛北部的玛雅人，大约在 5~6 世纪时，建立了奇钦·伊察城，从 12 世纪开始，托尔特克人占据该城达 200 年之久。奇钦·伊察融合了两种民族文化。其中战士金字塔庙是该城宗教中心的主体建筑，如图 1-20 所示。此庙建造在一个比较低平的四级的金字塔式的基座上，塔前广场上呈一定规则排列着上千根柱子，据推测可能本来是一个规模甚大的回廊。

第二章 The Aesthetics of Foreign Mediaeval Architecture 外国中古建筑的美

第一节　拜占庭建筑的美

一

拜占庭（Byzantium），原是古希腊时期的一个城邦，位于小亚细亚，今属土耳其。公元 395 年，因罗马帝国的两个王子内讧，遂分裂为东、西两部分。原来的罗马为西罗马，另一部分则向东迁到君士坦丁堡（现在的伊斯坦布尔），建立拜占庭帝国，即东罗马。东罗马帝国版图也很大，包括：叙利亚、巴勒斯坦、小亚细亚、巴尔干、北非、意大利及地中海的一些岛屿。拜占庭帝国的历史较长，直到 1453 年才被奥斯曼帝国所灭，前后共达 1000 余年。

拜占庭的建筑很有特色，其特点有二：一是集中式布局，往往以一个大厅为中心，以纵横两条中轴线布局。二是穹窿顶，大厅用半球形的穹窿顶，四周各用半个和 1/4 个穹窿顶对称布置，在高度上层层跌落，形成庄重、辉煌的造型效果。

二

最能代表拜占庭建筑（风格）的是位于君士坦丁堡（今伊斯坦布尔）的圣索菲亚大教堂。此建筑建成于公元 537 年，为中世纪七大奇迹之一。这座建筑的规模相当高大，从马尔马拉海很远的海面上就可以望见它了。这座建筑东西长 77m，南北宽 72m，是一座典型的以穹窿顶大厅为中心的集中式布局的建筑。这个穹窿顶的最高处离地面近 60m，圆的直径为 32m。其边上有两个稍低的 1/4 球面的穹窿顶，依附于大穹窿顶的两边，从而形成了巨大而带有节奏感的建筑轮廓。在大圆穹顶的下部，有一圈由 40 个小窗组成的采光窗环，光线从高高的窗洞射进大厅，使穹窿顶显得轻盈飘逸，大厅中的光线也显得更为神奇。如图 2-1 所示，是圣索菲亚大

图 2-1　圣索菲亚大教堂内景

图 2-2　圣索菲亚大教堂内的局部形象

教堂大厅的内景。这个建筑空间处理的另一个独特之处是教堂南北两侧还设有楼层，这里是给女教徒们做礼拜使用的空间。楼层用柱廊与大厅空间相连。如图 2-2 所示，为教堂内的一个局部形象。

三

拜占庭属中古文化，它的影响也很大，许多东欧地区都受这种文化的影响。从建筑风格（文化）来说，也就涉及这些地区。这种建筑形式后来也就成了东正教[①]建筑的主题。后来基辅的圣索菲亚教堂、诺夫哥罗德的圣索菲亚教堂、莫斯科的华西里 · 伯拉仁内大教堂、克里姆林宫中的乌斯平斯基教堂以及威尼斯的圣马可教堂等，均属东正教堂。

基辅的圣索菲亚教堂建于 1017—1037 年，也是早期的俄罗斯建筑风格的代表。此建筑平面紧凑，近似正方形，东面有 5 个半圆形神坛。外形窗小墙厚，具有坚实之感，与西欧天主教堂的空灵形式形成强烈的对比。此建筑的上面，有 13 个立于高鼓座上的高低参差的穹窿顶。教堂内的装饰，多为湿粉画，还有一些彩色嵌镶画。

四

诺夫哥罗德的圣索菲亚教堂始建于 1045 年，1050 年建成。教堂的建筑形式是典型的东正教堂建筑形式，其特征是圆尖顶和带壁拱的白色墙面，上面开细长的小窗，形态简洁宁静又庄重雄伟。从整体形象来看，以 5 个高低、大小不同但形式相同的圆尖顶统率着整个建筑的形象。这种形式就是集中式布局（拜占庭形式），它具有强烈的宗教性和纪念性。同时，教堂的西南角设有一个塔楼，上部设双层圆顶，所以在建筑整体上有向外弥散之感，或者说使建筑出现些许动态，增添了建筑的活力和美感。

五

圣马可教堂位于威尼斯，建于 1042—1071 年，如图 2-3 所示，是在原来的被烧毁的早期基督教堂的旧址上建造起来的。它的形式是根据康斯坦丁城的使徒教堂发展而成的。教堂平面为十字形：4 个翼一样长，不同于拉丁十字那样，有一个翼特别长。圣马可教堂的 4 个翼和大厅的中间，在顶上各有一

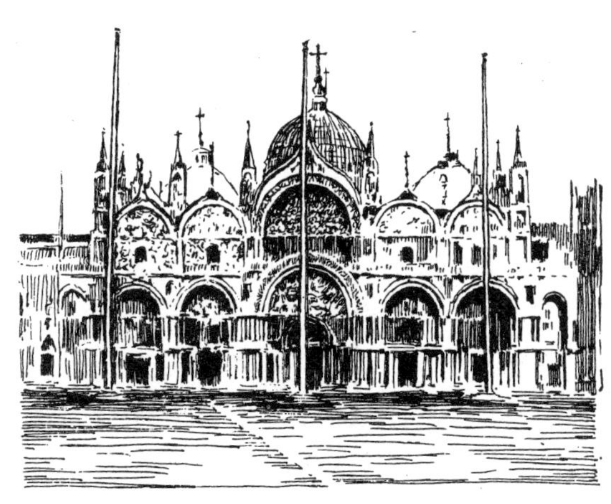

图 2-3　圣马可教堂

① 东正教即“正教”。公元 1054 年基督教会东、西两派分裂，东派主体为“正教”，即“东正教”。作为拜占庭帝国的国教，直接受皇帝领导。拜占庭帝国灭亡后，各教区各自为政，称自主东正教会。

个圆穹顶，中间的最高，其余 4 个一样，形成中心对称形式，这是拜占庭式建筑的惯用形式。这种圆顶，里外有 2 层，外层很高，在半球的下部还延伸一小段圆柱形。里层与外层中间形成空间。由于增高了外部轮廓线，所以教堂的外形显得既庄重又华丽。在正面入口处，设有 2 层楼的门廊，环抱着教堂西端的一翼，形成平直的外形，其正面（西立面）是一排 5 个大圆拱，券门用云石束柱作为柱墩，显得庄重而又丰富。

六

华西里·伯拉仁内大教堂，位于莫斯科红场边上。此建筑建于俄罗斯伊凡四世时期，公元 1555 年始建，5 年后完工。它是为纪念最后战胜蒙古军队，同时喀山公国和阿斯特拉罕并入俄罗斯而建，所以它又是一个纪念性建筑。

这座建筑的造型很别致，它是由 9 个形状、高低和大小都不相同的圆尖顶组成。教堂的平面形状是 8 个小顶平面围绕着一个大顶平面（大厅）组合起来，并且有一个大平台把它们联合成一体，增强了建筑的整体性，形成集中式的、中心对称的形状。中间这个大的圆尖顶又大又高，显示出主体的形态组合的中心。这个大顶的形状，是在帐篷式尖塔上面顶着 1 个圆尖顶，其高度为 46m，这座建筑的外形之美，是在于它符合建筑艺术法则。

首先是变化与统一的法则。这一组圆尖顶是统一的，但又是有变化的。从其表面来看，有的用直条纹，有的用螺旋条纹，有的带有小花点等，它们的大小和高低也各不相同。

其次是均衡与稳定的法则。这座建筑在形体上是中心对称的，一个大的在中间，4 个较小的在最外层，4 个最小的夹在中间，既有规律，又很均衡。人们在红场上或其他任何地方看去，形象对称的位置不多，大多数的位置看到的形体是不对称的，这种形体又由于它的高低错落，所以极富均衡感。

第三是比例与尺度的法则。这座建筑也注意高度方向的比例关系：圆尖顶与下部的比例很和谐；高的圆尖顶和低的圆尖顶之间的比例更为适宜。从尺度上说，可以用宜人二字来形容。它虽然是个宗教建筑，但不同于哥特式的教堂形象直指天穹，引向上苍天国之所。从建筑尺度来说，倒显示出某些与人的联系。如图 2-4 所示，是华西里·伯拉仁内大教堂的形象。

另外，从象征和隐喻来说，这个教堂也表现了较好的效果。那形体的丰富多变、高高低低，色彩的绚丽多姿、璀璨辉煌，给人以运动感、凝聚感和欢乐感，这不正表现出俄罗斯的胜利吗？他们结束了异族的奴役，众多的民族团结在一个统一的俄罗斯的周围。这个建筑形象，充分表现出欢欣鼓舞的心情和场景。

图 2-4　华西里·伯拉仁内大教堂

第二节 罗马风建筑的美

一

罗马风（Romanesque），也称罗曼风格。公元 8 世纪后，随着欧洲社会的渐渐安定，建设也渐渐多起来了。人们重新注意到文化，并且重新怀念起古罗马（文化）。这一时期的建筑，就叫“罗马风”。“罗马风”，是指它有古罗马的建筑形式，但已经有所变化，不完全符合古代罗马的建筑形式。建筑形象上增加了许多符合于基督教教义要求的形象，如：建筑形体已开始修长起来了，房子的顶上出现了尖尖的屋顶等，已不是纯古罗马的形式。

二

意大利的比萨大教堂是罗马风建筑的主要代表。此建筑始建于1063年，1092年建成，如图2-5所示。此教堂平面呈十字形，其中的一个翼特别长，其平面形状好似一个拉丁十字。这长的一翼就是大厅，呈长方形。4 个翼的十字交叉处就是圣坛，两端设歌坛。教堂正立面下部为圆拱门，上部用 4 排柱子叠成，柱间也用圆拱相连，形成上下 4 排柱廊，一个整体。

除了主教堂外，还有一个圆形平面的洗礼堂，

图 2-5 比萨大教堂

位于主教堂正面前方。此建筑直径 35m，高 54m，上面用的是圆穹顶。北面是陵墓，为一院落式的建筑，自成一体，但其形态与整个大教堂建筑群是很和谐的。大教堂的后部是钟塔，即著名的比萨斜塔。

这座塔平面圆形直径 16m，高 55m，共 8 层。除了底层和顶层外，中间的 6 层都做成围廊形式。塔内有楼梯，人们可以通过楼梯到任何一层站在廊子里凭栏向外眺望。这种情景，好像同中国的楼阁式塔有些相似。

这座钟塔始建于 1174 年，当塔建造到第 4 层时，已发现塔身倾斜了，于是工程就停了下来。后来又由于战争等原因，此工程竟停了 100 年之久，直到 13 世纪 70 年代才重新开工。当然是倾斜地往上建造，其难度可想而知。此塔于 1370 年最终完成。从开始到建成，前后共达 200 年，这在建筑历史上是少有的。这座斜塔被列为世界中世纪七大奇迹之一。但它的出名，不仅在于建筑的美，更在奇。

三

杜伦姆教堂也是比较典型的罗马风建筑。此教堂位于英格兰的杜伦市，建于 1093—1133 年，是一座教堂团僧侣教堂。此教堂的歌坛、耳堂及西面塔楼的形式在英国是最好的罗马风教堂典范，东翼的拱顶可能是意大利以外地区带肋拱顶的最早尝试，中厅的带肋拱顶则是最早结合横向尖拱的做法。中厅的柱墩交替使用圆形及组合型，柱墩上带有很美的凹线与带线脚的拱券。歌坛是 1093—1104 年建造的，耳堂是 1100—1110 年建造的，中厅是 1110—1128 年建造的，带肋拱顶则建于 1128—1133 年。这几座建筑虽然建造的时间不同，但整体风格还是比较一致的。

四

罗马风时期的教堂建筑与古罗马时期的教堂建筑的拱顶形式有所不同，这种差异在于拱肋的使用。带

拱肋的建筑在结构上减轻了屋面的厚度，从技术来说，有了明显的进步。同时，为了表现出建筑空间的垂直向上的造型效果（出于宗教的需要），这时已出现了“束柱”，即一根粗大的圆柱外表，做成好似数根柱子并在一起的感觉。但是，无论是拱肋屋顶还是束柱，罗马风时期的这些做法还处于初创时期，一直到 13 世纪末哥特式教堂兴起，这种形式才进一步盛行起来。

罗马风时期的教堂，其门窗也与古罗马时期的不同。虽然仍是半圆拱形，但其下部却拉长了。古罗马时期的圆拱形门窗，圆拱下面的直柱部分，一般高与宽几乎相等（下部形成一个正方形），但罗马风时期的门窗，圆拱下面的直柱部分，一般高与宽之比接近 2~3 倍，看起来就比较修长了。向上、空灵，这些形象更符合基督教的本义。

从 11 世纪开始，西欧出现了许多罗马风建筑，除了上面说的几座建筑外，还有日耳曼的沃尔姆斯教堂（1110—1200 年），科隆使徒教堂（1220—1250 年），法国南部的昂古莱姆教堂（1105—1128 年）等。

艺术与宗教的结合，产生美，这也就是西方中世纪美学的出发点。当时，美学家托玛斯 · 阿奎那（1226—1274 年）曾说：“艺术品的形式放射出光辉来，使它的完美和秩序的全部丰富性都呈现于心灵。这种光辉来自上帝。”（转引自：朱光潜 . 西方美学史 . 上册 . 北京：人民文学出版社，1982.）。

第三节 哥特式建筑的美

一

上面说到，中世纪的美学是在“为了上帝”和“上帝的光辉照耀下”才是美的。哥特建筑文化也同样如此，从 13 世纪开始，哥特式建筑风靡欧洲。哥特风格，广泛地运用线条轻快的尖拱券，造型挺秀的尖塔，轻盈通透的飞扶壁，修长的束柱，以及用彩色玻璃镶嵌的花窗，造成一种向上升腾至天国的幻觉，反映了基督教的时代观念和中世纪城市发展的物质和精神文化面貌。哥特风格代表作除了法国的巴黎圣母院外，还有法国的兰斯大教堂、亚眠大教堂、斯特拉斯堡大教堂，德国的科隆大教堂，英国的林肯大教堂，意大利的米兰大教堂等。

著名的印象派画家莫奈（1840—1926 年），面对着鲁昂大教堂，曾画了 40 幅不同阳光下的教堂形象。青年的歌德（1749—1832 年）在斯特拉斯堡大学就读时，曾对科隆大教堂和斯特拉斯堡大教堂产生强烈的感受，写过一篇有名的文章，歌颂哥特建筑艺术。他称设计那教堂的建筑师为天才，“因为他的思想到今天还作为长久起作用的创造力而保持它的影响。”直到 80 高龄，歌德仍深有感触地对他的好友爱克曼说：“魏玛宫堡的建筑给我的教益比什么都多，我不得不参加这项工程，有时还得亲自绘制柱顶盘的蓝图。”

哥特式教堂就是这样地引发起文学家的意境感受和想象力，唤醒了他们的灵感，从而开创了一个新的颇有影响的文学流派。1765 年，英国的一位叫霍勒斯 · 华尔普尔的作家，以中世纪的城堡为背景写出了一部题为《奥特兰托城堡》的长篇小说，获得很大成功。于是写这种题材的作品立刻风靡了起来。许多小说都以中古时期的城堡、寺院、教堂作为背景，展开情节，因而被称为哥特小说。

二

法国著名雕塑家罗丹（1840—1917 年），站在巴黎圣母院的面前感叹道：“整个法兰西就包含在巴黎的这个大教堂中。”当年，雨果（1802—1885 年）也曾在他的那部举世闻名的巨著《巴黎圣母院》中写道：“那可敬的建筑物的每一块石头，都不仅是我们国家的历史的一页，并且也是科学和文化史的一页。它以令人炫目的辉煌壮丽，使人们淡忘或宽恕了那个诅咒的年代。”

巴黎圣母院建于 1163—1250 年，全部建筑物都用石头砌筑而成，包括：门楣、窗棂以及纤巧的网状面罩式装饰，宛如一曲壮丽的岩石交响曲。他是欧洲早期哥特式建筑和雕刻的主要代表之一。

巴黎圣母院位于巴黎城中塞纳河上的西岱岛。主入口朝西，前面的广场是市民的市集和节日活动的中心，这也可见基督教的民间性。这座教堂的平面宽 47m，长 125m，做礼拜时可容近万人。教堂后部有半圆形通廊。教堂正面是一对高达 60m 的钟塔，如图 2-6 所示，粗壮的墩子把立面纵分 3 部分，2 条水平线又把立面横分 3 部分。正中一个玫瑰窗，直径达 13m，两侧是尖券形的窗，左右对称。钟塔上也是尖券形窗，也左右对称。下部 3 个门也用尖券形。这些都显示出哥特式建筑的特色。

图 2-6　巴黎圣母院

三

巴黎圣母院正面正中的大玫瑰窗，这种窗几乎每个哥特式教堂都有。相传这不但是个窗，而且也与宗教有关，被称为“傻瓜的《圣经》”。不识字的信徒们看不懂圣经，他们就可以在大玫瑰窗的花瓣上寻找自己的命运如何（丹纳 . 艺术哲学 . 北京：人民文学出版社，1981.）。

法国的兰斯大教堂正立面的正中，也有一个大玫瑰窗。这座教堂位于法国马恩省省会（在巴黎的东北），始建于 1210 年。此建筑建造的宗旨是要尽量壮丽，要与作为法兰西国王加冕的至尊身份和荣耀相称。最初的 30 年，建造了东端的圣坛，后来又过了约半个世纪，才最终建成，所以建造时间长达 80 年（1210—1290 年）。兰斯大教堂以形体匀称，装饰纤巧而得名，它称得上是法国最美的哥特式教堂，又被称为“最高贵的皇家教堂”。

兰斯大教堂采取了典型的法国哥特式教堂布局，结构及装饰手法也同样。教堂平面呈拉丁十字形，中厅高 38m，宽 14.6m，纵深 138.5m，空间高而狭，有高直和深邃感，产生强烈的透视动势，引向上帝的所在——圣坛。正立面比例较巴黎圣母院略细长，厅表面布满雕饰。底层并排着 3 个透视门和壁龛，尖券突破了水平饰带。墩柱、塔楼、券柱柱廊、门窗等细部装饰无一不取尖券形式。飞扶壁在兰斯大教堂中显得特别轻灵，飞扶壁其实已无“壁”，只是个骨架（用来抵挡推力）。这些骨架既是结构，又是艺术造型。在这些骨架的顶部，冠以锋利的小尖顶。大门两侧雕像，比例修长，多用垂直线条，更显示出哥特风格。整座教堂显得庄重而华丽。如图 2-7 所示，是兰斯大教堂的外形，可以看出这个建筑形象不但丰富多彩，而且又显得很完美，有秩序感。这就是建筑美学法则中的变化与统一。

四

哥特式教堂在基督教建筑里称得上是最辉煌的形式了，其中又以法国的哥特式教堂最负盛名。有人说法国的哥特式教堂，以巴黎圣母院的立面为最美，兰斯大教堂的雕刻最有名，沙特尔教堂的塔楼最有特点，亚眠大教堂的大厅最高大。

图 2-7　兰斯大教堂

亚眠位于法国北部，是中世纪法国的一座著名城市。此教堂于 1220 年始建，大约 50 年后完成。12 世纪下半叶后，随着尖券肋骨拱顶技术的逐步成熟，经验日益丰富，工匠们运用这些技术，创造出更大的空间，中厅的高度一般在 30m 以上。亚眠大教堂的中厅宽约 15m，高达 43m，其规模不但是法国哥特式教堂之最，而且它高耸的中厅让人们感到空间在不断往上升腾，表达出宗教的寓意。中厅中的支柱已不是圆柱，有敦实感，而是做成束柱的形式，似乎是用一束细细的柱子组合起来。束柱一直向上，直接承载上面的六分拱肋的屋顶，形成一个完整的骨架结构体系。那些挺拔的束柱，将人们的目光引向高远的拱顶，柱间墙表面开着很大的窗户，彩色玻璃窗闪烁着令人目眩的光，更使拱顶显得飘忽而神奇，似乎浮在空中，产生一种迷人之美，当然也使人感到自我的渺小，在精神上产生强烈的震动。

五

乌尔姆教堂位于德国巴登 - 符腾堡州的城市乌尔姆。这座城市在公元 9 世纪还是王室领地，13 世纪时迅速发展成为一个自由城市，凭借其处于贸易路线中心的有利位置，带来城市的繁荣。新兴的市民阶层在城内建造教堂，大有与教会统辖的主教堂一争高低之气概。中世纪德国教堂很少采用双塔耸立的正立面，多以单塔造型，这也是德国中世纪教堂建筑的一个特征。但德国哥特式教堂也有用双塔的，如科隆主教堂（始建于 1248 年）。

乌尔姆教堂（始建于 1377 年）正面朝西，在其西端耸立起一个高入云霄的钟塔。这对于市民和教徒来说是很受鼓舞的。有人说这座塔好像是一座纪念碑，显示出它们的力量和财富。到了 15 世纪 60 年代，高塔已建造到 100m，由于经济的原因，只得停下来，直到 19 世纪 80 年代才继续往上造，并最终完成。塔楼高达 162m。它的平面呈八边形，表面做一层精致的石雕窗格式的雕饰，这也是德国哥特式建筑的装饰风格。巨大的塔身渐渐向上收缩，形成瘦削锋利的尖顶。如果用现在的高层建筑来计算，它是一座高达 54 层的建筑！

六

哥特式建筑在意大利不怎么流行，但也有几座很有名的，其中最负盛名的就是米兰大教堂，如图 2-8 所示。米兰位于意大利北部，中世纪时这里手工业十分发达，同时它也是意大利的一座艺术名城。米兰城内的这座大教堂，至今仍是最令人惊叹的建筑。

这座教堂于 1385 年始建，1418 年主体结构完成，但后来工程停了下来，竟然停了 500 年之久！到 19 世纪才最终完成。教堂内部空间保留了巴西利卡的特点。标准的拉丁十字形平面，宽敞高大，可容 4 万人。中厅高 45m，宽 59m，长达 100m，两侧通廊高 37.5m，形成三重中厅，因此

图 2-8　米兰大教堂

图 2-9　林肯大教堂

它与哥特式高而修长的风格有些不同。厅内共有 52 根柱子，每根高约 24m，直径约 3m，顶部有柱帽，形态完美，还雕有壁龛，龛内有雕像。东端有 3 个高大的花格窗，可谓玲珑剔透，堪称哥特风格的精品。教堂的外表，布满白色大理石镂空雕饰。墙面强调垂直线，壁柱如林，突破水平檐部，竖起一个个的小尖塔，尖塔顶端饰以镀金神像雕饰。教堂上的雕像多达 3000 余个，在阳光照射下，闪闪熠熠，神奇无比。

七

英国中世纪的哥特式教堂又有自己的风格。在此以林肯大教堂为例。这座建筑始建于 1073 年，重建于 1185—1321 年，位于一座坡度比较陡的小山上。开始时，由诺曼底人建造，如今只有西立面的下部是原来建造的，其余部分则是后来重建的（原来的建筑毁于地震）。歌坛、东边耳堂及原来的多边形和半圆形殿宇建成于 1200 年，是英国早期拱顶的典型作品。中厅、耳堂、门廊、中央塔楼及教士会堂等重建于 13 世纪上半叶。其中装饰性拱顶有“天使歌坛”之称。这座教堂是英国 13 世纪最著名的教堂。1311 年建成中央塔楼，高达 82.5m。这座教堂的西立面十分辉煌，而且又很有个性，如图 2-9 所示。方形平面的钟塔，在四角的顶上建有小尖顶，这就是英国哥特式建筑的代表。有人说，林肯大教堂表现出英国的艺术文化，我们甚至能在这个形象上“读”到拜伦（1788—1824 年）的诗。

第四节　伊斯兰建筑的美

一

伊斯兰教的创始人是麦加城（今属沙特阿拉伯）古莱西部落的商人贵族穆罕默德（公元 570—632 年）。大约在公元 610 年，穆罕默德开始在麦加宣传伊斯兰教教义，把古莱西部落的主神安拉奉为唯一的宇宙之神。伊斯兰教的圣典《古兰经》，据说是安拉通过穆罕默德降谕世人的“默示”。经上说：“除独一的安拉以外，别无主宰。”“安拉为你们创造大地上的一切。”“天地万物皆属安拉。”穆罕默德自称是全能的安拉使者、信徒的“先知”。“伊斯兰”原为皈依之意。伊斯兰教的信徒“穆斯林”，意即信仰安拉、服从先知的人。伊斯兰教建筑称清真寺（礼拜堂）。从整个伊斯兰教建筑来说，还包括：城塞、王宫、经学院、墓寺、图书馆及澡堂等。

伊斯兰教建筑风格，一部分吸收了东罗马拜占庭建筑风格，另一部分则是西亚地域的传统建筑风格，当然还可以上溯到波斯帝国时期的建筑风格。一般的建筑形式采用立方体形式，顶上加建穹窿顶，加以叠涩拱券、彩色琉璃砖镶嵌以及高高的邦克楼等。下面，通过一些建筑实例来进行分析。

二

克尔白，即“天房”，位于今沙特阿拉伯的麦加，为伊斯兰教最崇高、最神圣的圣殿，意为“立方”，或称神之馆。穆斯林（教徒）每天要进行 5 次礼拜，其方向目标就是向着克尔白。全世界各地的穆斯林巡礼朝圣也以克尔白为方向目标。据古兰经记载，克尔白的建造者是阿布拉哈姆及其子伊修玛耶尔。根据历史传说，穆罕默德青年时代的克尔白，高近及人，也没有屋顶，后来被火烧毁以后，改建成与现在所见到的形式相近。此后，在伊本 · 阿兹巴义尔时曾经扩建过克尔白，他去世后又恢复成旧状。经过 1630 年的改建修缮，就一直延续至今。

现在的克尔白位于麦加大清真寺内院的中央。它是一座建在大理石基础之上，长 12m，宽 10m，高约 15m 的石构建筑物，其四角约略朝向东西南北。平屋顶略向西北方向倾斜，并装有雨水管。朝向东北的一面为正立面，于其右侧，在建筑物向东的墙角上，离地高约 1.5m 处，嵌有供巡礼者们亲吻的神圣的黑石。在正面距地 2m 处，设有进口。必要时，随时可以自外架设踏步进入内部。内部为大理石铺地的地面，以 3 根木柱支承屋顶。建筑物外面自上而下覆盖着一块大黑幕布，只有巡礼期间才将下半部卷起。（引自：杨永生．中外名建筑鉴赏．上海：同济大学出版社，1997）

三

阿赫默德一世清真寺位于今土耳其的伊斯坦布尔市。这座清真寺建于公元 1608—1616 年，是奥斯曼帝国阿赫默德一世命建筑家麦特阿加建造的。从总体上看，由礼拜殿、内院、回廊 3 部分组合而成，呈封闭型布局，结合土耳其地区拜占庭建筑传统，尺度宏大，大量使用球形穹窿，修长的光塔多达 6 座。遍体施以镶嵌装饰，形成雄伟壮丽的形象、别具特色的建筑风格。礼拜殿主殿宽 60m，深 55m，在这样广大的空间内，仅有 4 根大圆柱支承。柱与柱之间架设庞大的拱券，将 4 个券的券顶结成一根水平的圆梁，然后在其上覆盖中央大穹窿顶，此顶直径 24m，顶高 43m。其外侧四面分设半球形穹隆，以抵抗水平推力。四角再设小穹窿顶。顶的表面均贴青蓝基调的彩釉瓷砖，玻璃镶嵌的花窗达 260 余扇。正面后壁设礼拜龛，右侧设阶梯状的讲经台，是清真寺必备的教祖穆罕默德的象征。此寺规模巨大，形态壮观，在奥斯曼帝国的众多清真寺中堪称精品。

四

16 世纪下半叶，在印度莫卧儿王朝所在地阿格拉附近始建一座离宫，在宫内建贾玛清真寺（Jama Masjid）。此寺于 1602 年建成，是印度伊斯兰建筑中的一件杰出作品。

清真寺高达 51.7m，立于一个宽阔的大台阶上，看起来更显得宏大壮观。它的正面，外框套一个巨大的长方形门框，框子内就是一个很大的圆尖拱门，高达 30m；两侧均转 45°，对称排列着双层的圆尖拱门窗，又在上下两个较大的圆尖拱门窗的中间，夹着一排水平排列的 3 个小的圆尖拱形的花饰。整个建筑以不同大小的圆尖拱为主要的构图符号，形成变化与统一的艺术效果，看上去整体性很强。这个建筑的顶端，设有大小不同的许多圆尖形的穹窿顶，也与圆尖拱形成内在的联系，即风格上的统一。

清真寺的墙面，以具有印度特色的红沙石，上面镶白色大理石构成，具有强烈的印度传统建筑特色，无论是色彩还是材料，都是如此。

这座建筑的比例十分得体，并用虚实对比的处理手法，形象很动人。特别是凹廊部分，阳光射来，内部产生较大的阴影，阴影的轮廓线柔和动人，增加了建筑的明快感。这一建筑从造型来说，也是伊斯兰建筑中的比较成功的一座。它的尺度和比例把握得很得当，形象的层次性井然，又富有节奏感，明快而又有力，健中有美。

这座建筑造型的唯一缺点是屋顶部分处理欠佳，不但显得杂乱无章，而且那几个穹窿顶尺度过小，与下部的大拱门很难协调，看上去好像是临时放置在上面似的。另外，在色彩处理上从整体构图来看也略显凌乱。

五

苏丹·哈桑礼拜寺位于开罗，此礼拜寺建于1356—1363 年。此建筑占地近 8000m^2，是埃及伊斯兰建筑的杰出代表作。这座礼拜寺建于土耳其苏丹统治时期，但它充分反映了埃及伊斯兰建筑的另一特色：内院周围无回廊，而是 4 个开敞的广厅，东广厅后面有 28m 见方的墓堂，上有尖顶式穹窿，顶高 55m，两旁有邦克楼，其一高 81.6m。其内院的四角各有一门通向 4 座讲堂，其中最大的一座面积达 898m^2。（引自：罗小未，蔡琬英 . 外国建筑历史图说 . 上海：同济大学出版社，1986）。

六

伊斯法罕皇家礼拜寺位于伊朗中部伊斯法罕的皇家广场南端。此寺始建于 1612 年，1639 年建成。寺的创建者是国王阿巴斯。这座礼拜寺无论规模、造型和装饰诸方面而言，都居波斯地区的伊斯兰建筑之首，堪称世界一流建筑。自广场北向而入，为一宽广的门殿，两侧有光塔。门殿为正南北向，入内即转 45° 西南向。进入扁长形的内院，正面为主殿的高大的穹窿顶和华丽的门殿，秀美的光塔分列左右。东西两侧是经学院，中央处亦设门殿，故此内院是具有该地特色的四门殿形式。所有结构部分均以砖砌成，表面贴满彩釉瓷砖，并镶拼成几何、植物、阿拉伯文字图案，以蓝绿色调为主。内部用大小不同的钟乳拱券，巧妙组合布置，承托正方形殿堂上的圆形穹窿。穹窿是内低外高的葱形双层结构，高达 47m。主殿前后 2 座光塔高 44m，亦遍贴彩釉瓷砖。色彩丰富，清爽洗练，是伊朗中世纪后期建筑的特征，令人赞叹不已。（引自：杨永生 . 中外名建筑鉴赏 . 上海：同济大学出版社，1997）如图 2-10 所示，是伊斯法罕皇家礼拜寺形象。

七

印度阿格拉平原上的泰姬·玛哈尔陵，一向被誉为是一座象征永恒爱情的建筑。17 世纪中叶，印度莫卧儿王朝的第五代皇帝沙杰汗，于 1613 年率师南征讨伐叛乱时，尽管泰姬·玛哈尔已怀孕在身，但她还是随从皇帝南征。在出征扎布尔汉普尔时，这位举世无双的美人却在分娩时不幸去世。皇帝悲痛欲绝，他把自己关在帐篷里绝食，不见任何人，只是长吁短叹，整整持续了 8 天，到了第 9 天，沙

图 2-10 伊斯法罕皇家礼拜寺

杰汗才走出帐篷，这是他已变成了一位白发苍苍的老人。班师回朝后，他决定为爱妃泰姬·玛哈尔建造一座世上从未有过的美丽而庄重的陵墓。经过勘察，他决定将陵墓建造在朱木拿河畔，这里不但风景优美，而且能从王宫的窗口直接望见陵墓，他希望同爱妃像生前一样朝夕相处。

泰姬·玛哈尔陵于 1632 年始建，前后用了 15 年时间建成。这座陵墓，用洁白纯净的大理石筑成，其上还镶嵌着 28 种宝石。在泰姬·玛哈尔的棺椁上，铺盖着用珍珠编织成的被褥。棺外的护栏用纯金制成。陵墓的大门是用银制成的。当时为了这座陵墓，不知花了多少人力和财物。可是这些金银珠宝，后来却被异族入侵者一扫而空，唯有这座建筑——象征着永恒爱情的艺术品，至今仍然留存着。

这座陵墓的形式属伊斯兰建筑形式。建筑形象对称庄重，气氛肃穆而不失明朗，不同于一般陵墓的沉闷。陵墓下部是一个台基，上面的建筑是传统的伊斯兰建筑形式，以大门和圆尖顶形成建筑形式的主体，如图 2-11 所示。建筑的两边有双层的门窗，在形式统一的基础上，以大小的不同达到变化与统一的形式美效果。大圆尖顶的旁边，也用同样形式的 4 个小圆尖顶与之呼应，而且在四角的塔楼顶上也用这种圆尖顶，因此整体性很强。上部的圆尖顶和下部的建筑之间比例十分得当，又反映出形式美的效果。正面两边用 45° 折角，又使它与上部的圆尖顶协调。这座建筑色彩简练，洁白的形象，在阳光照射下明快无比，它与门窗内的暗部产生强烈的明暗对比。在陵墓的前面，开掘了一条长长的水渠，建筑物的倒影在水面上轻轻浮动，更使建筑显得奇妙和秀美。

图 2-11　泰姬·玛哈尔陵

这座建筑在文化史上有很高的地位，被人们誉为“印度的珍珠”“中世纪七大奇迹之一”。美学家宗白华（1897—1986 年）说：“这一建筑在月光下展开一个美不可言的幽境，令人仿佛见到沙杰汗的痴爱和那不可再见的美人永远凝结不散，像一首歌。”

八

阿尔罕布拉宫又称“红宫”，位于西班牙格拉纳达山上，是一座保存得比较好的伊斯兰宫堡，建于 1338—1340 年间。这座宫殿是摩尔人的伊斯兰王国所建。

这座宫殿四周围以红石砌成的围墙，全长 3500m。沿墙筑有高低不同的方塔。宫堡主要由两座院子组成，一座是南北向长方形院子，称玉泉院；另一座是东西向长方形院子，称狮子院。前者面积达 1000m^2，后者为 500m^2。玉泉院是国王接受朝拜之处，狮子院则是后妃们居住的院落。

玉泉院南北两侧是券廊向着院内，东西两侧是清真寺和浴室。北侧券廊后面建有长宽高均为 18m 的正殿，其墙面上画着各种图案，着以蓝色，并掺杂一些红、黄、金色，显得富丽堂皇。院内尚有一清澈的水池，映出正殿及券廊的倒影。

狮子院周围是马蹄形券组成的回廊，墙上装以精美的石膏雕饰。尤其引人注目的是由白色大理石制作的纤细的柱子，共 124 根。这些柱子并不是一根根独立地支撑着券廊，有的是 2 根柱并列，有的是 3 根柱并列，也有独根柱的。柱子的光影变化也十分别致。整个庭院给人以妩媚明快的感觉。它的另一个特点是引山上的泉水穿过后妃们的居室汇入院中形成一方水池。池的四周雕有 12 头雄狮，水是从狮子口中喷出，形成喷泉，并由此而得狮子院之名。

这座宫堡的柱子、券廊、艺术水平极高的钟乳拱和柱头的多种装饰，以及墙面的图案等，都是西班牙伊斯兰所特有的建筑装饰。

第五节　东亚诸地建筑的美

一

东亚文化在古代，包括中国、日本、朝鲜及中南半岛和马来半岛、南洋群岛诸地。这些地方的古代文化虽然众多，但从大的文化属性来说还是属一个系统的。除了中国文化自成一体外，其他如日本、朝鲜等地的文化，都有自己的发展历程，从而也就具有它们各自的美学特征。

从建筑美学来看，除了中国以外，东亚诸地，不外为日本、朝鲜半岛（朝鲜、韩国）、中南半岛（缅甸、泰国、越南、柬埔寨、老挝等）、菲律宾及南洋诸地（今印度尼西亚、马来西亚及新加坡等），其文化整体是一致的。建筑文化、建筑美学，由于地域和历史的关联，与整个文化艺术系统也保持一致。

二

先说日本古代的建筑及其美。日本的古代建筑，其材料多用木材和石材，还有竹、土、树皮和草料等。早期的建筑造得较为原始、简陋，后来从中国带来许多建筑技术经验，房子越造越考究，而且有了定式。日本古建筑的美，在此通过一些实例来分析。

伊势神宫和严岛神社。伊势神宫是日本古代神社中最有代表性的一个，位于三重县，一名皇大神宫，神社建筑坐落在海滨的密林中，其环境很有神启之感。此神社分内外两个宫，都用木柱，用木板围起来，正殿在最里面，形式简洁而有秩序。凡是木制的，一律用木的本色，木纹清晰，平整光洁，很有美感。神宫正殿规模不大，但很精美。草顶和板墙，形成一个深厚而有体积感的形象。在屋脊处，把结构强调出来，成为装饰，也表现出民族个性。

严岛神社之建筑，称得上是日本最美的神社建筑了。此神社位于广岛县的严岛，这里风光秀美，神社建造在一个朝向西北海湾处，陆地上有茂密的丛林，正面是海。神社的正殿平面呈长方形，长 24m，宽 12m，前面有拜殿及舞台等，形成一条自西北向东南的中轴线。在最东南的海面上，是“鸟居”，形似牌坊，象征海神之所在。神社所在的整个海岛，被人们视为“圣地”。这个神社的主殿中供奉的 3 位神道女神，是本地的主要神祇之一的暴风雨神的女儿。

三

奈良法隆寺。大约在 6 世纪，中国佛教经朝鲜传入日本。当时日本处于圣德太子统治期间，大力提倡佛教，多次派遣使节、学问僧去中国，广建寺院，将佛教作为服务于封建统治的国家宗教。到了 7~8 世纪，随着佛教的传播，从中国带来的思想、哲学、文化和艺术等多方面的影响。

此寺最初是圣德太子于 7 世纪初所建，公元 670 年遭火灾，711 年重修，后来历代又有多次修建，但基本上保持原来的形式。寺庙主轴线为南北向，穿过南大门，进到中门，是一个四周有围廊的内院，即佛教圣境，以内外划分佛与俗的界限。主体建筑金堂和五重塔分别置于轴线的两侧。金堂内供佛像，为两层重檐歇山屋顶，面宽 5 间，进深 4 间，立于台基之上。柱子粗壮，断面为菱形，上刷红漆。柱子的上部为云形斗栱，用整料雕刻而成。建筑出檐深远。二层勾栏采用变形的“万”字格及“人”字拱装饰。塔分 5 层，1~4 层为三间见方（每边约 11m），第 5 层略有收缩。塔高约 32m，内有塔心柱，通至顶，其中相轮高约 9m。这座佛塔比例匀称，高耸中又显得平稳而文静，反映出佛教思想。当时人们说它象征着一只巨大的飞鸟，好像刚从中国飞来，双爪已落到地上，翅膀尚未收起。这个形象动人的形容，也增添了建筑美学上的魅力。

奈良的唐招提寺中的金堂如图 2-12 所示，与中国古代的一位名僧鉴真和尚有关。鉴真和尚为了传播佛教，历经千难万险，乃至双目失明，终于完成了他的宏愿大业，将佛教传到了日本。从公元 759 年起，他协助日本奈良唐招提寺，同时他还带去许多建筑技术工人去帮助他们建造。当时，建造了金堂、讲堂、佛塔等建筑物。其中金堂至今仍保存完好。从这个建筑形象中可以看出，它与中国五台山的佛光寺大殿十分相似。屋顶均为庑殿顶，面宽都为七间，进深也均为四间，檐口也出挑深远，斗栱硕大。

京都平等院凤凰堂，如图 2-13 所示，位于京都附近的宇治市。此建筑建于平安时期（794—1185 年）。在平安时期，日本文化渐渐摆脱对中国的模仿，形成自己的民族文化。佛教不再具有国家性质，而随着净土宗于 9 世纪传入日本，成为王公贵族膜拜的主要对象。佛寺建筑趋向世俗化，公侯豪门纷纷在自己的府邸、别馆中建造阿弥陀堂，这些佛堂不拘于早期形制，同住宅结合或采用当时的住宅布置手法，饰以彩画，围以泉池林木，有着帝王之家的奢华和精美。平等院凤凰堂是这类阿弥陀堂中最杰出的典范。它原是贵族的庄园，1053 年在园中修建供阿弥陀佛的佛堂。此建筑面朝东，三面临水，由正殿、两翼及尾翼组成，由于其平面伸展，形如飞鸟，故称凤凰堂。正殿面阔三间，与两翼用回廊相连，屋顶为歇山式，正脊两端立着一对铜铸鎏金的凤凰。飞檐翼角，高低起伏，具有住宅的纤细优美之姿。正殿中央设须弥座，阿弥陀佛像端坐其上，顶上天花藻井。佛像上方悬挂着团花状的木制透雕华盖，涂金漆，嵌螺钿，熠熠生辉。佛像周围的板障上刻有众多佛像，两侧墙面及门扉上绘有西方极乐世界净土景象；构架、门窗节点等处，饰以涂金铜具，工艺精巧细腻。凤凰堂将雕刻、彩画手工艺汇集于一体，代表了平安时期日本的建筑艺术文化。

松本天守阁。16 世纪是日本群雄割据的“战国”时期，连年战争，各封建诸侯竞相筑城自卫，营建城堡，在城堡中出现了一种用壕沟石墙围筑、多层城楼状的防卫军事设施，即“天守”。“天守”多在城堡中央，城堡内的这种建筑有一个或数个。这种以“天守”所在的城堡为中心的城市称“城下町”，高耸的天守阁成了城市的标志物，也是诸侯武士炫耀军事武力的象征。

日本中部地区城市松本的天守阁，始建于 1594 年。此建筑耸立在用大块毛石砌筑的高台上，主体部分为5层，其余2~3层不等。屋顶为歇山式，出檐宽大，局部挑出平台，层层收缩，形成强烈的水平线条，加之台基明显收分后倾，造型庄重。各局部朝向各异，

图 2-12　奈良唐招提寺金堂

图 2-13　京都凤凰堂

重檐飞角山花穿插交错，立面构图大小方向多变，其轮廓既富于变化，又有统一性和均衡性。

京都桂离宫。此建筑位于京都西南郊的桂川岸边，16 世纪末，这里是一处亲王的离宫，经数十年的修建，于 1662 年完成，是日本著名的皇家园林。此园林占地 4.4hm²，西倚岚山，地势平坦，园内叠石、林木及水池、建筑等皆精心设置。庭院中央挖掘水池，以引桂川水系。湖中有 3 岛，用石桥相连，池周围石径环绕，通向庭院屋宇。池岸曲折，岸边水钵、石灯等小品点缀其间，园中林木深郁，书院、茶室掩映其间，其布局手法体现出江户时代日本园林的风格。书院是读书静思的所在；茶室则是适应日本茶道的特别的建筑形式。茶道渗入了禅宗的“和、静、清、寂”的精神，讲究静坐、凝心、观景，注重环境的清雅、质朴。茶室建筑运用木柱、草顶、泥墙、石阶、纸门等朴素的材料。室前设茶亭，置景朴素而自然。

四

朝鲜半岛，即如今的朝鲜和韩国所在地。早在 4 世纪时，这里就出现了高句丽、新罗和百济 3 个国家，三国相互攻伐，又有唐朝和日本介入，直到 7 世纪，由新罗统一。后来新罗国采用唐朝的政制，国力渐强。新罗国文化继承三国的传统，同时吸收唐朝的文化。中国传到朝鲜半岛的儒家思想和学说，到新罗时期得到了进一步发展。公元 682 年，首都庆州设立国学，授儒家经典，以培养贵族子弟。

朝鲜半岛上的古代建筑及其美学特征，在此通过建筑实例进行分析。

佛国寺。7 世纪中叶，佛教由中国传入朝鲜，从而大兴佛寺。佛国寺便是其中之一。此寺建于庆州附近的一个高阜上，寺院建筑由 2 个并列的院子组成，院子周围均设廊。东园的正中是金堂，堂前左右对称地置一对佛塔，中间是讲堂。南为山门，山门内左右各建一楼，东为钟楼，西为经楼。如今大多数建筑已毁。在经堂的基址上，18 世纪中叶建起了一座雄伟的建筑——大雄殿。大雄殿为佛国寺的主体建筑。佛国寺的山门叫紫霞门，立于高台的南端。高台分两层，用毛石驳坝墙，高高的建筑，气势雄伟，如图 2-14 所示。

图 2-14　佛国寺

昌德宫位于今之韩国首都首尔。1405 年，李朝第五代国王建为离宫，后因兵燹被毁。1611 年重修作为王宫。宫内为中国式建筑，入正门后就是处理朝政的仁政殿，殿内设有帝王御座。殿后的大造殿是寝殿。还有宣政殿、乐善斋等。

五

在如今的中南半岛上，有越南、缅甸、泰国、柬埔寨和老挝 5 个国家。中南半岛上的中古建筑也很有名，在此从美学的角度，分析其中的几座建筑。

顺化皇城位于今越南平治天省，位于香江之滨。此皇城（越南叫“天内”）是阮氏王朝皇宫，也是越南现存最大的又较为完整的古建筑群。1687 年奠定雏形，1805 年开始修建。其建筑之形式多仿北京故宫，总面积达 6km²。皇城外围部分称京城，有周长 9000m 余的围墙，全部用砖砌成，高约 8m，厚达 21m，有 10 个城门。

城周设护城河。城内有皇城，方形平面，其四周也设护城河，皇城前有午门，后有和平门，左为显仁门，右为彭德门。皇城的主体建筑是太和殿，这里是为皇帝加冕等重大典礼及节日庆典之处，

1805年建造，20世纪初重修。殿基高2m，深30.5m，宽44m，高11.8m。此建筑按照中国形制建造，但其中也保持了越南本土的风格。所有的建筑，门外均有挑檐。殿内的柱子都用越南土生土长的铁木制成，这种木材由于森林的砍伐，如今已很少了。殿前有石台，是文武百官上朝时站立之处。勤政殿和文明殿是昔日朝议的场所。

皇城中还有紫禁城，城墙每边长200m余，高4m，厚1m，围成一个规则的四边形。里面有皇帝所居的乾城殿和书房养心殿、皇后住的坤泰宫，皇太后住的延寿宫，嫔妃所住的瑞顺院、瑞和院、瑞庄院等，还有御膳御医院、侍卫房等。

仰光大金塔，又称瑞光大金塔。此塔在缅甸佛教建筑中最有文化价值，如图2-15所示。此塔位于仰光市北部的因亚湖畔的一座小山上，这里地势高耸，周围风景秀丽，塔和环境相互生辉。

今之仰光大金塔建造于8世纪（相传此塔始建于公元前6世纪），塔身高99m，连基座约113m。塔的基座是十字折角形的，有许多线脚。这个基座甚大，总长达435m，四周还围绕着64座小塔。塔身均用金箔贴成，塔顶上装有精致的宝伞（华盖）和贵重的钻石、珠宝。相传古时候缅甸人科加达普陀兄弟俩到印度去取经，并带回8根释迦牟尼的头发。为珍藏这8根佛发，于是就在丁固达拉山上（即今之塔基处）修起一座8.3m高的佛塔，以藏此宝。因为有这个重要的宗教文化意义，所以到了11世纪的蒲甘王朝时期，便成了整个东南亚的佛教圣地之一。

瑞光大金塔外形十分端庄，外轮廓曲线显示出挺直向上的形象，这条曲线是一条向上升的抛物线，所以会使人感到有一股向上的力感，这正反映了这座塔的形式隐喻。金色的塔身，在阳光下十分耀眼，显示着古代建筑艺术的光辉。

泰国原称暹罗，其古都在今曼谷的北部，大约在14世纪时建造大王宫。此王宫在18世纪时毁于战火。1782年，皇帝拉马一世登基，把都城迁到湄南河东的曼谷，并着手建设王宫。这座王宫规模更大，宫内富丽堂皇的宫殿林立其间，风格多样，造型奇特。主要宫殿有阿玛林宫、节基宫、宝隆皮曼宫等。皇宫四周筑有围墙。宫殿中以节基宫为最大，也最华美。此殿形式很别致，以层层重叠、十字对称、中置宝塔尖顶的泰国民族形式为屋顶，但下部的墙壁和门窗形式则为西方古典建筑形式。这是由于当时英法殖民主义势力渗入中南半岛，所以带来了许多西方文化。当时的泰国皇帝和臣僚们也颇为欣赏这些西方文明，因此就产生了这种东西方混合的建筑文化。但像建造得较早的律实宫，则完全是民族形式的。泰国民族形式的建筑往往将屋顶装点得十分丰富，不但形式独特，而且色彩也很富丽，往往用红色和绿色组合起来，形成神奇的东方色调。下部的墙、柱、门、窗等，虽然形式复杂多变，但色彩往往不如屋顶强烈，多以白色为主，适当加上少量的其他颜色。

图2-15　仰光大金塔

皇宫内还建有寺院。泰国信奉佛教，属南传佛教一支。宫内建有高高的大金塔，造型有些像缅甸的仰光大金塔。宫内建造的玉佛寺是著名的东南亚佛教寺院，寺内有一尊玉佛，身上所披的金缕衣，一年换三次：凉、热两季，再加上雨季。国王亲自为佛换衣。

柬埔寨吴哥城南有吴哥寺，即吴哥窟。此寺建于 12 世纪，寺的主体建筑是造在三级台基之上的 5 座塔。中间主塔，高 42m（从地面算起为 65m）。这 5 座塔形式相近，塔身和塔顶都雕成莲花的花苞形状，看起来和谐端庄，如图 2-16 所示。相传这 5 座塔象征着古印度佛教中的茂璐山上的庙宇。基座的围廊很精美，围廊墙高 2m，长达数百米，上面刻有浮雕。这些浮雕的题材大多选自印度神话故事。如其中的“乳海翻腾”，讲的是神和魔鬼为取得乳海中的长生不老药而订下契约。后来神与一条巨蟒争斗，神变成一个大龟，战胜巨蟒，并得到长生不老药。但在争斗时那长生不老药被魔鬼偷去，逃到茂璐山去了。浮雕形象刻得栩栩如生，细致入微。

塔銮，为老挝佛教圣地，位于首都万象附近，为瓦塔銮寺的一座建筑。此寺风格独特，它由一座主塔和 30 座卫星塔组成。塔基 3 层，均建有小塔，第 3 层即为主塔所在。主塔下部 3 层为方形，上部皆为圆形，塔尖如锥，直插云霄。全部建筑均为砖结构，主塔顶端镀金。塔銮，意即皇塔或大塔。初建于公元 737 年。另外还有建于 3~6 世纪的其他建筑。此塔初建时为一小塔，建在四方形的石墩上。1566 年，澜沧国王塞塔提腊在小塔的基础上建造大塔，又在其周围建 30 座小塔，以纪念佛祖的 30 种恩泽。建成后，国王命名为“帕塔舍利洛迦朱拉玛尼”，其意为佛祖骨塔，塔下埋有佛祖的舍利子。由于塔为国王所建，所以人们称之为“塔銮”。

图 2-16　吴哥窟

六

印度尼西亚也是个历史悠久的国家。公元 7 世纪，苏门答腊建立室利佛逝帝国，至印度尼西亚历史上的一个封建国家。另外，在东爪哇也建有一个国家满者伯夷（Majapahit）是印度尼西亚历史上最强大的国家。后来葡萄牙和荷兰人入侵，沦为殖民地。第二次世界大战时期又被日军侵占。战争结束后，于 1945 年 8 月 17 日，建立印度尼西亚共和国。

印度尼西亚最著名的历史古迹，就是位于爪哇中部日惹的婆罗浮屠（石塔）。这个建筑又称“千佛塔”，大约始建于公元 800 年，属佛教东南亚分支（南传佛教）建筑文化。全塔用 30 万块石头筑成，大的石块重达 1t 多。这个塔的塔身是一个四方形的台，每边长达 110m，上面共 9 层，1~6 层为折角方形，象征地；再上面 3 层（7~9 层）为圆形，象征天；底部四周有石级直通其上部。在上面的 3 层圆台上面，均设有许多小塔，共 72 座，这些小塔刻有孔洞，形似竹篓，所以这个婆罗浮屠又名“爪哇佛篓”。最顶上是一个大佛塔，直径约 10m，塔群总高 35m。

佛塔每层都设回廊，壁上刻有浮雕。有些浮雕带有故事情节，一幅接一幅，好像连环画。其内容均为佛教中的故事。全塔共有故事性浮雕 1400 余幅，其他装饰图案浮雕也有 1000 余幅。雕刻形象逼真，技法细腻动人，是佛教艺术中的珍品。这座婆罗浮屠真称得上是奇迹了。后来被列为“世界中世纪七大奇迹”之一。

第三章 The Aesthetics of Foreign Early Modern Architecture 外国近世建筑的美

第一节 文艺复兴初期建筑的美

一

恩格斯在《自然辩证法》中说："……拜占庭灭亡时抢救出来的手稿，罗马废墟中发掘出来的古典古代雕像，在惊讶的西方面前展示了一个新世界——希腊古代；在它的光辉的形象面前，中世纪的幽灵消逝了；意大利出现了出人意料的艺术繁荣，这种艺术繁荣好像是古典古代的反照，以后就再也不曾达到过。"（马克思恩格斯选集 . 第四卷 . 北京：人民出版社，1995：261.）文艺复兴是西方中世纪转入近世的枢纽。传统的历史分期，西方从中世纪到近世，就是从意大利文艺复兴（15 世纪）开始的。文艺复兴，实质是古希腊、罗马古典文艺的再生。它作为一个社会运动，不只是意识形态的转变，更重要的是社会经济形态的转变。"从经济方面说，这些活动和成就替欧洲人开辟了市场和殖民地以及原料和资本的来源，从而在物质上促进了工商业的发展，加强了资产阶级的地位和势力。从精神文化方面说，这些活动和成就打破了欧洲过去闭关自守的状态，扩大了西方人的眼界，破除了他们的迷信，提高了他们的好奇心和进取的斗志。从此他们要求脱离中世纪的愚昧和落后状态，发挥固有的智慧，去从生产斗争和阶级斗争中改变他们的现状。"（朱光潜 . 西方美学史（上）. 北京：人民文学出版社，1982.）。

二

所谓文艺复兴（Renaissance），它的本义不只是文艺，应当解释为"古典学术的再生"。从美学上说，应当着重在人文主义（humanism），或说人本主义。文艺复兴运动往往把这种人文主义思想，通过艺术形式表现出来，或者说用艺术语言来表达其意。如建筑（教堂），把尖顶改为圆顶，把垂直线条转变成水平线条等；如绘画，把人物形象画得很健美，很欢悦，不同于中世纪绘画那样，把人物画得瘦骨嶙峋，愁眉苦脸；如著名画家拉斐尔的《西斯廷圣母》，把圣母画得很美，把圣婴绘成一个很可爱的孩子形象。又用绘画语言（形象）批判甚至鞭挞禁欲主义；如著名画家 · 达芬奇的《最后的晚餐》，把犹大画成面部晦暗、表情恐惧的形象等。

意大利佛罗伦萨，称得上是文艺复兴的发祥地和大本营，这里有许多优秀的文艺复兴建筑作品。如：圣玛利亚主教堂、育婴院、巴齐礼拜堂以及许多府邸名宅等。除了佛罗伦萨，还有罗马、威尼斯、维琴察等地，也有不少优秀的文艺复兴建筑。

三

佛罗伦萨的圣母百花大教堂，称得上是意大利文艺复兴建筑的代表，甚至可以说是文艺复兴的象征，如图 3-1 所示。这座建筑始建于 1296 年，后来历经多次修建。文艺复兴前夕，这是一座比较典

图 3-1　圣母百花大教堂

型的意大利中世纪哥特式教堂。教堂前面有一个高高的具有强烈垂直线条的钟楼。教堂的主体是一个长方形的大厅，用尖拱顶结构，后部为祭坛。15 世纪初，文艺复兴运动开始，当时决定在这座教堂的祭坛之前建造一个大厅，并且要求表现出人文主义特征，反映新的时代精神。这个任务便落到了建筑师伯鲁乃列斯基的肩上。

1420 年，建筑设计完成了，它是用一个高大的圆穹顶为教堂建筑的主体，圆穹顶的下部四面，其中 3 面是用 1/4 的圆球体与大厅连接；原来的教堂接在另一边，教堂的正立面保持不变。这个方案通过后便立即施工，前后总共花了 14 年的时间建成。这个圆穹顶体量巨大，内径达 42m，高 30m 余。圆穹顶下面设一个高 12m 的八角形鼓座。这个鼓座的设置，一是为了结构上的需要（克服水平推力），二是这样做使圆穹顶更显得高耸，设计者希望全城都能看到它。圆穹顶采用 8 个大肋和 16 个小肋相配合的拱肋系统，形成一个多瓣形的圆穹顶形状。这个顶用的是双层结构，有内顶和外顶。人还能在两层结构之间的空腔中上上下下，攀登到顶上去眺望。

这个高大的圆穹顶相当醒目，形成全佛罗伦萨的“中心”。人们形容它是意大利文艺复兴的“春讯”。中世纪是宗教统治很强烈的时代，宣扬人的罪恶性，所谓“原罪”，并且认为人是苦难的，所以要提倡禁欲。随着社会的进步，人们渐渐认识到，人需要自己解放自己。世界本来应该是美好的、光明的。这种人文主义的观念表现在建筑上，主要是通过大圆穹顶表现出来的，它不采用中世纪的高直建筑形式，而是用古罗马穹窿顶的形式。这个圆穹顶的色彩也很动人，屋顶用红色的瓦，白色的拱肋条，鼓座也是白色的，鼓座上的大圆窗深凹，形成暗部，产生强烈的明暗对比。因此，这座建筑，无论形状、明暗和色彩等，都体现出人文主义特色。当这个巨大的圆穹顶完工时，佛罗伦萨全城一片欢腾。不久，这里下了一场大雷雨，雨后这座大教堂安然无恙，离地达 107m 的大圆顶丝毫无损。人们欣喜地说：“它没有被雷击坏，因为上帝也喜欢这个形象。”

四

位于佛罗伦萨的育婴院（又叫弃婴院），建于 1421—1445 年，是意大利文艺复兴初期的代表作之一。设计者也是伯鲁乃列斯基。育婴院是收容弃婴的慈善机构，这种机构在中世纪已有。这座建筑坐落在受胎告知教堂的正门前面，15 世纪初修建的广场旁边。这个建筑沿方形院落周边建造，用轻快的圆拱廊环绕院子。这个空间处理层次分明，条理清晰，表现出一种既有人情味，又有理性精神的形态特征。在面对广场的一面，用露天深敞廊形式。这种形式可追溯到古希腊、古罗马时代。当时在广场上建造深敞廊，作为陈列性空间供美术作品展览，也作为群众集会、节日庆典之用。设计者使用圆拱形柱廊，勾勒出古罗马时代的人文风貌，使空间富于生动的美感。这座建筑有两点值得注意：一是宗教的世俗性，即慈善性。二是建筑形式由封闭性转变为开敞，并且建筑的外形由垂直线条变为水平线条（主线条）。如檐部、拱廊等，都构成建筑的强烈的水平线条。

五

巴齐礼拜堂，建于 1429—1446 年。这座建筑平面呈矩形，集中式的教堂建筑形式，似有某种东方风格。此建筑也由伯鲁乃列斯基设计。建筑规模不大，中央大厅上用穹窿顶，直径 10.9m，左右各有一段筒形拱。建筑的正面有门廊，前面有 6 根科林斯式柱，正中跨度较大，上面做出半圆拱。这座建筑的立面形象富有层次感，尺度宜人，虚实得体。如图 3-2 所示，是巴齐礼拜堂的正面形象。

图 3-2　巴齐礼拜堂

第二节　文艺复兴中后期建筑的美

一

意大利文艺复兴的建筑美学，其重心放在人文主义思想上，加之经济的迅速增长，在佛罗伦萨、罗马及维琴察等地，建造起许多具有较高的艺术文化价值的府邸，在此列举几座有代表性的府邸。

潘道芬尼府邸，如图 3-3 所示，位于佛罗伦萨，1527 年建成，设计者是画家兼建筑师拉斐尔。这个府邸由两个院落组成，空间布局紧凑，尺度宜人，外立面做得恬静典雅，表现出文艺复兴思想真谛。墙面用粉刷，在墙角处用隅石，既起到坚固墙体的作用，又是一种装饰。窗框形式丰富而有变化，但在整体上又很统一。

图 3-3　潘道芬尼府邸

美第奇府邸，又名里卡迪府邸，位于佛罗伦萨，建成于 1460 年，设计者是著名建筑师米开罗佐。如图 3-4 所示，是美第奇府邸的外形。这座建筑的平面近似正方形，分为 2 部分：一是环绕着带拱券柱的正方形回廊的内院，这里是家族起居生活的中心。主要的活动在二楼，后面有一个开敞的庭院兼作服务性后院；另外，与主要轴线平行地环绕着一

图 3-4　美第奇府邸

个较小的天井地是对外进行商务联系的部分。建筑立面用 2 条水平带分为 3 段。顶部檐口宽大而厚重，出挑达 2.5m。其宽度为整个立面高度的 1/8，与古典柱式的比例一致。立面自下至上 3 段处理各不相同，底层用庄重的剁斧石，第 2 层用平整的条石，留缝较宽，第 3 层是磨石对缝处理。利用墙面的各种肌理效果，来增强 3 段式的效果，从下至上的质感变化，符合自然的感觉，也使建筑增加稳定性。

二

除了佛罗伦萨，意大利文艺复兴时期所建的府邸别墅在罗马等地也有许多。罗马的文艺复兴府邸，以麦西米府邸为代表。麦西米府邸由著名建筑师帕鲁齐设计，建成于 1535 年。这座建筑位于街道转角的一块不甚规则的地形上，立面外墙在转角处呈弧形，如图 3-5 所示。在平面布局上，此府邸由两部分组成，沿中轴线大致均衡，每一部分各有一个内院。一边是安杰洛 · 麦西米府邸，面积稍大；另一边是皮埃特洛 · 麦西米府邸，面积略小。在帕鲁齐的精心设计下，整个立面显得富有人情味，底层中央入口处的柱廊有着很好的节奏感。

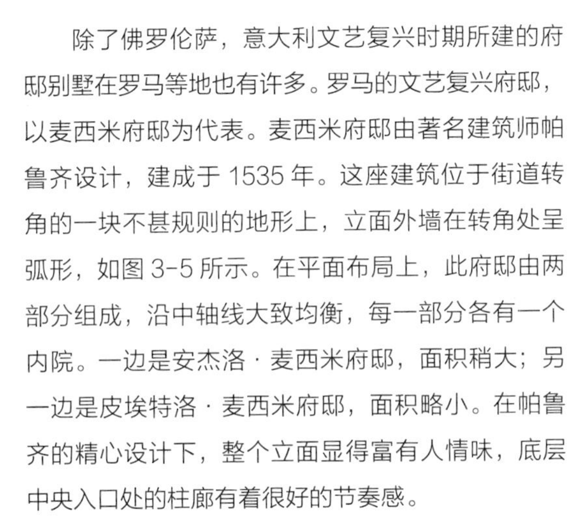

三

维琴察是一座意大利北部的著名城市，文艺复兴时期这里有一座著名的别墅——圆厅别墅，如图 3-6 所示。此建筑建成于 1552 年，由著名建筑师帕拉第奥设计。此建筑位于一块高坡地上，集中式布局，平面呈正方形，中央是一个圆形大厅，四周空间完全对称。建筑物高高在上，朝向四个方向均有同样的大台阶通向户外。在门口做门廊，用 6 根爱奥尼柱托起上端的山花。建筑形象简洁大方，各部分比例匀称，构图严谨。这个门廊空间成为室内外的过渡空间。门廊能使建筑的内部空间过渡到户外的花园，有和谐感，不觉得生硬。

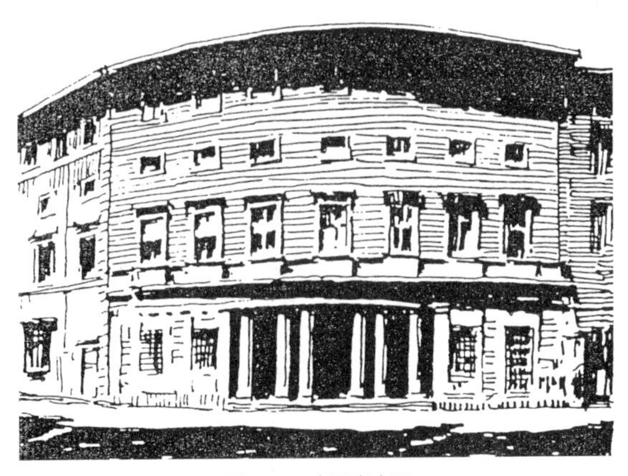

图 3-5　麦西米府邸

图 3-6　圆厅别墅

四

除了府邸、别墅外，意大利文艺复兴时期还有许多重要的建筑，在此分析几个实例。

罗马卡比多山上的建筑群。这里是市政广场。这个广场呈梯形平面，前部狭，后部宽。广场前部有大阶梯通往山下，这个阶梯也做成梯形，上宽下窄。设计者米开朗琪罗用了透视错觉的手法，使中间的主体建筑（元老院）显得更为高大雄伟，如图 3-7 所示。广场两边是档案馆（南）和博物馆（北）。所谓透视错觉，是指人站在广场口（西端）看这三座建筑，好像两边的建筑是互相平行的，从而对中间的建筑（元老院）产生了距离上的错觉，似乎推远了些。这样一来，相对而言就觉得它要比实际的高大多了。这也是一种调整空间体验的手法。

图 3-7 卡比多山上的建筑群

五

维琴察的巴西利卡。所谓巴西利卡，本来是指长方形的大厅，在罗马时期就有了，用来集会、议事，也作为法庭，后来市政厅一类的建筑也做成这种形式。这座建筑原是建于 1444 年的哥特式大厅，到了 1546 年，帕拉第奥向维琴察市议会递交市政厅的改建方案，经过一段波折，于 1549 年才讨论此方案。但后来又拖了十几年，直到 1617 才建成。

在建筑中常被提到的“帕拉第奥母题”，就是指这一建筑形象，它指的是由两根小柱子支撑的拱形洞口两侧有两个狭窄的分隔空间，所有这些又被用来支撑柱楣的两根大柱子夹着。这座建筑上下两层，都用这个“母题”手法。在这里，每层的拱肩上都开有圆形孔；每个角架间外侧的角柱都是成双的，因此建筑的四角由于这样的由 3 根柱子束柱的

图 3-8 维琴察巴西利卡立面局部

存在，被大大地强调了，如图 3-8 所示，是它的局部立面。这种手法后来被应用于许多建筑上。

六

威尼斯的文艺复兴运动也开展得轰轰烈烈，当时有威尼斯画派，如：乔凡尼、提香、丁托列托等画家。他们的作品充满着人文主义和抒情色彩。威尼斯的建筑也同样动人，最著名的要算圣马可广场及其建筑了。

圣马可广场的主体建筑是圣马可教堂。此教堂建于 11 世纪，东欧拜占庭风格。后来在广场的两侧建造起市政厅，广场之北先建，今称旧市政厅；广场之南后建，今称新市政厅。在广场的东南角建有钟塔，此塔高近百米。在钟塔的东南，又是一个广场。圣马可教堂之南为总督府，其对面是图书馆。如图 3-9 所示，是圣马可广场及钟楼形象。

七

意大利文艺复兴建筑中，规模最大、最雄伟的一座建筑是梵蒂冈的圣彼得大教堂。此教堂是以耶稣的十二门徒中的第一门徒圣彼得的名字命名的。相传彼得原来是个渔民，他与父亲西门·约拿及弟

弟安德烈（也是耶稣十二门徒之一）捕鱼为生，过着清苦的生活。后来和弟弟一起跟随耶稣。耶稣殉难后，他和其他门徒在耶路撒冷建立教会，然后去罗马等地传教，后来终于被捕。临刑前，他表明自己是耶稣的门徒，不配与耶稣受同样的刑，于是就被倒钉十字架就义。由于圣彼得开辟了罗马教区，所以后来罗马教皇都称自己是圣彼得的继承人，在圣彼得的墓地上，就建造起教堂，即圣彼得大教堂。

圣彼得大教堂始建于 4 世纪，当时的建筑规模不大，是一个早期基督教式的建筑。16 世纪初，教皇尤利亚二世想在死后也葬在这个教堂里，并要改建成一个规模宏大的教堂，以抬高自己的身价。于是教廷便决定改建教堂，建造规模要超过古罗马的万神庙。

开始时，这个教堂的设计者是著名建筑师伯拉孟特，他出于人文主义思想，建筑平面设计呈希腊十字式，中央一个大厅，四面以同样形状和大小的小厅延伸出来，形成较强的宗教性和纪念性气氛。但这一方案与天主教仪式和空间精神不相符合，因此后来便改成拉丁十字式平面，即其中的一翼特别长，形成一个长长的大厅，这不但符合天主教的仪式要求，而且更象征了中世纪精神。但后来由于内外矛盾加剧，所以工程停顿下来，直到 1547 年，教皇派米开朗琪罗重新设计，并主持这一工程。米开朗琪罗抱着使古希腊和古罗马建筑在这个建筑面前“黯然失色”的宏大理想来创作这个教堂。他做的方案也是希腊十字式的平面，后来便照此方案来建造。

图 3-9　圣马可广场

圣彼得大教堂规模宏大，建筑高达 138m，圆穹顶直径 42m。在大圆穹顶的四角，各设一个小圆穹顶，与大圆穹顶产生大小对比，而且与下部的门窗、山花、柱廊等关系协调。这座建筑形象既庄重又动人，表现出文艺复兴的思想性和艺术性。如图 3-10 所示，是圣彼得大教堂外形及圆穹顶的形象。

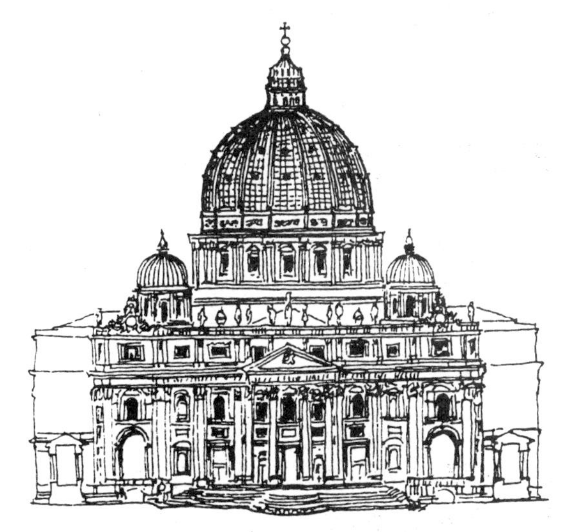

图 3-10　圣彼得大教堂及其圆穹顶

17 世纪初，随着文艺复兴运动的式微和天主教会复辟时期的开始，这座建筑的命运也受到了影响。代表保守势力的耶稣会，决定拆去正面的门廊，改成一个长长的大厅，部分地恢复了拉丁十字平面形状。这样，人们要在广场很远处才能看到教堂上部的大圆穹顶，而且在立面上用壁柱等装饰，也使形象过于烦琐，构图也杂乱。

八

位于佛罗伦萨的美第奇家庙，由米开朗琪罗设计。在这座家庙内，设计者做了一组共 4 个雕像，用以象征昼、夜、晨、暮。这是米开朗琪罗在其家乡佛罗伦萨被法军与教皇军队攻陷后所作。它们寄寓了作者对罪恶现实的不满和亡国之痛。圣洛伦佐教堂之内，考虑删除式移至其他尤其是《夜》这一雕像，充分体现了作者忧国忧民、痛苦失望的思想感情。当《夜》这个雕像完成后，雕刻家的朋友乔瓦尼 · 斯特洛茨依为他那高超的技艺之下所出现的、仿佛具有生命的石像而惊叹不已，因此写诗进行赞美，其中有两句诗:“她睡着，但她具有生命火焰，只要你叫她醒来，她将与你说话。”米开朗琪罗也写诗作答，这首诗充分体现了《夜》这个雕像的艺术内涵:

“睡眠是甜蜜的，
成为顽石更幸福。
只要世上还有罪恶与耻辱，
不见不闻、无知无觉，于我是最大的欢乐。
不要惊醒我，讲得轻些吧！”

第三节　巴洛克建筑的美

一

巴洛克（Baroque），其本意为畸形的珍珠，引申为高贵、富丽、别致等。巴洛克在文化艺术上形成一种风格，通常认为是把文艺复兴发展起来的绘画、雕刻、建筑以及音乐等进行变异，变得更华美、壮丽。在绘画上，有佛兰德斯画家鲁本斯的许多作品，色彩艳丽、造型奇特，动作夸张，并且多用曲线，如：《掠夺琉西波斯的女儿们》《苏珊娜 · 弗尔曼肖像》等。在音乐上，其特点是音量宏大，节奏强烈，风格庄重，代表者有巴赫、亨德尔等。

巴洛克建筑的特点：多用对称构图，形象庄重而富丽，多利用自身的阴影，使形象强烈；利用曲线，使形态具有动感，多用雕塑装饰，使气氛活跃，还喜欢标新立异，主张新奇，追求前所未有的形式；郊外的别墅成为风尚，倾向与自然结合。罗马的耶稣会堂，建成于 1602 年，由维尼奥拉与泡达设计，被认为是第一座巴洛克建筑。

位于罗马的四喷泉圣卡罗教堂是一座典型的巴洛克建筑，建成于 1667 年，由著名建筑师波罗米尼设计。这座建筑的平面是个变了形的希腊十字。圣卡罗教堂的正立面很奇特墙面几乎都不是平直的，而是弯曲的。二层檐部是弯曲的，窗也是曲的。在正中的上方有一个椭圆形的装饰物，其上面还有许多雕刻，这些形状几乎都是曲线形或曲面形。墙面的立体式的扭曲，给人一种运动之感。在这里，既没有哥特式的空灵遁世精神，也没有文艺复兴的理性之感，而是世俗、浮夸、炫耀财富，显示着人间天堂的富贵荣华。这座建筑，表现了意大利巴洛克风格走向盛期。如图 3-11 所示，就是圣卡罗教堂的形象。

二

位于威尼斯的圣玛利亚大教堂，建成于 1656 年，也是一座比较典型的巴洛克风格的建筑。此建筑平面为正八边形，集中式布局，正立面用柱式构图，中间一个大半圆拱门，两边各有 2 根科林斯柱，高度达 2 层楼。檐部的上方是一个小小的山花，两边还以罗马式柱头收头。顶上有一组雕像，以加强立面上的中心感和对称效果。教堂的顶是一个巨大的半球形的穹窿顶，简洁，但又有充实感，它与下部的连接是通过一个鼓座来完成的，所以看上去十分协调。下部八角形墙体的转角处，装饰着 8 个巨大的卷涡可谓处理大胆。但这 8 个卷涡并不只是装饰，而是有结构支撑作用的，所以并非可有可无。

图 3-11　四喷泉圣卡罗教堂

图 3-12　坎皮特利圣玛利亚教堂

穹窿顶的顶部，用一个小亭子作结。亭子的顶部又是小穹窿顶，这就使形体具有统一、和谐之感。这种处理，在以后的古典主义建筑上多有仿效。这座建筑美丽动人，它位于威尼斯大运河畔，无论是在岸上还是荡舟于水面上，都能欣赏到这座建筑的美妙形态。

三

罗马的坎皮特利圣玛利亚教堂也是一座典型的巴洛克建筑。此建筑由卡洛 · 拉伊纳尔迪设计，建成于 1667 年，属巴洛克盛期作品。这座建筑的立面形式强调对称，也强调建筑形象的力度。另外，这种线条也使建筑具有运动感，因为它的形体前后关系强烈，即立体感明显。因此，这种建筑形象会产生“步移景异”的视觉形象的动感。这也正是巴洛克建筑的一个典型特征。从立面构图看来，它基本上与圣卡罗教堂一样；所不同的是坎皮特利圣玛利亚教堂以直线为主，圣卡罗教堂则有较多的曲线。如图 3-12 所示，是坎皮特利圣玛利亚教堂形象。

四

位于罗马的特莱维喷泉，也是巴洛克风格。这是罗马城内著名的喷泉之一。此喷泉最早仅是一个供水口，后来废止了近千年，1485 年重新启用。18 世纪时决定重修。1732 年，萨尔维设计了大理石的喷泉方案，赢得了设计竞赛，并于 30 年后建成。萨尔维的喷泉设计是一个晚期巴洛克作品。意大利巴洛克艺术的特征之一是建筑要素同雕塑相结合，用建筑艺术手法设计开敞的广场空间。建筑师很喜欢用这种手法设计装饰性喷泉。特莱维喷泉以一个建筑的立面作为雕塑的背景。立面分两层，柱子贯通上下，所有细部线脚一应俱全，表现了典型的巴洛克建筑风格。立面的壁龛内和檐部顶上都有雕像，中央壁龛特别宽而高，也特别深，内置海神雕像。雕像前是一片高低不平的粗石，泉水从中流出，形成一片片小瀑布。

五

罗马的波波洛广场位于罗马城北，这里本来是一处由 3 条道路汇集之地。1589 年，这里建造起一座方尖碑，到了 1662 年，后来在 3 条道路汇交的旁边建造了一座教堂。这里已形成了广场的雏形，但直到 1816 年，才改造成为一个广场。这个广场基本母题是巴洛克式的，讲究对称中轴线。广场边上的建筑也是巴洛克式的。正对着轴线，是 2 座形式基本相同的教堂。广场平面呈长圆形，中间是一个等腰梯形（平面），方尖碑即在此正中，左右两边 2 个半圆形（平面），这也是典型的巴洛克风格。这个广场位于罗马城北门内。当人们站在城门处，通过广场和对面的 3 条道路，能令人产生道路能通向各方的奇特体验。

第四节　法国古典主义建筑的美

一

建筑的美，不只是纯形式的美，它还与建筑所处的历史文化及地理环境紧密结合。法国古典主义建筑的美，更可以看出它的社会历史文化，也与当时的其他文化艺术相结合，因而我们不能孤立地看待。

18 世纪古典主义在欧洲盛行，特别是在法国，当时由于国力强盛，号称“太阳王”的路易十四强调文化艺术要表现政权的强大，所以无论是在建筑、绘画、文学、戏剧等方面，都强调庄严雄伟的古典主义风格。由于要强调与古希腊、古罗马和文艺复兴的一脉相承，所以有人又称 18 世纪的古典主义为新古典主义。古典主义有严格的“清规戒律”，例如戏剧，要遵循“三一律”（一出戏，只能有一个情节，剧情只能发生在一个地方，时间不得超过一昼夜）。在建筑上也有类似的规矩，如：古典柱式的应用，必须严格规范，形体的比例也很严格，例如巴黎卢浮宫的东立面，就是遵循古典主义建筑形式的一个典型例子。

二

巴黎的卢浮宫，早在 16 世纪就已经开始建造了，1878 年基本建成。这座宫殿称得上是法兰西最著名的皇宫了。卢浮宫最早建造的是一个方形的四合院形式，后来屡经改建、扩建，到了 18 世纪，规模已经相当大了。

卢浮宫最典型的古典主义建筑形式就是宫的背立面，即东立面，又称东廊，如图 3-13 所示。这个立面于 1667 年改建。东立面的形象，作为王室的象征，体现路易十四时期专制王权的强盛。建筑师勒沃等人运用了严谨的古典主义手法，设计出这个规模宏大的建筑。东立面总长 172m，高 28m，立面采用柱式构图，横分 3 段，纵分 5 段，中央及两端凸出，强调中轴线对称。下面一层做成基座形式，敦实厚重。中间是 12m 高的柱廊，圆柱成双排列，贯通 2、3 层，中央为 8 柱构图，托起檐部山花。立面构图比例严格，水平、垂直的划分依据一定的比例关系，如：垂直向，檐部、柱廊、基座的高度之比为 1 ： 3 ： 2，具有明确的几何性。东立面的设计，古朴典雅，庄重大方，具有强烈的纪念性效果，被认为是“体现了古典主义建筑之美”，成为 18、19 世纪西方官方、皇家建筑的典范。

图 3-13　卢浮宫东立面

三

法国古典主义建筑的另一个代表作是维康府邸，此建筑建成于 1660 年。这个府邸的主人是路易十四的财政大臣福克，设计者也是路易 · 勒沃。建筑前面的花园严谨地依着同一轴线对称布局。前者以一椭圆形的沙龙（客厅）为中心，两旁是连列厅，建筑外形与内部空间呼应，中央是一个椭圆形的穹窿顶，两端是法国建筑特有形式，梯形屋顶方穹窿。花园的道路分布、绿化配置及水池、亭台等，都是几何形的。

相传维康府邸建成后不久，路易十四来到维康府邸参加舞会，看见如此美丽动人的花园和建筑，十分羡慕但又很妒忌，于是他便抽调设计建造维康府邸及花园的建筑师和匠人，去设计、建造他的凡尔赛宫，并以种种罪名强加于这位财政大臣福克的头上，还将这个府邸和花园没收。但是最终福克夫人想方设法，终于收回了这个府邸和花园。维康府邸如今完好地保存着。

四

位于巴黎的恩瓦立德教堂，也叫荣誉军人教堂。此建筑建成于 1706 年由著名建筑师孟莎设计。这虽是一座教堂，但也称得上是一座纪念性建筑，设计者大胆地突出它的纪念性形态，供人们瞻仰。他将新的教堂接在老教堂巴西利卡大厅的南端，向南对着城市广场和林荫道。教堂平面为正方形，中央大厅是一个希腊十字形的空间，四个角上各有一个圆形的祈祷室。大厅上方覆盖有圆形穹窿顶，这个穹窿分 3 层，构思十分巧妙：第一层穹窿顶正中开有一个直径 16m 的大圆洞，透过这个圆洞，可以看到第二层穹窿顶上绘的壁画；第二层穹窿顶在底部周边开窗，渗入的光线将画面照亮。这是古罗马万神庙穹窿顶圆洞与意大利巴洛克教堂天顶画的综合。整座建筑，可以看作是一个方与圆组合的几何体，上部是圆形穹窿顶，下部为方形。教堂立面造型简洁有力，突出柱式的垂直性，产生向上的动势，与穹窿顶的双肋相呼应。外部穹窿顶高 100m 余，表面贴金箔。教堂大厅的下面是拿破仑一世的墓。

恩瓦立德教堂是法国古典主义建筑的优秀作品之一，它吸取了巴洛克建筑强调体积、重视垂直表现、灵活多变的手法，避免了混乱、夸张、烦琐装饰；同时体现了帕拉第奥古典风格的庄严、明朗、和谐，这些也是法国 17~18 世纪建筑艺术的特征。

五

位于巴黎西南的凡尔赛，本来是路易十三的一处猎庄，从 17 世纪 60 年代开始，路易十四便在这里建造庞大的宫殿、花园，即凡尔赛。他先后召集了建筑师勒沃、孟莎，室内设计师勒勃亨，园林设计师勒诺特等共同承担新宫的设计。按照路易十四的旨意，保留了旧猎庄——一个向东敞开的三合院，后来成为“大理石院”，以此作为新宫的中心，向四面延伸扩建，形成一个朝东敞开的阶梯状连列庭院，南北两翼长达 575m 的巨大建筑物。如图 3-14 所示，就是凡尔赛宫中的主体建筑。新宫布局很

图 3-14　凡尔赛宫主体建筑

复杂：南翼是王子、亲王的寝宫；北翼为宫廷王公大臣办事机构及教堂、剧院等；中央大理石院是法国封建专制统治的心脏。

建筑物几乎全部用石材筑成，立面装饰着古典柱式，凸出水平线条，以增强建筑的横向力度，建筑造型统一而匀称，体现了古典风格。内部装修十分富丽，采用巴洛克手法。中央部分布置了宽阔的连列厅和教堂的大理石阶梯。最有名的是“镜廊”，为举行重大仪典之用。镜廊长 76m，一侧开窗，另一侧的墙上安装 17 面大镜子，用各种颜色的大理石贴墙面，装饰着科林斯壁柱，绿色大理石柱身，铸铜镀金柱头、柱础，柱头雕饰为带翼的太阳，拱顶上的壁画为国王史迹图，金碧辉煌。

宫殿的西立面对着著名的凡尔赛花园，花园面积达 6.7km^2，是世界上最大的皇家园林，也是欧洲规则式园林的杰出典范。花园和宫殿一体设计，轴线长达 3km，是建筑中轴线的延伸。如图 3-15 所示，是凡尔赛宫总平面。凡尔赛花园掘有十字水渠，周围布置着草坪、道路、花坛等，两侧有大片密林。在道路、水池的尽端或交叉点上，均设有雕像、喷泉，作为景点。

法国另一座皇家园林是枫丹白露宫，它也带有

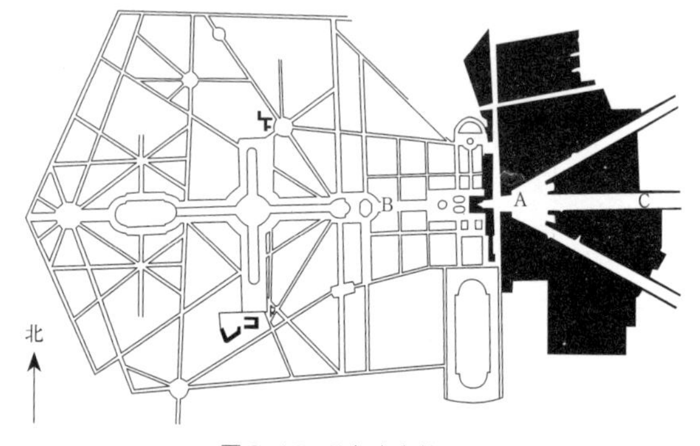

图 3-15　凡尔赛宫总平面

巴洛克风格。这座宫苑位于巴黎东南大约 6.5km 处。这里早先是一个皇家猎庄，16 世纪中叶，弗朗索瓦一世开始全面整修这个中世纪的宫苑，使它成为法国宫廷的著名离宫。

这个建筑外部设计由法国建筑师承担，仍保留着传统的世俗的法国哥特式做法。它屋顶陡峭，窗户突破檐口，冠戴着美丽活泼的小山花；正中升起一层，屋顶为方锥形，也装饰着众多的烟囱、山花、尖顶饰。最引人注目的是门前马蹄形的大台阶，曲线流畅，甚为壮观。建筑内部装修是意大利匠师（包括雕刻家和画家）完成的，其中包括舞厅、会议厅、长廊等。亨利二世廊设计得华美非凡。这是一个长条形的大厅，

图 3-16　枫丹白露宫长廊内景

装饰相当富丽，天花用木板镶拼出几何图案，侧墙装饰是典型的意大利式。墙面分割比例接近柱式，下部是胡桃木的墙裙，上面装饰着浮雕、壁画等，十分精美。这种风格，正是从巴洛克风格中来的。如图 3-16 所示，为枫丹白露宫内长廊内景形象。

六

1723 年，法国路易十四的曾孙路易十五，年仅 5 岁就当国王了，由奥尔良公爵摄政。路易十五长大亲政后，却不思进取，昏庸、无能、骄奢淫逸，沉溺于凡尔赛宫中，过着奢靡的生活。他甚至无耻地说，他这一辈子已经足够了，“死了以后管它洪水滔天”。当时许多新税不断加征，人民负担更加沉重，加上对外政策屡屡失败。到了 18 世纪下半叶，法国已渐渐失去了欧洲强国的地位。后来便爆发了法国大革命，并有了路易十六被送上断头台。

在建筑方面，法国古典主义以后，也便走向另一种风格，即洛可可风格。所谓洛可可（Rococo），原意是指用贝壳形象作为装饰图案。这种风格最初出现在室内装饰、工艺美术、家具和绘画上，产生于 18 世纪 20 年代。在建筑学领域，多表现在室内装饰上。

洛可可风格就是路易十五所喜欢的那种软绵绵的适合于享乐生活的艺术风格，后来这种风格又被称为路易十五式。不但在建筑和工艺美术上出现洛可可风格，而且也在雕塑、绘画、文学、音乐以及哲学上出现。在雕塑上，如：柯斯弗柯斯的《狄安娜》、库斯图的《马尔勒之马》、鲁兰的《太阳之马》等。在绘画上，如：布歇的《浴后》，佛拉戈纳尔的《秋千》《读书少女》等。

洛可可风格的设计手法是在巴洛克风格的基础上演变而来的，其主要特征是：应用明快的色彩和细腻的装饰，但不像巴洛克那样有强烈的光影效果和动态感；在洛可可的装饰中，还常用不对称的构图，大量使用弧线，如：用旋涡形等作为装饰图案，顶棚与墙面常用曲面相连；在色彩上，喜欢用黄、粉红、浅绿等，并用白色相间。

在建筑上，洛可可风格的典型例子是南锡中心广场，如图 3-17 所示。南锡是法国东部墨尔特 - 摩泽尔的省会，其北部为中世纪老区，南部为 16 世纪新建。1759 年建造新的城市中心，即南锡中心广场。

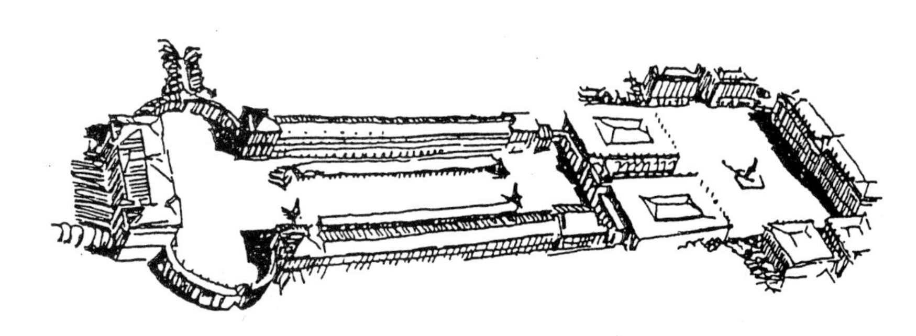

图 3-17　南锡中心广场

18 世纪以后建造的法国城市广场，不再用建筑环绕的封闭形式，而是采用更丰富多变的空间造型，南锡中心广场就是其中最成功的一例。这个广场实际上是在一条全长达 450m 的南北向轴线上连起来的一系列的广场群。北端为一长形广场，称政府广场；它的北面是主体建筑政府大厦，两端伸出半圆形透空柱廊；透过柱廊，可以望见广场外大片绿地，视野开敞，中间是一狭长的跑马广场，两侧是 2 层的楼房，长约 200m。为了打破单调沉闷的感觉，故在建筑前面植树，形成一条绿荫长廊；跑马广场尽端是一座凯旋门，为纪念路易十五而建；穿过凯旋门，进入一个更狭窄的空间——桥，最后是斯丹尼斯拉广场，又叫路易十五广场，宽 105m，长 120m，四角开敞，分别装饰着喷泉和铸铁花栅门。铁栅门做得很精美，表面镀金，看上去轻盈玲珑表现出典型的洛可可风格。广场中央为路易十五铜像。

南锡中心广场是一组封闭式的序列空间，共有 3 个广场，它们大小、形状、方向各不一样，加上绿化的配置，空间有开有合不断变化，还有喷泉、雕像、铁栅门、凯旋门等点缀，广场外树木、河流、街景引人入胜，大大地丰富了广场的景观。

第五节　18、19 世纪欧洲建筑的美

一

18 世纪法国古典主义建筑，可以说是当时的代表，也是当时的建筑美学不可动摇的典范或“规范”。到了 19 世纪下半叶，古典主义建筑及其美学，成了“余波”“晚霞”，但仍然有不少精美之作问世。最典型的要算巴黎的雄师凯旋门了。

这座凯旋门建于 1806—1836 年，建筑师是让 · 查尔格林。凯旋门坐落在巴黎的明星广场（今已改名为戴高乐广场）的中央，此建筑的风格属古典主义，如图 3-18 所示。这座凯旋门原为纪念法国军队在奥斯特里茨会战的胜利而建，当时拿破仑给它题名为“光荣属于伟大的军队战士凯旋门”，又称“雄师凯旋门”，但实际上是拿破仑为自己树碑立传。

在凯旋门的门洞旁边，有前后各两组雕刻，其中一组叫“马赛曲”，由著名雕塑家吕德创作。这件作品运用了浪漫主义的手法：一个带翼的女神，是象征自由、正义和胜利之神，她站在革命人民一边，引导和号召人民向非正义的敌人冲杀过去。她那张开的羽翼和飞动的衣裙，表现出急速的运动和奔放的革命激情。女神占据整个浮雕的上半部，仿佛她

图 3-18　巴黎雄师凯旋门

正从人们的头顶疾驶飞过。下面是蜂拥前进的人群。浮雕的上下两部分呼应紧密，女神向前飞跃的形象加强了人群的动势，下面人群的勇敢坚定的形象，回应着女神的热情呼唤。

二

位于英国伦敦的圣保罗大教堂，如图 3-19 所示，是英国国家教会的中心教堂。这座教堂由英王室建筑师克里斯托弗 · 雷恩设计。原来这里的教堂是哥特式的，1666 年毁于大火。现存教堂建于 1675—1710 年，期间经历了英国资产阶级革命后复辟和反复辟的斗争，教堂的设计和建造也留下了这个时代的印记。

雷恩在 1675 年的原设计是一个八边形的集中式平面，但由于国王、教会的干预才改为拉丁十字式平面。其西立面则被强加成罗马耶稣会建筑形式。1688 年君主立宪后，雷恩重新设计立面，由于工程进展得很快，所以仍保留了拉丁十字平面。圣保罗大教堂是英国最大的教堂，它的纵轴线长 156.9m，横轴长 69.3m，教堂的正立面采用古典柱式构图，为双柱双层柱廊，尺度宜人，庄重而简洁。十字交叉的上方，矗立起由 2 层圆柱形柱廊构成的高鼓座，其上是一个巨大的穹窿顶。穹窿顶直径 34m，离地达 111m，其规模仅次于罗马的圣彼得大教堂。教堂的平面有严格的几何精确性，结构简单，穹窿顶鼓座及支柱做得也很精巧，体现了 18 世纪科学技术的进步。教堂内部空间宏大开阔，装饰简约，反映出古典精神，并且又注入英国人重视功能的传统。西立面上的一对钟塔，具有哥特式兼巴洛克的手法，但从建筑的整体来说，则具有强烈的文艺复兴气质。

图 3-19　圣保罗大教堂

三

俄罗斯的前身是 10 世纪建立的基辅罗斯，其文化渊源还可以追溯到拜占庭。俄罗斯的古建筑，最著名的是位于莫斯科红场边上的华西里 · 伯拉仁内大教堂。这是一座典型的东正教堂，另一座重要的建筑是克里姆林宫。此宫的宫墙长 2.3km，有 19 个塔楼，均建于 19 世纪末，其中斯巴斯基钟塔的造型最美，如图 3-20 所示。

图 3-20　斯巴斯基钟塔

图 3-21　冬宫

图 3-22　总司令部

图 3-23　海军部大厦（局部）

俄罗斯的古典主义建筑，以圣彼得堡的冬宫为代表。冬宫位于圣彼得堡市内的涅瓦河畔，北立面正门居中，南立面朝向冬宫广场，面对广场中心的亚历山大纪功柱和正前方的总司令部的巨型半圆拱门。如图 3-21 所示，是冬宫外形，图 3-22 是冬宫对面的总司令部，其平面呈环形。冬宫正门在内院，建筑物平面呈环状长方形，方形内院。此宫建造时间较长，最早见于 1711 年，后来陆续加建扩建，直到 18 世纪末。冬宫建筑从风格上说是巴洛克兼古典主义的。

俄罗斯圣彼得堡还有一座重要的建筑是海军部大厦，此建筑建于 1806—1823 年。这座建筑的形式属古典主义，但也是俄罗斯传统建筑风格。这座建筑的建成，标志着 19 世纪俄罗斯建筑走向一个新的阶段，成熟的阶段。此建筑的主体部分（外形），如图 3-23 所示。

海军部大厦建造在一个船厂的旧址上，其平面为一个巨大的三合院，一面向涅瓦河敞开，正立面朝城市广场。此建筑长 407m，侧面两翼各长 163m。正面处理突破传统的古典式的教条，形成左中右 3 条轴线。两端各作 5 段划分，中轴线正中高耸的中央塔楼，高达 71m，以形体的对比，起统率作用。构图起伏变化，完整而紧凑。塔楼设计很有独创性，由底层厚重的立方体形象，依次递减到轻盈的柱廊、扁平的穹窿形顶和小巧玲珑的八角亭，直到最高的八角尖锥。顶端托着一个形若战船的风向标，象征着俄罗斯海军的威力。塔楼底层券洞两侧、上方及檐部、女儿墙上，分别装饰着浮雕、圆雕等主题性雕刻，进一步加强了建筑的纪念性。

图 3-25　巴黎歌剧院

四

西方建筑从古希腊、古罗马、中世纪、文艺复兴、巴洛克、古典主义等形式和风格以来，到了 19 世纪，多为在以前的形式和风格上“翻版”，推出新古典主义、希腊复兴、罗马复兴、哥特复兴以及折中主义等建筑形式和风格，重新展现它们的建筑美。

图 3-26　英国国会大厦

德国柏林宫廷剧院，如图 3-24 所示，建于 1821 年，被认为是希腊复兴式的典范。法国巴黎的圣心教堂（建于 1877 年）以及巴黎歌剧院（建于 1874 年），均属折中主义。后者如图 3-25 所示，巴黎歌剧院。

英国伦敦的国会大厦，建于 1860 年，是哥特复兴式的，如图 3-26 所示。美国纽约的海关大厦，如图 3-27 所示，是希腊复兴式的。美国国会大厦，如图 3-28 所示，是罗马复兴式的。

图 3-27　纽约海关大厦

以上说的种种的“复兴”，看起来真可谓琳琅满目，令人眼花缭乱，但从文化或美学上来说，旧的历史（古代）即将终结，新的历史（近现代）即将到来。“夕阳无限好，只是近黄昏”，古代与近现代之交的文化和美学，几乎都在建筑上表现出来了。

图 3-24　柏林宫廷剧院

图 3-28　美国国会大厦

第四章 The Aesthetics of Chinese Ancient Architecture 中国古代建筑的美

第一节 中国古代美学与建筑的美

一

中国古代对美的研究，早在先秦时期就已经开始了。有人提出“羊大为美”。“美”这个字，就是上面一个“羊”，下面一个“大”组成的。这完全是功能与实用的反映。也有人把美与人联系在一起。人以为美的东西，其他动物不以为是美的。《庄子·齐物论》中说：“毛嫱、丽姬，人之所美也，鱼见之深入，鸟见之高飞，麋鹿见之决骤。四者孰知天下之正色哉？”这意思就是说，美是相对的，人以为是美的东西，动物未必觉得美。这与古希腊哲学家赫拉克利特的理论如出一辙，他认为：“比起人来，最美的猴子也还是丑的。”

中国古代美学的基本特征有下述几个：

首先，中国古代美学是以诸艺术门类为主题展开的。诗歌、绘画、音乐、建筑、园林等门类，都有它们各自的艺术美的特征，从而也就构成它们的独立的门类美学。这种“类”，存在于它们的作品及其理论著作之中。如：诗歌，不仅有作品，而且有《诗品》《原诗》及其他有关诗歌美的理论文章；绘画，有《古画品录》《笔法记》等；园林有《园冶》等；书法有《书断》等。这许多门类，也有共同美的规律和法则。如“诗中有画，画中有诗”“书画同源”等。

其次，各个艺术门类之间，既独立又相容地发展着。上面说的“诗中有画，画中有诗”，说的是这两者不但有共同的含义，同时还有互相包含的关系。如：中国古典园林的美学特征，就包含诗、画、雕刻、建筑、书法等。

第三，中国古代美学思想的发展，既稳定又连续。几千年来，是在一个思想体系之下发展着、丰富着。在这一总的美学思想体系下，有文、野两条线，相互影响但又独立。文者，一指宫廷文艺，一指文人士大夫文艺；野者，多指俚俗或民间文艺。

第四，中国古代美学虽然散入到各个艺术门类和政治、史学诸领域，但其基本观点，或者说它的法则，却可以纵向地整理出来，看出它的统一性。这种基本观点，大致有以下这几方面：

（1）自然美与艺术美的辩证统一。

（2）虚与实的辩证统一。

（3）形式与内容的辩证统一。

（4）求风格与气质，不以理性来认识，而是以感性来意会。

（5）没有统一的体系性的美学著作，而是通过文学、艺术门类，建立文艺批评，如：《文心雕龙》《原诗》等，还有《老子》《庄子》《论语》《孟子》《二程全书》《象山全集》等。

二

中国古代的美学思想，其主体形成于先秦时期。当时无论是哲学、思想、美学，还有文化观念，基本上可以分为两大派，一是老、庄；另一是孔、孟一派。

老子的美学思想，重视“虚”和“无”。老子认为，真正的美的对象，应当是“无”；真正的美的境界，应当是“虚”。那些具体的对象（艺术品），都只是表面刺激，不是真正的美。“五色令人目盲，五音令人耳聋，五味令人口爽（意伤），驰骋畋猎令人心发狂，难得之货令人行妨。是以圣人为腹不为目，故去彼取此。”（《道德经》十二章）这里的“腹”，是内涵，而不是吃得饱的意思。他又说“信言不美，美言不信。善者不辩，辩者不善。”（《道德经》八十一章）也是这个意思。老子的美学思想，与他的哲学观一致，追求的不是表面的东西，而是深层的，是“道”，不是“器”。这种美学思想，影响到后来的道家学说和一些文人们的美学观。

庄子的美学思想与老子相近。它的美学思想有两重意义：其一，庄子主张主体必须超脱利害得失的考虑，才能实现对“道”的观照，从而获得“至美至乐”的境界；其二，庄子在许多言语中（如庖丁解牛等），关于创造的自由就是审美境界的论述，在美学史上第一次接触到了美和美感的实质。这两点对于以后的美学发展产生了深远的影响。

三

孔子的美学思想与老庄的美学思想有很大的差别。孔子认为，美和艺术的境界是“仁”。他一直认为，美和艺术直接与社会政治及人的生活活动关联着。对单个人而论，美的精神是在“善”；对社会整体而论，美的精神是在“仁”。《论语·泰伯》中说：“子曰：‘兴于《诗》，立于礼，成于乐。’”在《论语·八佾》中说：“子谓《韶》：‘尽美矣，又尽善也。’谓《武》：‘尽美矣，未尽善也。’”可见他的美和善是有不同的含义的。

孔子的这种美学思想，侧重在“比德”。《论语·雍也》中说：“子曰：‘智者乐水，仁者乐山……’”刘向在《说苑·杂言》中说：“君子比德”。

孟子继承孔子的儒学思想，加以充实，在美学上也同样。孟子在《孟子·公孙丑章句上》中提出：“恻隐之心，仁之端也；羞恶之心，义之端也；辞让之心，礼之端也；是非之心，智之端也。”意思是说，同情之心是仁之发端，羞耻之心是义之发端，推让之心是礼之发端，是非之心是智之发端。他又说：“人之有四端也，犹其有四体也；有是四端而自谓不能者，自贼者也；谓其君不能者，贼其君者也。凡有四端于我者，知皆扩而充之矣，若火之始然，泉之始达。苟能充之，足以保四海；苟不充之，不足以事父母。”意思是说，人之有此四种发端，正好比他有四肢。有这四种发端，而又自己认为不行的人，那是妄自菲薄的人；说他的国君不能为善的，那是抛弃君主的人。凡是掌握了这四个发端的人，又懂得把它们扩大充实，那将如同火开始燃烧，泉水开始流淌。假如能扩充这四个发端，就足以使天下太平；如果不使之扩充，那就会连父母也奉养不了。

孔、孟的美学思想，认为美总是与善结合在一起的。所以孟子提出“性本善”。美就是人性的外化。

四

中国古代建筑的美学思想，建立于古代美学和哲学思想的框架之中。但从建筑的形式美来说，没有像西方那样严谨。近代文人章太炎认为，中国古代的美学思想比较“汗漫”，一语中的。这种思想也就在中国建筑的美学思想中表现出来。

《诗经·小雅·斯干》中说：“如跂斯翼，如矢斯棘，如鸟斯革，如翚斯飞，君子攸跻。”意思是说：端端正正的房子，如同人一样屹立着；房屋整整齐齐，像箭一样排列起来。房屋宽广，其屋檐好像大鸟展翅，华丽得好像锦鸡的翅膀，君子（贵人）在房屋中自由自在地踱着，满心喜欢。这里的“如翚斯飞”，用十分生动的比喻，表现出房屋檐部出挑处椽子排列的形态。

在中国古代，建筑的美与伦理的关系很密切。

《论语·公冶长》中说："臧文仲居蔡，山节藻棁，何如其智也？"意思是说：臧文仲（鲁国的掌龟大夫）替一种叫"蔡"的大龟盖了一座房子，有雕刻着像山一样的斗栱和画着藻草的梁上短柱，这个人（僭越用制）能算聪明吗？这里的"山节藻棁"：节就是斗栱，棁就是梁上的短柱；藻即藻草。是指绘有彩画的梁柱和斗栱，皆为国尹庙饰，这些建筑形象的使用是有严格等级规定的。

色彩也有等级性，如柱的颜色，据《礼记》中说："楹，天子丹，诸侯黝，大夫苍，士黈。"意思是说，柱的颜色，天子皇宫中的柱是红色的，诸侯宫中的柱是黑色的，大夫（古代官品，位于卿之下，士之上）的房子，柱的颜色是蓝色的，士（介于大夫与庶民之间的阶层）的房子，柱的颜色是土黄色的。

第二节　宫殿、坛庙建筑的美

一

中国的古建筑，由于大多为木构建筑，得以留存至今的最古的建筑，时间只有一千多年，如：唐代五台山南禅寺的大殿（建于公元 782 年）和佛光寺的大殿（建于公元 857 年）。至于宫殿、坛庙之类，留存至今的已都是明清时期的建筑了（如：北京故宫、太庙、天坛及曲阜孔庙等）。可是，中国木构建筑的一个重要特征，就是数千年来形制基本不变。据考古研究，北京故宫太和殿的建筑形式，庑殿二重檐屋顶，可以追溯到先秦的殷周时代。这其实也是中国文化的特点：改朝换代，结构不变。唐虞夏商周，秦汉三国晋，宋齐梁陈隋，唐宋元明清。五千年来，其体制基本不变，与其对应的观念形态和美学思想也基本不变。因此，我们研究中国古代建筑的美，无论是宫殿、坛庙、民居、寺院、园林等，多可以在留存至今的建筑中来分析研究。当然，这种研究方法，有自己的史学和美学上的特点。

二

中国古代的宫殿建筑，我们以北京故宫中的诸建筑来进行分析。

首先要说北京的历史。先秦时期这里称"燕"，春秋、战国时期这里是燕国之地。据考古发掘知道，燕国的都城分上都和下都，上都在蓟（今北京附近），下都在今河北易县附近。秦始皇统一中国，秦都在咸阳，从此燕都就衰落了。北京的历史，到金代（公元 1115—1234 年）又发展起来。金本来在松花江一带，后来不断向南扩展，公元 1153 年，迁都至今北京，称中都。后来元代又在此建都，即元大都。明初，明太祖朱元璋建都南京，不久明成祖朱棣将都城迁往北京。今之北京，就是从那时开始建设的。

明代北京的宫殿到了清代，基本上原封不动，就成了都城、皇宫。这样，如今北京所存大量的宫殿、庙宇及其他建筑仍是明代所建的。

明代北京的城市布局，继承了历代都城的规制。皇城部分布局按南京之制，但建造得更为宏丽。整个都城以皇城为中心。皇城前左（东）建太庙，右（西）建社稷坛，并在外城建天坛（南），在城北建地坛，城的左右两边建日坛（东）和月坛（西）。皇城的北门玄武门外，每月逢四开市，称内市，以符合"左祖右社，前朝后市"的规制。

明清都城北京，可谓主次分明，运用中轴线布局，从外城之南的正中永定门开始，向北一直到北城墙，中轴线长达 8km，其中经过正阳门、大明门（明代称大明门，清代改称大清门，民国时期改称中华门，今已不存，位置在毛主席纪念堂处）、天安门、端门、午门、太和门，至太和殿、中和殿、保和殿，经乾清门，到乾清宫、交泰殿、坤宁宫，再经钦安殿至神武门，然后是景山，后面还有钟、鼓楼，最后到北城墙。

三

北京都城的宫殿（这里用的均为清代的名字）以及它的建筑美学思想，我们通过几座典型的建筑来做一些分析。

太和殿。这是中国古代建筑中等级最高的建筑，庑殿二重檐屋顶是古代建筑中级别最高的形制。屋面上用的是黄色琉璃瓦，皇与黄谐音，是一种意象式的表达。斜脊上的仙人走兽数量达 10 个，也是所有的建筑中数量最多的。此建筑的开间为 11 开间，也是最多的，别的建筑不能用如此多的开间。这些都表现出皇权至极的思想，是伦理等级的集中体现，如图 4-1 所示，是太和殿的正立面。

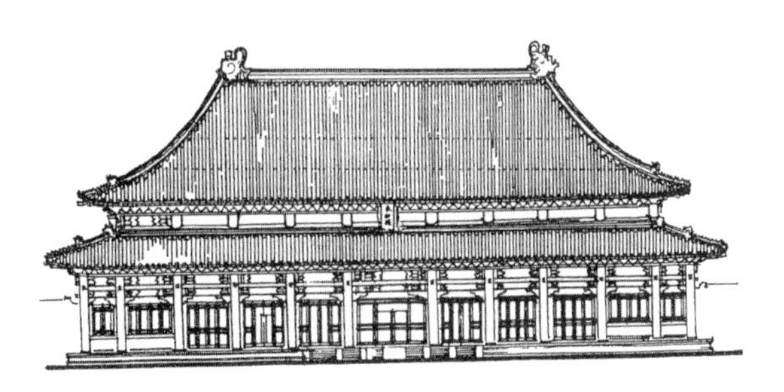

图 4-1　太和殿

至于形式美，在这里当然也值得一提。这座建筑在均衡与稳定、比例与尺度等方面也都有很好的表现。有人以为这座建筑也可以作几何分析，可以用两个圆和一个正三角形来做构图分析。建筑的东、西两边，均有 4 个点立于 2 个圆的圆周上：屋脊上的东、西正吻，东、西两檐角，中间的“太和殿”匾以及地面上个一点。同时，从两边的地面连接上面的正吻，作一直线相交于正中天际上的一点上，则形成一个正三角形，如图 4-2 所示。

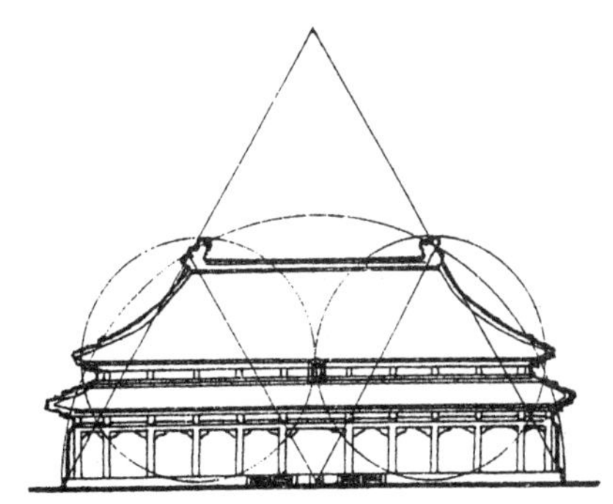

图 4-2　太和殿几何分析

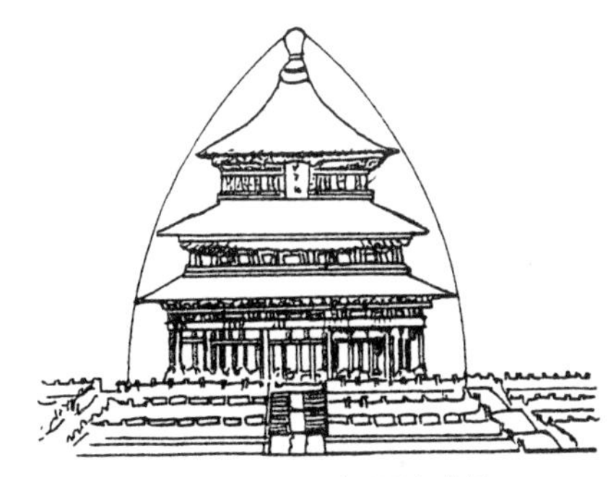

图 4-3　天坛祈年殿几何分析

四

坛庙。坛，以天坛祈年殿为例。这是一座平面为圆形的建筑，屋顶形式为圆攒尖三重檐。从建筑的功能来说，它是皇帝祭天的场所。皇帝每年的正月初一，要来这里祭天，祈求上天保佑四季平安，风调雨顺，五谷丰登。因此这座建筑的等级很高，而且其中好多做法都与“天”有关。如：中间有 4 根木柱，象征一年四季，外周两排柱，各有 12 根，代表 12 个月和 12 个时辰。其平面形状则形成“天圆地方”。屋顶用三重檐，为单数，象征阳，即天。

天坛祈年殿也可以分析它的形式美，如图 4-3 所示。有人分析其立面，如果将顶点和 3 个屋檐外端，4 个点连起来，便形成左右两个圆弧，左圆弧的圆心，正好落在右圆弧与地面相交的一点。右圆弧的圆心也同样，位于左圆弧与地面相交处。这就是和谐。不过这也是后人的附会分析（与上面所说的太和殿的几何分析一样），并非按比法设计而成的。这也许就是东、西方两种文化及建筑美学的不同。

五

再说山东曲阜的孔庙。孔庙有些地方称文庙，或称夫子庙。山东曲阜是孔子（公元前 551—前

479 年）的故里。孔子是我国春秋时代的思想家、教育家、儒家学派的创始人。他在鲁国除了兴学、培养弟子，还著书立说，著《春秋》，整理《诗经》、《尚书》等。

曲阜孔庙始建于孔子去世后的第二年。当时鲁哀公把孔子生前所居之地立为庙，但那时仅“庙屋三间”。到了汉代高祖十二年（公元前 195 年），刘邦至鲁，第一次用祭天的仪式祭孔。后来汉武帝纳董仲舒之策“罢黜百家，独尊儒术”，对孔子更为尊崇。因此，孔庙的规模后来越来越大，如今孔庙已是一个巨大的建筑群了，其中包括：三殿一阁、三祠一坛、两庑两堂两斋、十七亭、五十四门等。孔庙四周筑红墙，占地达 327 亩。庙内共有 9 进，贯穿在长达 1km 的中轴线上。前 3 进院落为整个庙宇的引导，从第 4 进起，进入主要殿宇区，由同文门至后寝宫 5 进院落，分左、中、右 3 路，中轴线上有奎文阁、大成殿等高大的建筑。

孔庙的大门上书“棂星门”三字，两边红墙。过圣时门，里面有玉带河，上设 3 桥。然后过弘道门、大中门、同文门，便到奎文阁。此阁高 23.35m，面阔 7 间，屋顶为三重檐。奎文阁后面为十三御碑亭，然后是大成门，门内有广场，中间是杏坛，为纪念孔子讲学而设。明代隆庆三年（1569 年）在此建亭。此亭平面方形，屋顶为十字屋脊，单檐，上覆黄瓦。

杏坛之北即大成殿，为孔庙的主体建筑。这座建筑面阔 9 间，进深 5 间，高 32m，东西长 54m，南北深 34m，屋顶歇山重檐，上盖黄色琉璃瓦。殿四周 28 根石柱，前面 10 根石柱雕有透空蟠龙形象。

六

坛庙，还要说北京故宫南面的两组建筑。东为太庙（今劳动人民文化宫），西为社稷坛（今中山公园）。这就是中国古代都城形制，即“左祖右社”（我国古代东为左，西为右）。

太庙是古代帝皇供祀皇帝祖先的祭祀性建筑，按照古代传统礼制，太庙位于皇宫的东南侧。北京明清的太庙是由前、中、后殿和廊庑等建筑组成，正南为前门，外周设围墙，入内 3 条道，有御河。中门设 3 桥，东西两边各有一桥。然后是一门——戟门，门内一个院子，左右为廊庑配殿，院北正中是主体建筑，太庙前殿。庙后还有中殿、后殿，最北有后门。

太庙前殿面阔 11 间，进深 4 间，屋顶为庑殿重檐，上铺黄色琉璃瓦，下设三层白石台基。太庙始建于明永乐十八年（1420 年），明嘉靖、万历及清乾隆年间曾多次重修。太庙虽经清代重修，但其规制大体还保持原状。清代的太庙，为清代皇帝的祖先之庙，而原来这里的明代帝皇之牌位，则迁至北京西城区的阜成门内历代帝王庙中。此庙门前有砖砌琉璃瓦歇山顶照壁一座，庙门之内有景德门、碑亭等。以主体建筑景德崇圣殿最为宏丽。此殿面阔 9 间，绿色琉璃筒瓦，重檐庑殿顶，殿前置有汉白玉栏杆。

太庙建筑形制，主殿规格（等级）也与故宫中的太和殿相同。这正表明中国古代的美学思想中伦理等级居于非常重要的地位。

第三节　宗教建筑的美

一

中国古代的宗教，到了魏晋南北朝，可谓释、道、儒三教并列，后来到了宋代，三教走向合流。当时提出：“以佛修心，以道养身，以儒治世”的口号。儒教的宗教性最弱，孔子甚至说：“天何言哉？四时行焉，百物生焉”（《论语 · 阳货》），意思是说，天说什么？四季运行，百物生长，自然规律而已。他不信鬼神，因此儒教也有人称之为儒学。但儒学的信徒们把孔子作为偶像，作为“神”来供奉，从而使其具有宗教性。除之前提到的孔庙，也有人把关帝庙、曹娥庙、禹王庙、舜王庙等纪念性建筑也都归入儒教建筑之列。

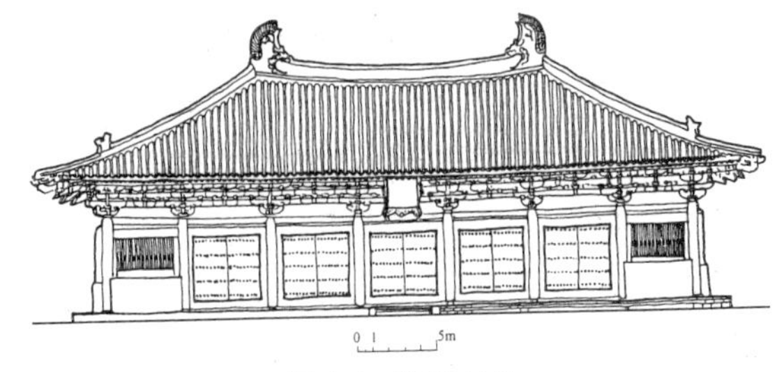

图 4-4　佛光寺大殿

二

佛教乃是外来的宗教。汉明帝永平（公元 58—75 年）时传入中国，最早的佛教寺院（建筑）就是洛阳的白马寺。据《魏书 · 释老志》及《洛阳伽蓝记》中记载，东汉明帝刘庄夜梦金人，身长六丈，顶有白光，飞绕殿庭，昼问群臣，大臣傅毅说：“西方有神，其名曰佛，形如陛下所梦。”明帝就派郎中蔡愔、中郎将秦景等 10 余人，前往印度求佛法。蔡愔、秦景行至大月氏（今阿富汗），遇到高僧摄摩腾和竺法兰，于是他们便邀请摄、竺二僧去洛阳，他们以白马驮佛经和佛像到汉地传教。永平十年（公元 67 年）到达洛阳，汉明帝亲自接见二高僧，让他们住在鸿胪寺（相当于如今的国宾馆），讲经说法，并翻译佛经，后来建寺，便命名白马寺。当时的建筑早已不存在了，今之寺内建筑多为明清之物。

佛教作为外来宗教，一到中国，就带来了许多文化艺术内容，如：建筑、雕塑、音乐、文学等。当时人们感到十分新奇。那些人物雕像（佛、菩萨、供养人等），是如此具象，在我国的雕塑史上还从来没有过。文学也同样，如梵文，那种结构和韵律，很有独到之处，令人大开眼界。音乐更辉煌，诵经之音，那种悦耳动听的声调，人们形容它有“绕梁三日不绝”之妙。佛教建筑，可以归纳为 3 大类：寺院、塔幢和石窟，就其形式来说也都是新的。“塔”这个字也是后来才创造出来的（最初译成“浮屠”“窣堵波”等）。

不过，佛教一传入中国，便逐渐被“中国化”，寺院、塔幢、石窟等，也被改造成中国特色的形态。从美学的角度来分析，就是本土化以符合中国的审美特征。例如佛寺，殿宇的形象与宫殿很相似。它的空间，也用中轴线分进布局的形式，与宫殿乃至住宅都很相似。如图 4-4 所示，是山西五台山的佛光寺大殿（建于公元 857 年），此大殿面阔 7 间，进深 4 间，单檐庑殿屋顶，殿中斗栱硕大，出檐深远，装饰简洁，比例协调，表现出典型的唐代建筑风度。

三

佛塔的形式，也与中国传统的楼阁形式结合起来，既表现出佛的至高无上，又表现出传统楼阁形式的美学特征。多层楼阁式塔，显得很有人情味，甚至会忘记它是个宗教建筑。

中国的佛塔形式多样，有木构楼阁式塔、砖构楼阁式塔、石构楼阁式塔、砖构密檐塔、砖构喇嘛塔、金属塔、琉璃塔、墓塔、金刚宝座塔以及塔林等。

中国的佛塔构思巧妙，他把象征佛陀的塔刹放在塔的最上面，而且往往是一座城市的最高点，以象征佛的至高无上。它又把佛的“法物”（舍利子、佛的遗物和经卷等），放在地下，称“地宫”。地上的多层塔身，则让人们上去，一面参拜，一面还可以饱览四野风光、大好河山。这充分表现出中国佛教的观念和美学思想。

佛塔之美，一在教义确切而巧妙的表达，二在建筑的形式美。

教义的表述，要从佛教的思想说起。佛教不同于某些西方宗教，西方宗教建筑（形式）带有强制性，如哥特式教堂，无论法国、德国、意大利、英国、比利时等，天主教哥特式教堂，其形式几乎都一样。东正教的教堂也如此，无论俄罗斯或东欧诸国，也都如此大同小异而已。佛教建筑则不然，印度的佛教建筑，与中国的、日本的、朝鲜的佛教建筑形式很不同，也与中南半岛、南洋诸地的很不一样。这就是佛教思想之所致。佛教求取的是内在的真谛，不是外在的形式，所谓“四大皆空”，连建筑形式也“入乡随俗”，所以佛塔的形式也就多样。这正是佛教的美学思想所致。

建筑的形式美。中国佛塔形式多样，在这许多的形式中，最有代表性的、最美的、最能将佛教与中国文化结合的，要算楼阁式佛塔了。这种佛塔的形式，可以说入世俗多于遁世——佛教的凡俗观也正是如此。这种多层楼阁式佛塔的美，在于世俗之情，甚至已经文学化了。如果你观看这种佛塔的造型，或者在塔上凭栏远眺，观看四野景物，你也许会萌发诗情画意的审美意境：

“独自莫凭栏，无限江山，别时容易见时难。”（李煜《浪淘沙》）

“独上高楼，望尽天涯路。”（晏殊《蝶恋花》）

如此等等，可谓情真意切了。所以楼阁式塔，历经千年，至今仍为人们所歆羡。如图 4-5 所示，是上海龙华塔形态。

四

道教虽然是本土宗教；但先秦时期的道学，如老庄等，还不能说是宗教，而是哲学、思想。中国的道教是东汉末年兴起的，如张道陵的“五斗米道”，然后发展壮大，形成与释、儒并起并坐的“三教”了。

道教建筑称观、宫、洞等。洞，所谓“洞天福地”，是山洞，充分与自然结合。宫或观这种形式，其实与寺院或宫殿也很相近，从总体来说也是中轴线分进布局，如四川成都的青羊宫，自南至北为：宫门、灵祖殿、玉皇殿、浑元殿、八卦亭、三清殿、斗姆殿、唐王殿等，中轴线分进布局。北京的白云观也是这种形式，自南至北为：观门、灵官殿、玉皇殿、老律殿、邱祖殿、四御殿等。宫，从道教本义来说是天上神仙居住的场所，又称“帝乡”，在那里，人可以长生不老，成为神仙。所谓“观”，乃是道教的庙宇，供奉道教之神的地方，如观内的三清殿，就是供奉原始天尊、灵宝天尊、道德天尊的场所。但宫和观性质相近，都属道教之建筑，当然有的道教建筑也称庙，如城隍庙，也称道教建筑。

如图 4-6 所示是山西芮城的永乐宫中的三清殿，总体而言，它与宫殿和寺庙没有多大的不同。

图 4-5　上海龙华塔

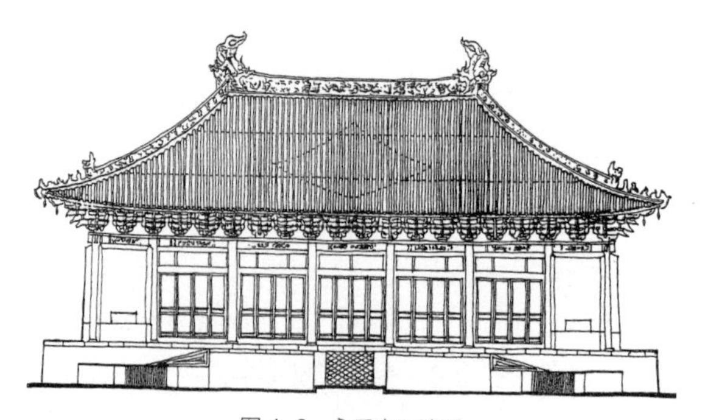

图 4-6　永乐宫三清殿

第四节　居住建筑的美

一

中国古代居住建筑的美，从审美的角度来说，不在形式美，首先重视的是社会观念、伦理等级的美，其次是民俗文化的种种观念的美，然后才讲究形式美。

中国古代民居建筑，对等级观念是十分重视的。居住者是什么社会地位，就住什么样的房屋，决不能“逾矩”，当然也不能“落后”。《明史 · 舆服志》记载：“百官第宅，明初禁官、民房屋不许雕刻古帝后、圣贤人物及日月、龙凤、狻猊、麒麟、犀象之形。凡官员任满致仕，与见任同。其父祖有官身殁，子孙许居父祖房舍。洪武二十六年（公元 1393 年）定制，官员营造房屋，不许歇山转角，重檐重栱及绘藻井，惟楼居重檐不禁。公侯前庭七间两厦九架，中堂七间九架，后堂七间七架，门三间五架，用金漆及兽面锡环，家庙三间三架，覆以黑板瓦，脊用花样瓦兽，梁栋斗栱檐桷彩绘饰，门窗枋柱金漆饰，廊庑庖库从屋不得过五间七架。一品、二品厅堂五间九架，屋脊用瓦兽，梁栋斗栱檐桷青碧绘饰，门三间五架，绿油兽面锡环。三品至五品厅堂五间七架，屋脊用瓦兽，梁栋檐桷青碧绘饰，门三间三架，黑油锡环。六品至九品厅堂三间七架，梁栋饰以土黄，门一间三架，黑门铁环。”平民百姓再有钱也不能在自己的住屋中用斗栱。有钱人为了炫耀自己的财富，只能在柱上做马腿、花篮栱等，在梁枋等处做得精雕细刻也无妨。例如，浙江东阳巍山镇的一座住宅（建于清代），在梁柱上做木雕，石材上做石雕，粉墙上绘山水、西湖十景、三国演义等，把建筑搞得丰富多彩，琳琅满目，以示阔绰；但不用斗栱，不施彩画，不绘藻井。

我国古代民居的许多装饰，用现在的眼光看来，似乎是在追求形式美，其实这种形式的原点却在于社会等级的投射与对财富的炫耀。

二

北京四合院这种建筑形式被认为是我国传统民居的典范，既在于它的社会功能与伦理等级关系，又是生活方式与习俗所致。其中变与不变的因素，都是如此。

北京四合院，如图 4-7 所示，这是北京四合院的一种典型的平面形态。这种住宅形式美在何处？首先是它的社会属性，其次是生活的需求。例如：这种住宅是中轴线分进布局的。这种格局与宫廷、庙宇、寺观等，出于同一类型。它是内向的，外围的围墙不必开窗。这就源自文化形态。北京四合院的大门，多开在宅的东南角。从表层文化来说，它

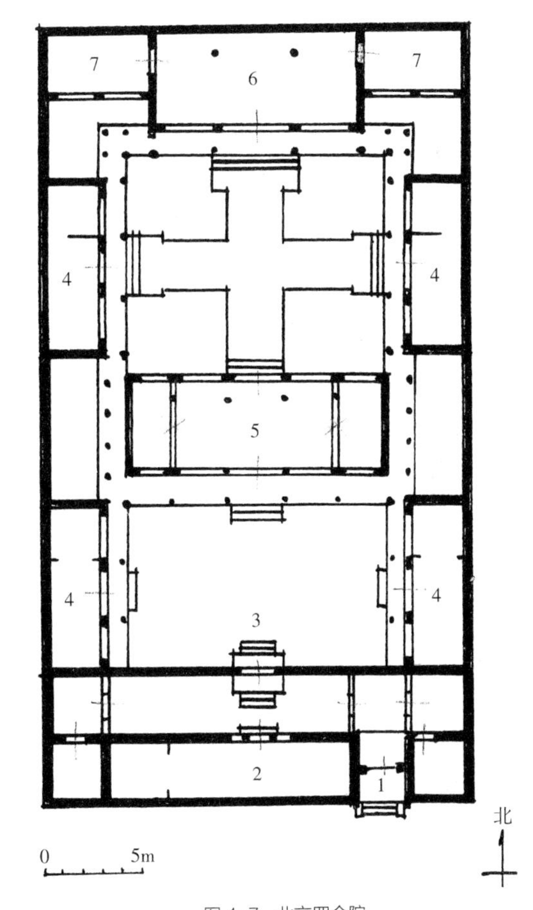

图 4-7　北京四合院

1—大门；2—倒座；3—垂花门；4—厢房；5—大厅；6—正房；7—耳房

取东、南二向，有“紫气东来”“寿比南山”之意，是吉利的；其功能也是美的（这两个都是好的朝向）。进一步地，大门不开在正中，视线是封闭的。转弯抹角，外面的人看不到宅内，便于保持私密性。

北京四合院的垂花门，江南一带叫“仪门”，此门的功能是礼仪上的。门的上面有许多装饰（多为砖雕），表现的是礼仪内容，今天认为是宣扬封建礼教。还有一个规矩，有些人是不可以出入这个门的，只能走旁边的门，这也出于伦理等级。垂花门的南面是一个狭长的小天井，再往南是一排房子，称“倒座”，一般是给仆人居住的，也有储藏室、客房等，总之，级别是不高的。江南一带的做法也相近。细品起来，这种住宅形式正是中国古代居住建筑美学的典范。

三

江南，指的是长江下游、太湖流域。江南又称江东（长江过了芜湖，转向东北方向，然后流入东海）或江左（左即东），这一带物产丰富，经济发达，北宋词人柳永有《望海潮》：“东南形胜，三吴都会，钱塘自古繁华。烟柳画桥，风帘翠幕，参差十万人家……”五代文人韦庄甚至说：“未老莫还乡，还乡须断肠。”他是京兆杜陵（今西安）人，到苏州来做官，甚至不想还乡了。如此好的地方，这里的居住建筑当然也很动人。这里的住宅，一方面不能违背伦理等级规范，另一方面也结合地形、地理条件。所谓水乡，他们的生活离不开水，他们的住宅紧紧地与水结合着。唐代诗人杜荀鹤有《送人游吴》：“君到姑苏见，人家尽枕河。故宫闲地少，水港小桥多。夜市卖菱藕，春船载绮罗。遥知未眠月，乡思在渔歌。”“枕河”，把房子盖在河边，部分架在河面的上空。这实在太浪漫！夏夜，人们就睡在这里，“枕”着河，听着夜行的船只划桨之声，令人神往。

江南民居，其格局也是中轴线分进布局。但由于家庭人口多（大家族），地方狭小，所以有许多大宅往往会有好几条中轴线，如图 4-8 所示，这是苏州大儒巷潘宅，这里就有 4 条中轴线。这是有必要的，人们出入家宅可以方便一点，宅内的人要出入，有些人不能随便穿越厅堂，特别是堂屋中有客人或有什么重大的活动，一般的人不许随便经过厅堂。这时，人们只能走避弄（又称备弄）。图中这 4 条中轴线各自串联起 4 个独立的单元，大家族居住的关系清楚，能清楚地区分开。

四

安徽被长江分割成南北两部分，长江以南的称皖南，这里也由于天时、地利、人和，所以比较富庶。皖南民居是很有特色的，这里是丘陵地带，有山有水，林木葱郁，有很理想的宜居条件，因此这里的文化也很发达。这里的民居形态很有特点，白墙黑瓦、青山绿水，恰似美不胜收的画卷。在建筑美学的意义上，就是和谐之美：形态和谐，色调也和谐。

从美学的更深一层来分析，还有其社会原因和文化原因。住这种房屋的人，家庭多比较富裕，他们一方面要把房屋装点得漂亮，但另一方面又怕被偷盗，因此尽量做得既简洁又高雅。有的家庭在外墙的内侧还做护墙板，干净、保温又坚固，不易被贼撬壁洞。有的住宅在外墙上还写“内有木城，不必费心”字样。

从形式美来说，皖南民居的马头山墙做得确实很美，如图 4-9 所示，这种马头山墙做得比较平，又高低错落，有人形容这种形态具有韵律感。其实所谓马头山墙，是从硬山屋顶做法中夸张出来的。这种墙的形式，本来的功能在于防火，所以又叫封火墙。发生火灾时火势受高高的山墙所阻，难以向墙的另一侧蔓延。但它后来也被用来表现家宅有钱有势，在封火墙上大做文章。逐渐演化出形式美的同时，表现出地方特色。这就是中国传统的建筑美学的一个特征——形式的美不是孤立的，总是与功能结合在一起。

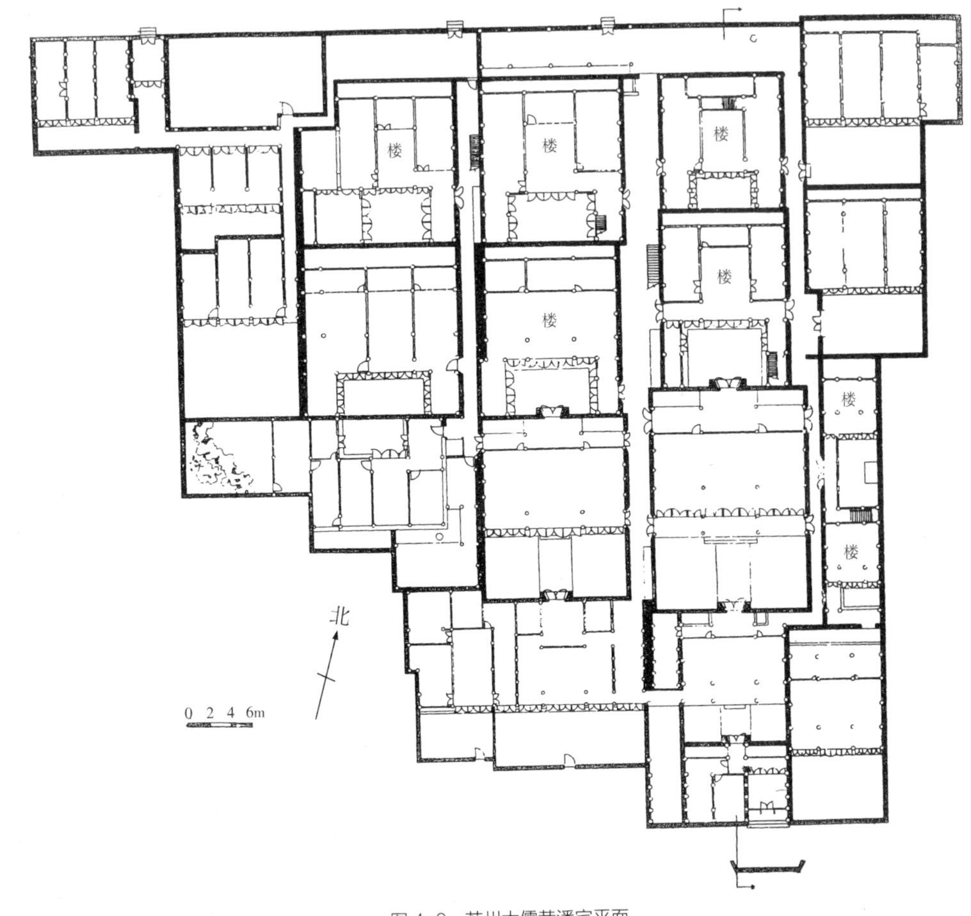

图 4-8　苏州大儒巷潘宅平面

图 4-9　皖南民居中的马头山墙

五

云南是个多民族的省份，这里各民族之间的文化差异都比较大，这种差异在民居形态上有着最明显的表达。从建筑美学的角度来说，这种差异是建立在需求上的。他们所在的环境，包括天文、地理等各方面的条件，形成他们的衣食住行的一系列的习俗，同时也形成他们的爱好和种种观念形态。表现在建筑上，符合他们的居住需求的，就被认为是美的。他们还带着宗教和伦理的精神不断对其加以发展，在建筑上添加各种装饰，加强了建筑的美学效果。

位于云南大理一带的白族，他们的建筑具有明显的美学特征。白族的民居，称为“三坊一照壁”“四合五天井”。所谓三坊一照壁，如图 4-10（a）所示，这种照壁形式，不完全是为了好看，也表达等级。图 4-10（b）就是“四合五天井”的形式。白族民居的这种照壁，多置于正房的对面。照壁分独脚照壁和三叠水照壁两种，独角照壁又称一字平照壁，壁面等高，不分段，屋顶为庑殿式。这种照壁须有一定的官品的人家才能用。三叠水照壁直分三段，中间一段较宽，也较高，两边的较狭，也较低。

白族很讲究色彩，他们的服饰，总是色彩鲜艳而又和谐得体。他们常用蓝、白、红、黑等色组合起来，十分好看。这种色彩组合在建筑物上也同样如此，白墙、黑瓦、红柱、蓝边，构成鲜艳而又和谐的建筑色调。白族生活在云南大理一带，这里的风景极佳，有洱海、点苍山。这里有“洱海四景”：下关风、上关花、苍山雪、洱海月，即“风花雪月”。那碧蓝的洱海，远处是终年白雪皑皑的点苍山，近处鲜花盛开，红艳遍地。

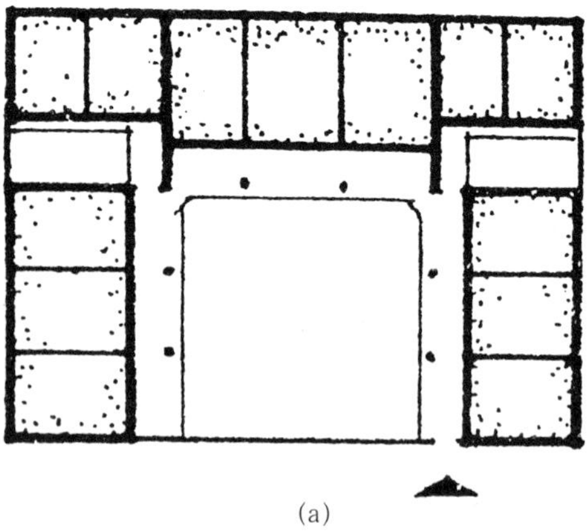

云南位于西南边陲，辖区内有缅、泰边境。西双版纳一带，那里的文化也与缅、泰相近。这也许是由于他们有共同的气候条件、地形条件、自然资源以及互相多有交往的关系。傣族的房屋，一般都做成尖尖的屋顶，而且把房子架高成楼（防潮湿），如图 4-11 所示。多数的傣族民居，在楼上做成有外廊的平台。这种建筑一般是用竹子做成的，所以称傣族竹楼。

(a)

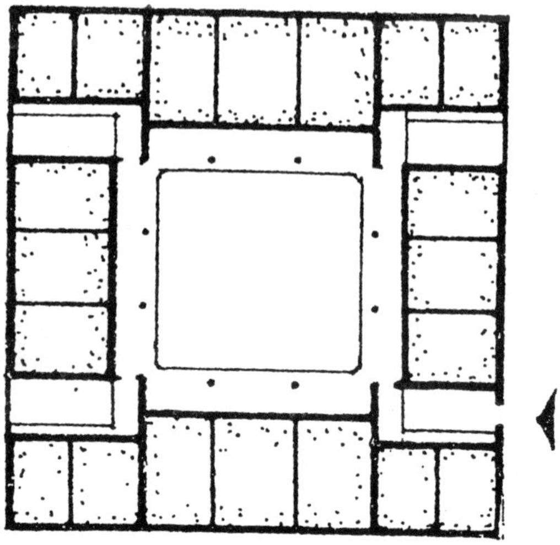

(b)

图 4-10　白族民居平面
（a）三坊一照壁；（b）四合五天井

第五节　园林建筑的美

一

中国古代的园林，称得上是中国古代艺术的代表之一。中国园林产生很早，相传周文王造灵台(《诗经·大雅·文王之什·灵台》)，是我国最早的园林了。当然这是文字的描述，那时的园林早已无踪无影了。中国的园林，是历朝历代渐渐变化、发展过来的，到了明清，便达到炉火纯青的境地，

我国的园林，大体可以分为 3 大类：皇家园林、私家园林和寺庙园林。这 3 大类园林有各自的审美

图 4-11　傣族竹楼

目的，所以它们的形态也有所不同。

皇家园林，在这里以北京颐和园为例来分析。此园早在金代就已经是皇家行宫了。到了明代，命名为“好山园”，为皇家园林。其中的山叫瓮山，湖叫西湖。至清康熙时，亦为皇家行宫。乾隆年间，皇帝要为他母亲做60大寿，于是便在此大兴土木，在瓮山上建造高达9层的大报恩延寿寺，并将瓮山改名为万寿山；又整治并扩大西湖，并改名为昆明湖。整座园林之名改为“清漪园”。有人说此园有点像杭州西湖，乾隆皇帝听了后说，“略师其意”。其实乾隆皇帝酷爱西湖，此园仿西湖，也在情理之中。最为典型的是“西堤六桥”（界湖桥、豳风桥、玉带桥、镜桥、练桥、柳桥），仿杭州西湖中的苏堤六桥（跨虹桥、东浦桥、压堤桥、望山桥、锁澜桥、映波桥）。

到了1860年，此园被英法联军所毁。1888年，慈禧太后挪用海军经费，重修此园，并改名为颐和园。此园规模甚大，面积达290hm^2，其中3/4为水面，陆地中包括平地和山峦。如图4-12所示，是颐和园总平面图。万寿山主峰高60余米。整个园可分为4个景区：朝廷宫室，包括东宫门、仁寿殿以及一些居住、供应等建筑；万寿山前山，有佛香阁、长廊、排云殿等；昆明湖、南湖；万寿山后山和后湖，包括苏州街、谐趣园等。如图4-13所示，是从万寿山上鸟瞰颐和园之景。

图4-12　颐和园总平面图

图4-13　从万寿山上鸟瞰颐和园

第一景区是朝廷宫室景区，在颐和园东部，以建筑物为主。主要建筑有仁寿殿（主殿），是皇帝处理政事、召见群臣之处；乐寿堂是皇帝的居住处；德和楼是大戏台，慈禧太后60大寿时在此看戏；除此之外还有许多建筑，各自成院落。

第二个景区是万寿山前山，以万寿山上的最高建筑佛香阁为主，也是全园的主景。以这个建筑为中心，有一条南北向的中轴线，南起湖边的“云辉玉宇”牌楼，向北是金碧辉煌的排云门和排云殿，这里是一组建筑，玉华、紫霄、云锦、芳辉4殿列于左右。这里本是大报恩延寿寺的旧址，后来变为慈禧太后接受百官朝贺之所。在上面建有一高台，壮丽无比，台上建佛香阁，内供释迦牟尼佛像。此阁平面八角，共4层，顶为攒尖顶。在万寿山前山，还有一些建筑和景区：一是长廊，廊枋檐柱上全是彩画，全长728m，堪称世界第一。二是排云殿西侧半山腰上的“画中游”（阁），在此眺望景物，宛如图画中。其他如听鹂馆、寄澜堂等，也都是较好的眺望景点。颐和园内的石舫（清晏舫），是中西结合的形式。有人认为这个建筑有损于颐和园的整体风格，那些罗马式的拱廊，确实与这里的整体风格不相称。

佛香阁之北是一个藏式寺院：智慧海。再往北便是第三个景区，即后山景区了。

第三景区是后山、后湖，包括：苏州街、谐趣园等。在万寿山后湖的对面，有一块狭长的地形这里造了许多店铺屋宇，茶楼、酒馆、古玩店、书斋等，凡是江南文雅的市井街巷内容，几乎一应俱全。在后山、后湖景区，谐趣园称得上是一颗明珠。此园的构思，模仿江南一座名园，即无锡寄畅园。谐趣园在颐和园的东北隅。原来这里就有个园，名叫惠山园。此园从性质上说是皇帝的游乐场所，在此可以与群臣玩射覆、投壶等游戏。园内有荷池，环池建有知春亭、知鱼桥、知春堂、兰亭、涵远堂、澄爽斋等，结构紧凑，疏密有致，虚实得体，确实有江南园林之风格特征。

第四景区是湖区。这里有大小 3 个湖（昆明湖、南湖、西湖），除了西堤 6 桥，还有十七孔桥、铜牛、廓如亭、龙王庙等。从总体来说，湖区之景疏朗，所以说全园之景可谓疏密俱全，既有皇家之气，也有自然之美。

二

私家园林，亦即宅园。我国的私家园林，要算江南最盛，也最有美学价值。人说“江南园林甲天下”，名作不胜枚举，例如苏州的拙政园、网师园、留园、沧浪亭、艺圃、耦园、环秀山庄；扬州的瘦西湖、个园、何园；无锡的寄畅园；杭州的郭庄等。私家园林中境界最高的当属文人园。这种园林的布局及构园原则有三：一是“小中见大”，划分景区，每区皆构图完整，风格统一，又各有特点。如：上海的豫园，5 个景区都做到主次分明，虚实得体。二是叠山理水，都有章法，其原则是“虽由人作，宛自天开”。假山立峰，皆取其意；池水则做出“来龙去脉”的活水，并且遵循“大池有汪洋之感，小池有不尽之意”的原则。三是林木，其原则是与山水林木有机结合，变化而又和谐。堂、厅、轩、斋、亭、台、楼、阁以及墙垣、石舫、桥梁等，各不相同，形式多样，但风格统一。

文人园，其主题思想就在于求得人与自然的最理想的关系。这里的建筑除了实用性之外，更在于表现人的理想的生活形态。建筑空间通透，与自然连成一体，室内可以操琴奏乐、司棋对弈或吟诗作画，怡然自得。文人构园，重在情态，情态来自生活，是生活的再现。“小桥，流水，人家”，时有山石、丛林、亭舍、小径，是江南水乡的田园牧歌式的境界。园林胜过画，它不但是立体的，而且人在“画”中。优秀的文人园，其景具有诗情画意。

苏州拙政园，可谓江南文人园的代表之一。其园名“拙政”，取自晋代文人潘岳的《闲居赋》中句：“庶浮云之志，筑室种树，逍遥自得，池沼足以鱼钓，舂税足以代耕，灌园鬻蔬，以供朝夕之膳；牧养酤酪，以俟伏腊之费。孝乎唯孝，友于兄弟，此以拙者之为政也。”这是文人之自嘲。相传园初建时，规模比现在的还大，有“三十一景”。当时大画家文徵明与园主人王献臣是好友，他曾为此园作记并画图。王献臣的儿子不争气，父亲去世后赌博成性，一夜之间便把偌大的一个拙政园输掉了，成为后人的话柄。明崇祯四年（1631 年），拙政园东园荒废，被侍郎王心一买去。他也懂造园，叠山理水，建亭造楼，取名“归田园居”。拙政园在清代变化甚多。曾有一段时间做过朝廷“驻防兵将军府”，后来又落入吴三桂的女婿王永宁的手中。吴三桂反清失败拙政园又落入清官府。园景衰败，远不如当年。乾隆三年（1738 年），为清太守蒋棨所有，做了一次大修，园的规模减小了，并改名叫“复园”。直到太平天国，李秀成进驻苏州，拙政园改为忠王府。太平天国失败，被巡抚张三万改为八旗奉直会馆，恢复拙政园之名。但园的西部被张履谦割去，取名“补园”。直到新中国成立后，又并入拙政园。

拙政园以水景为主，园分东中西 3 大部分。从园门进去，先是东园，即是王心一的归田园居旧址。这一部分后来衰败荒芜，直到新中国成立后才渐渐恢复旧貌。如今已成为一处开朗、明快的园林。图 4-14 所示，是拙政园中部和西部的总平面图，其中

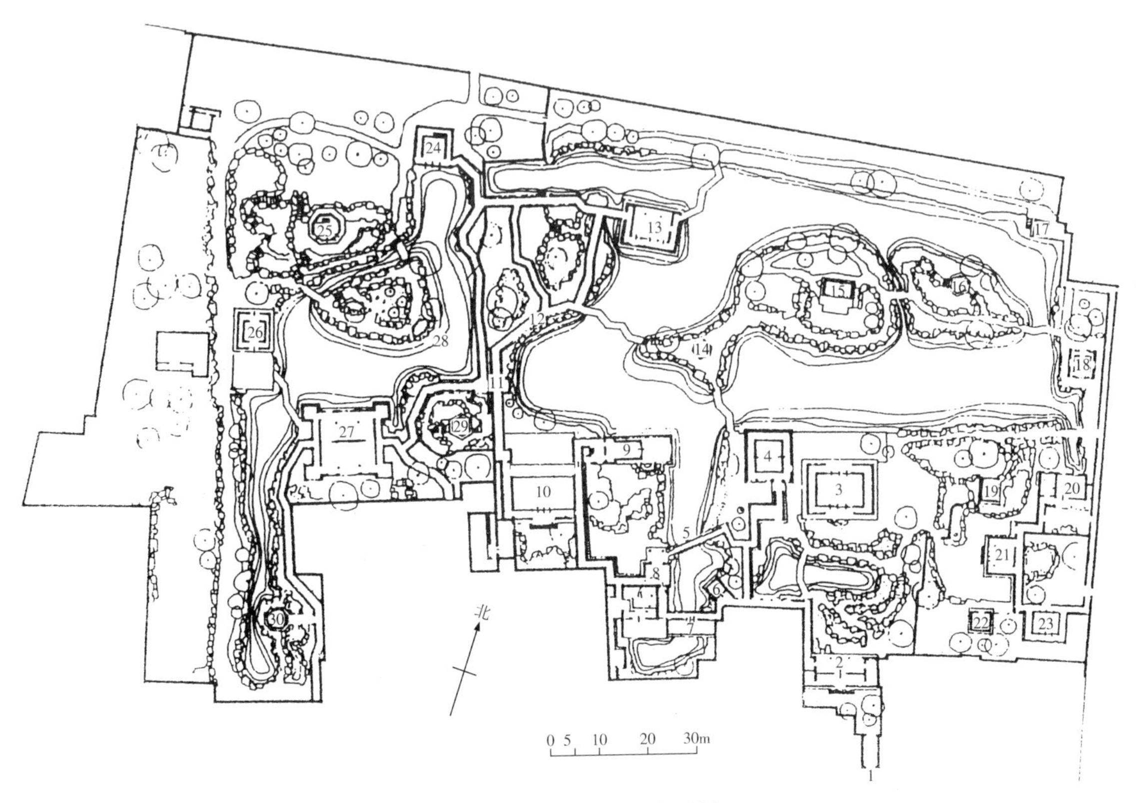

图 4-14　拙政园中、西部总平面图

1—园门；2—腰门；3—远香堂；4—倚玉轩；5—小飞虹；6—松风亭；7—小沧浪；8—得真亭；9—香洲；10—玉兰堂；11—别有洞天；12—柳荫路曲；13—见山楼；14—荷风四面亭；15—雪香云蔚亭；16—北山亭；17—绿漪亭；18—梧竹幽居；19—绣绮亭；20—海棠春坞；21—玲珑馆；22—嘉实亭；23—听雨轩；24—倒影楼；25—浮翠阁；26—留听阁；27—三十六鸳鸯馆；28—与谁同坐轩；29—宜两亭；30—塔影亭

中部是园的主体，这里水面占 1/3 以上，以池水为主进行构园。临水建筑有形式不同的建筑进行点缀。楼堂亭榭多集中在园的南侧，北侧多水石林木。中部园区的入口在其东侧的东半亭处。向西有主体建筑远香堂，堂北有石铺的平台，依水而建。远香堂北有小山，隔池相望，形成对景。在水池的西南，有一似船舫的建筑，即旱船，名“香洲”。

中部还有几组很精彩的建筑。枇杷园称得上是“园中园”。若从此院内向外看，有林木、山丘、亭台，景物的层次很多，这正如北宋词人欧阳修的《蝶恋花》：“庭院深深深几许，杨柳堆烟，帘幕无重数……”

枇杷园的东北有一小庭院，即“海棠春坞”。这个庭院中植海棠，故名。建筑前面有廊，海棠就植在院子里。这个环境，令人联想起苏轼的诗《海棠》：“东风袅袅泛崇光，香雾空蒙月转廊。只恐夜深花睡去，故烧高烛照红妆。”

三

网师园也是一座名园，是我国私家园林中之上品。此园位于苏州市内，它的总平面，如图 4-15所示。从图中可以看出，园与宅形成一体，东宅西园。宅的部分中轴线分进布局，符合中国传统的居住方式；园的部分则相对自由，是人与自然的理想的结合。网师园位于苏州葑门附近的阔家头巷，是宋代史正

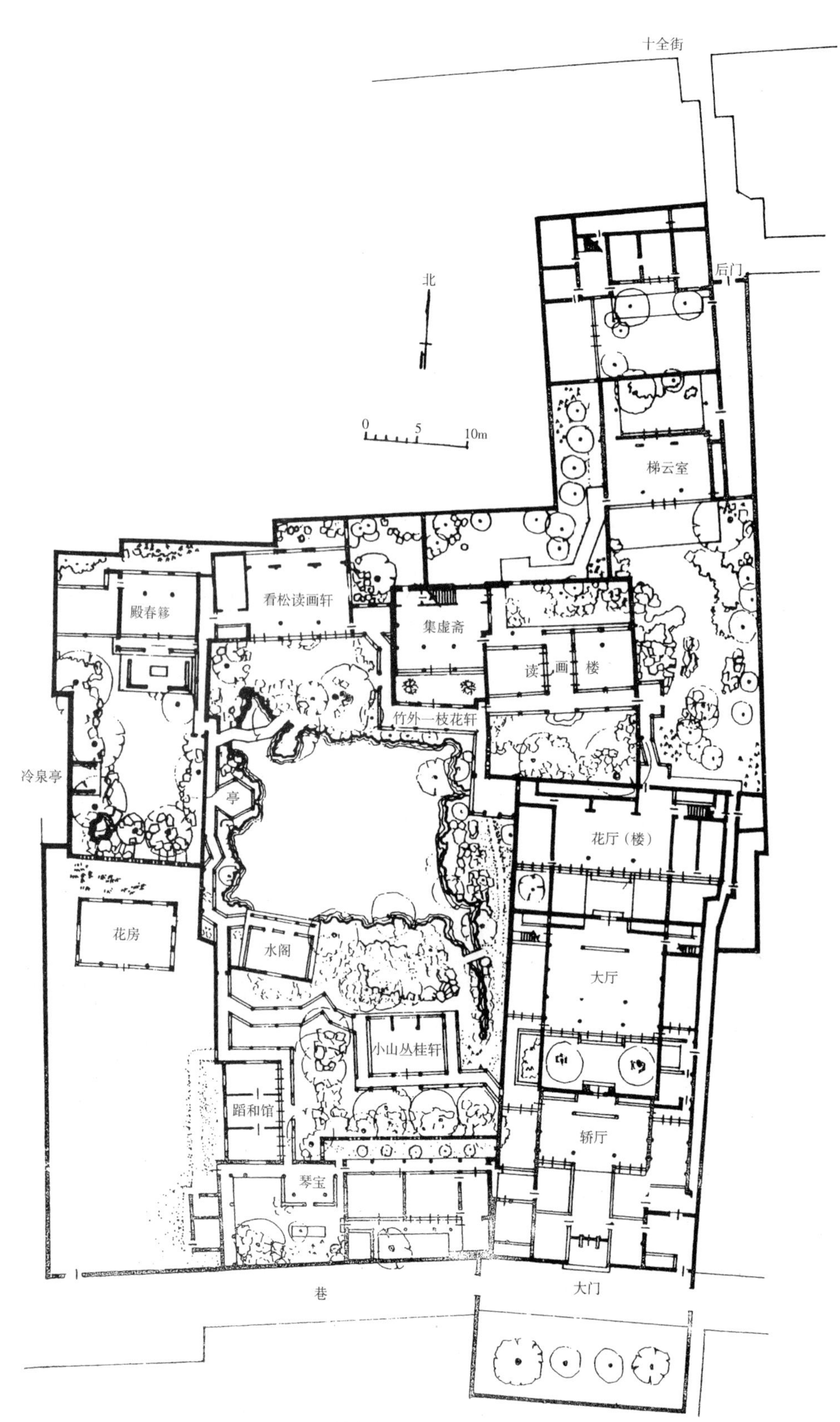
十全街
后门
北
0
5
10m
梯云室
看松读画轩
殿春簃
集虚斋
读
画
楼
竹外一枝花轩
冷泉亭
亭
花厅（楼）
花房
水阁
大厅
小山丛桂轩
蹈和馆
轿厅
琴室
巷
大门

图 4-15　网师园总平面

志的万卷堂故址。清乾隆年间，园主人宋宗元在此造园。后来网师园多有兴衰，如今的园是新中国成立后大修以后的形象。

网师园不大，仅 9 亩地，但精致玲珑，自成一格。网师园总体分 3 大部分：东部为住宅，中部为园的主体部分，西部是内园。中部的主要部分是大水池。在大水池之西，沿廊有一亭，名“月到风来亭”。

网师园中诸建筑，其名皆有来历。园东南的“小山丛桂轩”，是取庾信（531—581 年）的《枯树赋》：“小山则丛桂留人。”园西南有“蹈和馆”，取《周易》：“履贞蹈和”。园东北有“集虚斋”，取《庄子》：“唯道集虚。虚者，心斋也。”在月到风来亭之南有“濯缨水阁”，此名取自《孟子 · 离娄上》中的“沧浪之水清兮，可以濯我缨；沧浪之水浊兮，可以濯我足。”

网师园的内园，其主体建筑是“殿春簃”，“殿春”意为春末，园内植芍药，春末开花。“簃”是宅边小屋，是文人书房的谦称。

四

寺庙园林是一种特殊的园林，它与寺庙结合在一起，既表现出园林的形态，又反映出宗教的特征。明清时期的寺庙园林很多，有的寺庙中有园，也有的是寺庙就是园，这两者都反映出这一时期的宗教更走向“自然”和“世俗”。无论是扬州的大明寺，苏州的寒山寺，宁波的天童寺，天台的国清寺，安庆的迎江寺，杭州的黄龙洞（道教）等，都有园林。

苏州的西园，即苏州戒幢律寺的寺园。后来因为园比寺更为人所知，所以大家就叫此寺为西园寺。西园以放生池为中心，此池形如蝌蚪，其“头”在南，“尾”在北，并折向东南。池内鱼鳖之类甚多，大部分是佛教信徒们放生的。其中五色鲤鱼可与杭州玉泉的相媲美。池中有大鼋，为稀有动物，这是明代放养的老鼋的后代，据说已有 300 余岁了。每当天气闷热的时候它会浮上水面来。

西园放生池四周，环绕亭台厅馆，曲桥回廊，又有林木假山掩映，形成一派秀丽的园景。其中“苏台春满”四面厅为主要建筑，厅前临池盘曲紫藤，形如游龙。水池中建有一重檐六角亭，攒尖顶。此亭形成西园的主景。西园之艺术价值，不亚于一般的江南私家园林。有诗云：“九曲红桥花影浮，西园池水碧如油。劝郎且莫投香饵，好看神鼋自在游。”

浙江天台国清寺内，有一座小巧玲珑的寺庙园林。园中主体即放生池，称“鱼乐国”。池的西侧有一座亭，叫清心亭。如图 4-16 所示，就是国清寺中的寺园。左侧是清心亭，正中后面的一排房子是安养堂，寺内和尚年迈，就在这里安度晚年。这里林木葱郁，池水清澈，景观甚美。

图 4-16　国清寺放生池

第五章 The Aesthetics of Foreign Modern Architecture 外国近现代早期建筑的美

第一节 现代社会文化与建筑的美

一

在西方，近代有两种概念，一是从 15 世纪意大利文艺复兴运动开始的，又称“近世”；另一是从 18 世纪法国大革命革命开始的。

现代社会，从文化来说与古代社会具有完全不同的性质和特征。现代社会（Modern Society）是工业时代，它的经济特征在于商品化，强调价值、效益。就建筑而言，表面上是形式的不同，实质上则也是在于价值和效益。这种特征，后来被美国芝加哥学派表达为对功能的强调。这个学派的主要代表沙利文提出：“形式服从功能”。

跟随而来的便是美学上的变迁。归纳起来，当时的外国近现代美学（包括文艺），有如下这些特征：

（1）西方近现代美学对审美、美感较为关注。这是因为他们看到古代美学对于美的研究已基本定型，再也没有什么新的突破了。而从研究的手段来说，理性的研究多停留在哲学思辨的层次；而经验的研究，则多重于审美。随着科学技术的发展，对审美的研究必然会更进一步，结合心理的深层研究，将会给现代美学提供更广阔的前景。

（2）西方近现代美学，一方面是以经验主义为基础，在休谟（1711—1776 年）的经验论美学的基础上，用科学的手段进行深入研究；另一方面则是在康德和黑格尔的哲学性研究的基础上进一步与社会文化结合，开拓新的领域，如：约翰·杜威（1859—1952 年）的实用主义美学就比较典型。哲学的空谈到美学，所以有些现代美学家着力于社会文化的研究。

（3）西方近现代美学，在对美的本质特征不甚关注之外，也着重对门类的美学进行研究。这也就是美学体系的重组，由原来的以美的本质、特征等进行研究转而以各艺术文化门类分别进行研究，如：绘画美学、雕塑美学、建筑美学、音乐美学、戏剧美学、电影美学、文学美学、科技美学等。

（4）西方近现代美学要比古代美学有更多的理论分支或流派如：心理学美学、符号学美学、实用主义美学、心理分析美学、存在主义美学、逻辑实证主义美学等。

（5）美学的研究在深度上有所增进。深入细致的研究是在许多基础学科发展的基础上进行的，如：生理学和心理学等学科的发展，特别是语言学、符号学、语义学等的发展。

近现代西方美学和艺术的一个很大的特点就在于突出个性。在建筑上，美国现代建筑师沙里宁说：“唯一使我感兴趣的就是作为艺术的建筑，这是我所追求的。我希望我的有些房屋会具有不朽的真理。我坦白地承认，我希望在建筑历史中会有我的一个地位。”（转引自：同济大学等四校合编．外国近现代建筑史．北京：中国建筑工业出版社，1986：293.）这句话明显地表述了他的创作目的和艺术观、美学观。当然，我们应当肯定作品的个性，如果作品没有个性，特别是在现代，就不可能表现其艺术观和美学观，也难以表达作品的主题。

二

伦敦水晶宫（Crystal Palace）为伦敦世界博览会而建，1851 年建成。这座建筑坐落在伦敦著名的海德公园内，总面积达 74000m^2，建筑总长 563m，合 1851ft，其目的是要象征着划时代的 1851 年，尽管“1851”无法令人直观感受到。此建筑宽达 124.4m。建筑的柱子间距为 2.4m，符合陈列架的长度，这也是当时英国所生产的玻璃最大长度的 2 倍，这样在 2 根柱子之间或屋架之间，正好用 2 块玻璃。由于采用了铸铁（当时还没有钢）和玻璃，比起用砖、石、水泥来，它的柱和梁的截面积要小得多，柱和墙所占的建筑空间仅为 1‰。整座“水晶宫”的外形式是一个简单的阶梯形的长方体，加上一处半圆拱筒顶。建筑的各个面，只显现出铁架和玻璃，内部也无任何装饰。此建筑工期只用了 9 个月（1850 年 8 月—1851 年 4 月）。

“水晶宫”的建成，轰动一时，被人们誉为“建筑工程上的奇迹”，来自世界各地的参观者都称赞它，认为是用铁架和玻璃形成的广阔透明的空间，使人不辨内外，目极无际，莫测远近，创造了无与伦比的建筑新形式。“水晶宫”所产生的影响非常深远，直至今日，世界各地所举办的各种博览会，其建筑形式仍然能看到“水晶宫”的影子。如图 5-1 所示，为水晶宫的外形。

1852 年世界博览会结束后，“水晶宫”从伦敦海德公园迁至肯特郡锡德纳山作为陈列厅时，将正中间最高部分改为筒形拱顶，与原先的纵向筒形拱顶形成十字交叉拱顶，并作了其他的一些细部的改动。可惜的是这座建筑于 1936 年被大火烧毁。

三

巴黎的埃菲尔铁塔，建成于 1889 年。它的建造目的有二：一是为纪念法国大革命 100 周年，二是作为巴黎国际博览会的标志物。此塔高 328m，是当时世界上最高的建筑。由于它形式特别，又很高，如图 5-2 所示，所以一时难以被人们接受，有好多文人和社会名流都反对它、咒骂它。当时著名文学家莫泊桑（1850—1893 年）也讨厌这个“怪物”，不愿看到它；但由于此物十分高大，巴黎市内许多地方都能看到它，因此莫泊桑只好到铁塔内的咖啡馆去喝咖啡，并且得意地说：“这里再也看不到铁塔了。”

图 5-1　伦敦水晶宫

图 5-2　埃菲尔铁塔

从美学的角度来说，这座铁塔的特别之处在于其轮廓线。塔的两边不是直线，而是曲线，是抛物线。这种线型具有向上的动势。这也正是这个建筑的主题，如同音乐中的“上行音型”，给人一种积极亢进之感，发展着，兴旺着。这也就是铁塔的本意。

埃菲尔铁塔的另一个审美效果在于它用四边形平面，4 个铁架组成的形体，我们从任何一个角度看去，都能得到左右对称的轮廓形象，所以觉得这个形象很庄重和稳定。

但也有的现代建筑理论家认为，铁塔下面的圆拱铁架是多余的，它在结构上根本不起作用，只是个装饰物，所以被认为是“不彻底的现代主义”。这正体现出时代之交文化风气的特征，并非革命式的一刀切，而是逐渐演变。一方面通过新材料新技术的运用带来总体上的新形式，另一方面又总有某种传统理念在形态上不自觉地流露出来。

四

巴黎，在 1889 年的另一个重要的建筑是机械展览馆。这座建筑的特点就是巨大：大展厅陈列各种各样的机械，厅内中间不设柱子，建筑长达 400m，宽达 115m，如图 5-3 所示。这座建筑对当时来说似乎有些不可思议，它利用新的结构形式：三铰拱——用两榀铁架，顶端一个铰，两边地面上各一个铰。由于它的接触地面的一点是个铰，只有小小的“一点”着地，令人十分惊讶，有人形容它是在跳芭蕾（足尖着地）。这座建筑虽然于 1910 年被拆除（由于城市规划的原因），但它对建筑学发展的影响是很大的，它也同样标志着新建筑的开端。

第二节　芝加哥学派与建筑的美

一

芝加哥学派的观点，如前所说是强调功能。从美学上说，我们要关注的是现代美学的深层含义。在 19 世纪末到 20 世纪初这段时间，一种社会的美学现象就是赶时髦，所谓摩登（modern）。时髦，也就

图 5-3　机械展览馆

意味着很快过时。当时有人惊讶地说，一种新的事物还来不及接受就过时了。当时的审美特征就是如此。

时代精神（Zeitgeist）对包括建筑在内的新生事物，或者说一个新的“产品”的指导思想不外有三：

一是它能适应当代社会和个人的功能需求。

二是它在坚固性和维修方面要优于原来的。

三是在统筹的经济性上也优于过去的（产品），即它的成本和利用率等方面综合起来，要优于过去的。

芝加哥学派在 19、20 世纪之交的几个代表作的美学思想，典型地体现出这种“时代”的特征。

图 5-4　瑞莱斯大厦

二

瑞莱斯大厦位于芝加哥，建于 1894 年，为芝加哥学派的代表作之一，此建筑高 16 层，如图 5-4 所示，用的是框架结构，不用砖墙承重，所以能开比较大的窗子，这既能增加房间的亮度，又增添了外部造型的明快感。大型玻璃窗具有强烈的时代美。这种造型效果不像伦敦的水晶宫或巴黎的埃菲尔铁塔，让当时的人们一时难以接受。时值 19、20 世纪之交，芝加哥学派的这种高层建筑和大玻璃窗形象，大家很快就能接受——这说明时代与功能的又一层关系。芝加哥学派的另一座建筑是保证大厦（Guaranty Building），建成于 1896 年，位于水牛城。这座建筑高 13 层，如今已作为美国的文物保护单位。如图 5-5 所示。

图 5-5　保证大厦

三

芝加哥学派最有代表性的建筑是斯莱辛格与迈耶百货公司大楼，如图 5-6 所示。此建筑建成于 1904 年，高 12 层，设计者就是芝加哥学派的主要代表者沙利文。这座建筑体现了芝加哥学派的理论了，即形式服从功能，同时也基本上确立了美国近代高层建筑的形式。这座建筑后来被誉为“芝加哥之窗”。沙利文自己认为，高层的办公、商业建筑

图 5-6　斯莱辛格与迈耶百货大楼

的基本形式应当是：要有地下层，这是结构的需要，在这里也可以放锅炉房及动力、供暖、照明等设备。底层主要作为商店、银行及其他大众性的服务设施，空间宜宽敞，光线要充足，交通要方便；二层要有宽敞的楼梯与底层联系，以增加对顾客的吸引力；更上面则是办公。功能虽有所不同，但形式一定要统一。除了美的要求外，也符经济、技术理性的原则；顶层要有设备用房，如：水箱、电梯机房及其他设备用房。

四

纽约的伍尔沃斯大厦也属芝加哥学派。此楼建成于 1913 年，52 层，高 241m。这座建筑被誉为是“商业的教堂”。在这座建筑上，用了很多带有哥特风格的装饰。承重砖墙的转角和主塔的支撑力被扩大了，但却又不时被水平线所打断。顶端的哥特式尖顶和卷叶饰被大大地扩大了尺度，以便使人们能从街上看到，同时也给向上的运动感提供了视觉上的效果，如图 5-7 所示。这座建筑的造型，其顶端的处理，在人的视觉上具有冲击力，但这种手法很快就不再流行，大量的平屋顶取代了这种美学追求。

图 5-7　伍尔沃斯大厦

第三节　19、20 世纪之交的建筑流派与建筑美

一

有人认为，“真正改变建筑形式信号的出现是19世纪80年代开始于比利时布鲁塞尔的新艺术运动（Art Nouveau）。”（同济大学，清华大学，南京工学院，天津大学．外国近现代建筑史．北京：中国建筑工业出版社，1982.）新艺术运动的创始人之一亨利·凡·德·费尔德组织建筑师讨论了结构和形式之间的关系问题。这些人反对历史传统风格，想创造出一种新的能适应工业时代精神的简化装饰。他们的装饰主题是模仿自然界生长繁茂的草木形状的线条，凡是墙面、家具、栏杆及窗棂等装饰，莫不如此。由于铁便于制作各种曲线，因此装饰中大量应用铁构件。

新艺术运动的典型例子是布鲁塞尔都灵路 12 号住宅（建于 1893 年），由霍尔塔设计，如图 5-8 所示，此外亨利·凡·德·费尔德设计的德国魏玛艺术学校的校舍（1906 年）也具有代表性。

新艺术运动在 19 世纪 80 年代几乎传遍整个欧洲，甚至影响到美国。正是由于它的这些植物形花纹与曲线装饰，脱掉了折中主义的外衣。新艺术运动在建筑中的这种改革，只局限于艺术形式与装饰手法，更多是在形式上反对传统，并未能全面解决建筑形式与内容的关系，以及与新艺术的结合问题。

图 5-8　布鲁塞尔都灵路 12 号住宅

在流行了一阵后，这种美学形式从 1906 年开始，就渐渐衰落了。

二

19 世纪 50 年代出现在英国的工艺美术运动（Art and Grafts Movement），其代表作是肯特郡的红屋。这座建筑是诗人、艺术家威廉 · 莫里斯的住宅，平面根据功能的需要，布置成曲尺形的。他用本地产的红砖建造，清水墙，摈弃传统的贴面装饰，表现出材料本身的质感。工艺美术运动是以约翰 · 拉斯金和莫里斯为首的一些社会活动家的哲学观点在艺术上的表现。他们二人热衷于手工艺的效果与自然材料的美。莫里斯为了反对粗制滥造的机器制品，曾寻求志同道合者组成一个作坊，制作精美的手工家具、铁花栏杆、墙纸和家庭用具等。但由于成本太贵，难以推广。他们在建筑上则主张建造“田园住宅”，以摆脱古典的建筑形式的束缚。

肯特郡的红屋，将功能、材料与造型结合起来的做法，对后来的新建筑运动有一定的启迪。另一方面但他们的消极性则表现在把机器视为一切文化的敌人。也有人说他们的这种思想及其作品表现了怀旧之情绪。因此，从建筑美学的角度来说，整个工艺美术运动也许是对时代美风气的一种“反馈装置”。

三

什么叫“维也纳分离派”？这要从维也纳学派说起：在新艺术运动的影响下，奥地利形成以奥托 · 瓦格纳为首的一个学派：维也纳学派。瓦格纳试图把奥地利的建筑从新古典主义中解脱出来。他指出，建筑艺术创作只能源自时代生活，不应孤立地对待新材料、新工艺，而应联系到新造型，使之与生活需要相协调。瓦格纳的观点影响了维也纳学派的许多人，其中著名的约瑟夫 · 如奥别列去、约瑟夫 · 霍夫曼及阿道夫 · 路斯等。

19 世纪末，维也纳学派中的一部分人独立出来，成立“分离派”，要与过去的传统决裂。1898 年，在维也纳建造了分离派展览馆，他们提出造型简洁、集中装饰的原则。但与新艺术运动不同的是，装饰主题用的是直线和大片的光光的墙面，以及用简单的立方体，使建筑形式简洁。后来瓦格纳本人也参加了分离派。分离派的代表者是霍夫曼及路斯等。

分离派反对装饰，认为“装饰是罪恶”，其代表作是 1910 年在维也纳建造的斯坦纳住宅，如图 5-9 所示。这座建筑由路斯设计，建筑外部装饰已完全消失了。他强调建筑的比例、墙与窗之间的关系。他要求建筑成为基本立方体的组合，这完全不同于折中主义的做法。

四

荷兰和芬兰等地的建筑，这时也有新的动向。20 世纪初，荷兰著名建筑师贝尔拉赫，对当时流

图 5-9 斯坦纳住宅

图 5-10 阿姆斯特丹证券交易所

行的折中主义十分反对，他提倡“净化”，主张表现建筑造型的简洁明快及材料的质感。他声明，要寻找一种真实的能表达时代的建筑。他的代表作是 1903 年建成的阿姆斯特丹证券交易所，如图 5-10 所示。此建筑外形简洁，内外墙面均为清水砖墙，不加粉刷，恢复了荷兰精美的砖工的传统。在檐部和柱头处，以白石代替线脚装饰。内部大厅用钢拱和玻璃顶，体现了新结构与新材料的特点。

芬兰地处北欧，有着自己的许多民族文化特征。19 世纪末，在建筑上也受到新艺术运动的影响。20 世纪初，在探求新建筑的运动中，著名建筑师伊利尔 · 沙里宁所设计的赫尔辛基火车站（1916 年建成），体形简洁，结构坚固，功能合理，是件很优秀的作品。

五

对欧洲来说，西班牙是一处文化非常特别的地方。这也许是由于它太偏远，同时也由于它在历史上受阿拉伯帝国统治了一段较长的时间，有一个词组叫 Castle in Spain，译成中文是“空中楼阁”，也就是说比较奇特。在建筑上，它有自己的独特的传统。历史进入现代，它的发展也显得比较离奇。这种建筑的个性，在著名建筑师安东尼奥 · 高迪的作品中可见其代表性。位于巴塞罗那的米拉公寓（建于 1910 年），称得上是高迪的代表作。有人评论高迪，说他是一位在建筑艺术探新中勇于开辟一条新路的人。在这座公寓建筑的设计中，他吸收了许多东方建筑文化的形态，并结合欧洲哥特式建筑风格而独创出个性很强的建筑形象。

他的另一个作品巴特略公寓（1926 年建，位于巴塞罗那）也同样贯彻了这种精神。它的外形很不规则，借鉴了自然界中的凹凸、螺旋、抛物线等各种奇特的形态组建而成。建筑的底层是通透的空间，只有柱子，但形态特别，异于普通的柱子。在外立面上，二、三层的处理甚至更加夸张，好像是人的张开的大嘴巴。也有人形容这座建筑是“打哈欠的房子”。三层以上的墙面，罩着斑驳而色质交融的装饰，使人联想起海藻或泡沫。屋顶上似是一条长龙，眼睛懒懒地在往下张望。还有一条尾巴，用彩色陶瓷片装饰起来，充分体现出其想象力。

第四节 德意志制造联盟

一

德国在 20 世纪初的建筑非常有特点。这一时期的德意志制造联盟非常值得一提。德意志制造联盟

（Deutscher Werkbund）是德国工业家、美术家、建筑师和社会学家等组成的一个设计的组织，也是学术团体，从事建筑和其他日用产品的研究与设计，1907 年成立于慕尼黑。他们旨在通过研究这些产品的设计，提高质量，以适应当时新的工业生产的要求和争夺产品的国际市场。为此，他们提倡美术与工业协作，工业产品需适应现代生活要求和具有时代美。他们的建筑观是重视功能和技术，强调时代性。他们提出建筑设计要与现代机器大生产相结合。因此，在建筑造型上，自然也与过去的大不相同了。

二

德意志制造联盟的建筑作品较多，比较有代表性的是德国通用电气公司 AEG 的透平机车间，如图 5-11 所示。它虽然是一座工业建筑，但从建筑的造型和建筑美学来说，也是很有价值的。这座建筑位于柏林，由彼得 · 贝伦斯设计。

这座建筑在功能上说，可以分为两部分：一个主体车间和一个附属建筑，由于机器制造过程要有充足的光线，所以建筑设计要满足其较高的采光要求。这座建筑的立面，如实地表现出这种需求，在柱墩之间开足了大玻璃窗。车间的屋顶由三铰拱构成，这就免去了内部的柱子，为开敞的大空间创造了条件。侧立面山墙的轮廓与它的多边形大跨度钢屋架相一致。不过，这座建筑本来是以钢结构为骨架，却在转角处做成粗笨的砖石墙体外形，遮蔽了新结构的特点。无论如何，后来有建筑美学评论家说：设计者贝伦斯创作的这座建筑，可以说为探索新建筑起到了示范作用。

三

德意志制造联盟展览会办公楼，建于 1914 年，位于科隆，如图 5-12 所示。德意志制造联盟在科隆举办展览会，除了展出工业产品之外，也把展览会建筑本身作为新工业产品展出。由于它用的是新材料，结构轻巧、造型明快，所以人们都很欣赏它。展览会中最引人注目的正是由瓦尔特 · 格罗皮乌斯设计的这座建筑。在构造上，建筑物全部采用平屋顶，经过技术上的处理，防水没有问题，而且还可以上人。这在当时是很受人注意的。在造型上，除了底层入口附近用了一片砖墙外，其余部分是玻璃窗。两侧的楼梯间也做成圆柱形的玻璃塔。结构的暴露、材料的对比、内外空间的沟通等设计手法，都被后来的现代派建筑所借鉴。

图 5-11　透平机车间

图 5-12　德意志制造联盟展览会办公楼

四

坐落在德国阿尔费尔德市，由格罗皮乌斯设计的法古斯鞋楦厂，是一座功能、结构都很合理、造型也有特点的建筑。此建筑建成于 1916 年。设计者在这里选择的是简单的砖石结构，背面为承重墙，前面为柱子，在屋顶上用钢结构。在外墙处理上，设计者没有按传统的设计方法，把玻璃窗开在墙中，而是将柱子往内退，玻璃窗开在外墙，底下用金属板墙裙支托。为了使承重和非承重有明显的区别，凸出的外墙仅包一层“薄膜”而已，还将角柱取消。这一处理与传统的手法有很大的不同，显得更为简洁，视觉效果更好。如图 5-13 所示，为法古斯鞋楦厂的形象。

图 5-13　法古斯鞋楦厂

第六章 The Architectural Aesthetics between the Two World Wars 两次世界大战之间的建筑美学

第一节 从新的建筑流派到包豪斯

一

1918—1939 年，是两次世界大战之间的一段间歇时间，现代建筑在这段时间里走向成熟，并达到高潮。在 20 世纪 20 年代，各种流派纷纷出现。当时比较有代表性的建筑流派有：风格派、表现主义、构成主义和未来派等。不过构成主义没有出现真正有代表性的作品，只有弗拉基米尔 · 塔特林的“第三国际纪念塔”设计方案，只是“纸上谈兵”，没有付诸实施。未来派更是雷声大雨点小，也没有作品，只是发表了一个《未来主义宣言》。在此摘述一些：

我们要歌颂冒险精神，歌颂生气勃勃和无所畏惧；

在我们的颂诗里，最重要的主题将是奋勇、大胆和造反精神；

直到现在，文学只是赞扬忧郁的静止、昏迷和沉睡。而我们则要为进取的运动、狂热的奋斗、高超的特技、危险的跳跃以及赤手空拳的搏击而大喊大叫。

我们宣告，当今壮丽的世界已经由于增加了一种新的美而更加丰富多彩。这新的美就是——速度的美。一辆外壳上装着大筒和蛇形排气管的赛车……一辆像炮弹一样呼啸而过的汽车，远比萨摩德拉斯胜利的女神像更加美丽。

我们要为掷出理想之矛绕地球转圈的伟大人物唱颂歌。我们的颂歌要用火焰、雷电和肆无忌惮的语言，来加强对新生事物的热情向往。

最美好的是投入斗争。没有积极进取性的就不能算是艺术作品，诗歌必须是对那还没有被认识的力量的进攻，让它们服从人的意志。

我们走在时代的最前方。当我们必须打破那遏止我们成为万能者的神秘大门的时候，回顾过去有什么用呢？时间和空间都已经在昨天死去了。今天我们生活在绝对之中，我们已经创造了一个永恒的、普遍的速度。

……

风格派即斯提尔派（De Stijl），这个流派自 20 世纪 20 年代起，盛行于西欧。当时荷兰有一批青年艺术家（包括建筑师），组成一个以“风格派”命名的造型艺术团体，主要成员有蒙德里安、范杜斯堡、里特维尔德等。所谓“风格”，就在于突出自己的个性。无论绘画、雕塑或建筑，都喜欢用简单的几何形体、简单的色彩，形成抽象的形象。如：蒙德里安的绘画作品，几乎都是用粗黑线划出大小不等的方格、长方格，按照均衡等的构图原则，在方格内填上红、黄、蓝等鲜艳的颜色，形成有个性同时又是抽象图案式的绘画作品。在建筑上，最有代表性的就是荷兰乌得勒支的施罗德住宅，如图 6-1 所示。这个建筑形象是用简洁的几何块体组成的。建筑师里特维尔德并不把墙、门、窗、阳台等这些部件视为这些东西的名称的概念，而是从“构图”出发，其目的在完成一个类似于现代抽象雕塑一样的作品。建筑师试图用这些单元体创造出一个“室内外延伸的、时间与空间相结合的东西”，以示他的艺术观和建筑观。1924 年这座建筑建成后，引起艺术文化界的关注。

图 6-1　施罗德住宅

图 6-2　爱因斯坦天文台

二

表现主义（Expressionism）这个流派在许多艺术领域都有涉及。如绘画，画家蒙克的《呐喊》，称得上是表现主义绘画的代表作。文学方面，奥地利著名作家卡夫卡的《变形记》等，在当时的文坛上乃是十分流行之作。

表现主义在建筑上的作品不多，如密斯 · 凡 · 德 · 罗设计的李卜克内西 – 卢森堡纪念碑（柏林，1926 年），埃里克 · 门德尔松的爱因斯坦天文台（波茨坦，1920 年）等。

波茨坦的爱因斯坦天文台，如图 6-2 所示，是为爱因斯坦的广义相对论的建立而造。这座建筑的功能是天文观测，但实际上是想要用建筑来诠释广义相对论。如此抽象而深奥的理论怎样用建筑形象来表述呢？建筑是抓住相对论的一个现象，即在高速度之下，时间和空间都不是常态下的那种情形，都会起变化，空间要收缩，时间会弯曲，于是他就抓住这种变形，设计成如此的门、窗、墙等都变了形的建筑形象，来表达广义相对论的精神。这座建筑后来得到了爱因斯坦的肯定。

三

在两次世界大战之间，德国许多建筑师不但开创理论，而且致力于新建筑思潮的传播。首先来分析汉斯 · 夏隆与瓦尔特 · 格罗皮乌斯等人合作的西门子公寓，如图 6-3 所示。这是一个住宅区，位于柏林市郊，建于 1929—1930 年。这种建筑的平面呈长条形，每梯两户，建筑高 4~5 层，大部分东西朝向，个别也有南北朝向的。户型的组合较多，可适合不同住户的需要。根据不同的朝向，布置有起居室、卧室、厨房、厕所以及阳台等，它的平面布置较紧凑，房间尺寸是按人体的比例设计的，空间的使用效能较高。

西门子公寓的建筑立面构图和谐，窗、阳台、墙面等给人以和谐、安定的美感。虚实对比、明暗对比也十分恰当。在立面上，令人感到新奇的是它的建筑外形能反应内部房间的功能，这种处理手法在当时来说是一种很新的处理手法。格罗皮乌斯反对立面上用烦琐装饰，他强调“从内部解决问题，不做表面文章。”这也正是他的建筑美学观。

四

格罗皮乌斯的最有代表性的作品就是位于德绍的包豪斯新校舍（1926 年），他也是这所学校的校长。

包豪斯（Bauhaus）是一所专门培养建筑和其

图 6-3　西门子公寓

图 6-4　包豪斯新校舍

他造型美术人才的学校，当时有许多现代派著名艺术家在这里任教，如：瓦西里·康定斯基、保罗·克利、奥斯卡·施莱默和莫霍利·纳吉等。这些人的艺术观是一致的，都主张创新、不保守。其中有人还提倡理性与造型结合，提出要与适用、经济结合起来考虑产品的美观；同时还提出应当着眼于“构成物”本身的美，金属的、木的、油漆的、砖石的等等，应当在加工工艺上力求发挥其质地和加工的美，反对附加上去的装饰。

格罗皮乌斯亲自设计包豪斯新校舍，如图 6-4 所示，这座建筑本身就贯彻了包豪斯的基本精神。这是一座不对称的建筑，形成这种形式完全出于功能的需要，它的各部分的布局，包括位置、形状、大小、高低等。都首先出于使用需要。在此基础上，也注意造型上的比例和均衡等。在形态上，着眼于各种材料本身的美，以及材料的相互对比与和谐性。

第二节　勒·柯布西耶的建筑观

一

勒·柯布西耶，本名夏尔－爱德华·让那雷 1887 年生于瑞士，后来移居法国巴黎。他是一位思想激进的现代主义建筑师，有人说他是“狂飙突进派”（德国于 18 世纪兴起的文学运动，提倡个性，歌颂天才，代表人物有歌德、席勒等）。作为一位建筑师，他的可贵之处在于他十分关心社会，关心人们的居住问题。他曾说：“建筑是住人的机器。”这是因为当时一个突出的社会问题是城市人口激增，住房紧张，他提出要多造住宅，要满足人们对居住空间的需求。他认为，我们应当让大家住得更好些，否则社会就得不到安宁。

他发表过一本建筑理论著作：《走向一种建筑学》（1926 年，也译为《走向新建筑》），书中充满激进、狂热的思想，观点层出不穷，有些地方甚至自相矛盾。但其中心思想是很明确的，极力否定 19 世纪以来因循守旧的复古主义和折中主义建筑风格的论点，主张创造表现新时代的新建筑。书中大量篇幅讴歌现代工业的成就，作者举出飞机、轮船和汽车，就是表现新精神的产品。他称颂工程师的工作方法，“工程师的美学正在发展着，而建筑艺术正处于倒退的困难之中。”书中提出了对住宅要大发展的论点，主张用大工业化的方法建造大量的房屋。此一时期建筑大师们心中多存在一个关于建筑和社会关系问题的乌托邦，认为建筑可以解决社会问题。在建筑设计方法问题上，勒·柯布西耶提出：“现代生活要求并等待着房屋和城市有一种新的平面。”而“平面是由内到外开始的，外部是内部的结果。”他赞美简单的几何体，鼓吹“纯粹的”建筑。“建筑艺术超出实用的需要，建筑艺术是造型的东西。”他的深刻理性主义和强烈的浪漫精神在这本书中均有所体现。

二

勒·柯布西耶的新建筑理论，他自己总结出著名的“新建筑五点”：

（1）立柱。房屋底层透空，下设立柱。立柱把房屋像一个雕塑似地举起来，地面留给行人。

（2）屋顶花园。房屋的屋顶处理，应当把房屋看成为一个中间空心的立方体，即屋顶是平的，上面做花园。

（3）自由平面。采用骨架结构，上下墙无须重叠，内部空间完全可以按空间的使用要求自由分隔。

（4）横向长窗。承重结构与围护结构分开，墙不承重，窗也就可以自由开设。最好是采用横向的可以从房间的一边向另一边开足的长窗。

（5）自由立面。承重的柱子退到外墙后面，外墙成为一片可供自由处理的透明或不透明的薄壁。

勒·柯布西耶的作品萨伏伊别墅，如图 6-5 所示，可以作为“新建筑五点”的“注疏”。这座别墅建成于 1931 年，共 3 层：底层只设楼梯、杂房和车库，其他都是透空的；二层有宽大的起居室、卧室及其他用房；三层除了少量的房间外，大多数是开敞的屋顶花园。这座建筑看上去开敞、舒展，可谓现代派建筑的代表作之一。

三

在勒·柯布西耶的作品中，居住建筑占去一大半。位于法国塞纳河畔布罗涅的库克住宅，也是其中的一个代表作。这座 4 层建筑的一个明显的特点是竖向发展——底层基本上是前后畅通，这就使屋前的小空地不至于显得闭塞；二层为卧室和更衣室；三层、四层为起居室、餐室、厨房、书房和屋顶花园。起居室高占 2 层，它与同层的餐室和上面一层的书房、屋顶花园在布局上有着立体的纵横联系。餐室

图 6-5　萨伏伊别墅

的顶棚很低，但由于在视觉上借用了起居室的空间，从而不感到狭小。起居室上部的窗户开向屋顶花园，与屋顶花园在视野上的联系使它更显得宽敞。卧室面积不大，但家具布置合理。窗户采用横向长窗，有助于消除小面积的闭塞感。

这座建筑形式简洁，粉墙上除了大面积的横向长窗外，就是挑出的阳台和雨棚，它们在强烈的阳光下形成明显的光影效果。

四

勒·柯布西耶不但以他的作品闻名，同时也努力组织建筑师建立新的国际性的组织。1928年，以勒·柯布西耶为首，建立“国际现代建筑协会”（Congrès Internationaux d’Architecture Moderne，简称 CIAM），当时发起人有勒·柯布西耶，还有格罗皮乌斯、阿尔瓦·阿尔托、约瑟夫·路易斯·塞特、格里特·里特维尔德和西格弗莱德·吉迪恩等。这个协会于 1928 年在瑞士成立，正式会员 28 人，来自 12 个国家。第二次世界大战后发展为 100 余会员，来自 27 个国家。1959 年后，宣布长期休会。1933 年该会在雅典提出著名的《雅典宪章》，这是历史上首次公开强调建筑与社会政治、经济的关系，认为要提高建筑的普遍水平，需要广泛采用合理的生产方法；建筑必须以“最大限度满足大多数人的需要”为宗旨，设计工作不能只从个别房屋着手，而应从整个居住区、城市甚至区域出发。为此，需依靠有组织的合作。

所谓《雅典宪章》，即“国际现代建筑协会（CIAM）”于 1933 年在雅典以“功能城市”为主题签署的一个影响深远的文件，其主旨即上面所提到的精神。现代主义观点，应赋予城市以居住、工作、游憩与交通四大功能。按勒·柯布西耶提出的“光明城市”的设想，将城市按不同的功能进行分区。居住是城市的首要活动，所以住宅区应该占有最好的地区；按照不同地区的生活情况，设定居住密度；形成综合的邻里单位；工业区与居住区之间以绿带式缓冲地带隔离；商业区要有与住宅区的方便联系，要有众多的游乐设施和公园；交通应以现代化的汽车与电车为主体；文物建筑应该得到妥善保护。《雅典宪章》针对与现代化大工业相适应的都市问题，基于古希腊和文艺复兴以来的理性传统，对人类聚居的城市作出了功能主义的乌托邦设想，提倡充分利用现代技术在城市规划中解决社会的政治、经济等问题，抛弃了 19 世纪折中主义的教条。虽然《雅典宪章》所提出的功能分区原则在以后的城市规划中暴露出了它的不适应性和缺陷，但其所总结和提出的功能原则在西方乃至整个世界的现代建筑教育中仍具有广泛的影响。（摘自：中国土木建筑百科辞典·建筑卷.北京：中国建筑工业出版社，1999.）

第三节 密斯·凡·德·罗的建筑观

一

密斯·凡·德·罗是一位天才建筑师，他没有受过正规的专业教育，但这位德国人以天才和毅力，通过自学和刻苦钻研，终获成功。他与格罗皮乌斯、勒·柯布西耶和弗兰克·劳埃德·赖特并称现代建筑最杰出的“四位大师”。他早在 15 岁时，便在亚琛的一个建筑事务所做学徒，19 岁时他到柏林，后来便在贝伦斯的事务所工作。1926 年，他被聘为德意志制造联盟副主席，1930 年任包豪斯校长。1938 年，密斯·凡·德·罗赴美国，在伊利诺伊理工学院参加教育工作。第二次世界大战后，他开设事务所，直到 1969 年去世。

密斯·凡·德·罗一生留下许多优秀的作品，

图 6-6 魏森霍夫公寓

我们在这里通过他的几个代表作，来看看他的建筑美学思想。

先说他在魏森霍夫集群设计中完成的公寓设计，如图6-6所示。这座建筑外形很简单，平面“一”字形，平屋顶，一梯两户。由于采用了钢构架，墙不承重，所以住户可以按自己的居住要求，可随意用胶合板隔墙自由划分空间。这种公寓甚至可以在相同的结构布置下，产生 16 种不同平面布局居住单元。密斯·凡·德·罗在这里初步显示了他后来提出的以精简结构为基础的“少就是多”的论点。

有众多建筑师担纲合作的魏森霍夫集群设计对于当时的建筑设计思想来说，冲击甚大。它显示了一种新型建筑的诞生。它是建立在功能分析、节约材料与工时、没有外加装饰、建筑的美来自形体的比例等原则上的。这些住宅风格一致，都由平屋顶、白粉墙和具有水平向长窗的立方体组成。

二

密斯·凡·德·罗的另一个成功之作是建于 1929 年的巴塞罗那世博会德国馆。这是一座不大的建筑，但其影响却很大。它存在时间不长，博览会结束后就被拆除了，但后来已按原样复建。这座建筑体量不大，长仅 50m，宽只有 25m。但其材料用得很讲究，施工也相当精细。这个建筑最精彩之处，在于它的空间。密斯·凡·德·罗自己认为：在这里，他努力使结构具有逻辑性，自由分隔空间，与建筑造型密切关联。其实，这个展览馆并不是为了展出什么东西，它本身才是一个展品，用以表现现代建筑的技术和艺术以及他的建筑观。这个展览馆的设计，提出了这样的设想：建筑空间不像人们所习惯的那样是一个由 6 个面（四面墙加屋顶和地面）所包围和与室外全然孤绝的房间，而是由一些互不牵制、可以自由置放的墙面、屋顶和地面，通过相互衔接和穿插而形成的建筑空间。这样的空间既可封闭又可敞开；或半封闭半敞开；或室内各部分相互贯通；或室内与室外相互贯通。这其实与 20 世纪 20 年代的风格派持有相同的见解。如图 6-7 所示，是巴塞罗那博览会德国馆的平面图。

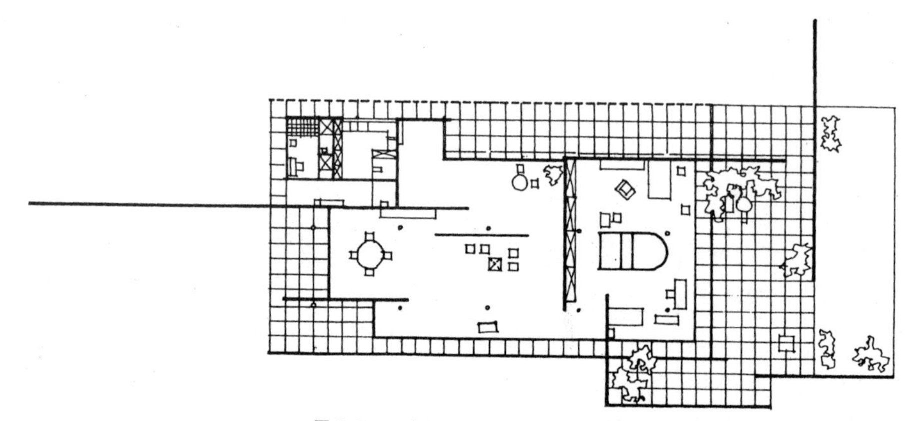
图 6-7 巴塞罗那世博会德国馆平面

巴塞罗那世博会德国馆的空间艺术效果，后来受到全世界建筑界和造型艺术领域的关注，著名建筑历史评论家希契科克说，这是“20 世纪可以凭此而同历史上的伟大时代进行较量的几所房屋之一。”［（H.R.Hitchcock《Architecture：19th and 20th centuries》，1958）转引自：罗小未《密斯 · 凡 · 德 · 罗》，《建筑师》（四），中国建筑工业出版社，1980.7］

三

图根哈特别墅建成于 1930 年，是这位大师的又一杰作。这座建筑是在前捷克斯洛伐克布尔诺城为一银行家所建造的私人别墅，也是密斯 · 凡 · 德 · 罗在欧洲设计的住宅之代表作。这座住宅坐落在一个绿草如茵的坡地上。建筑主体共 2 层，别墅的前面是一个大花园。所有私密性的卧室与露天活动平台均设在楼上，便于观赏周围景色。大门从二层出入，这是因地形的高差之故。起居活动部分设在楼下，有平台、踏步通向花园。楼上与楼下因功能不同而设计手法各异，楼上都是一个个封闭的房间，以保持其私密性，楼下则以开敞的流动空间为特点。此建筑全长 40m，宽 23.8m。这个建筑最精彩之处是起居部分，建筑师把它做成一个开敞型的大空间，书房、客厅、餐厅、门厅 4 部分，用不封闭的隔墙划分，使内部流动空间可以通过玻璃外墙引向花园，精妙至极。

四

李卜克内西 – 卢森堡纪念碑的设计也许是密斯 · 凡 · 德 · 罗设计中的一个特例。但这座纪念碑同样也设计得很成功，而且被认为是表现主义建筑的杰出代表之一，如图 6–8 所示。

这座纪念碑建成于 1926 年，是为这两位无产阶级革命先驱建造的。这个纪念碑后来被希特勒纳粹分子拆除。这座碑用砖墙砌筑，分凹凸几个块体，主题刻画得十分深刻。

图 6–8　李卜克内西 – 卢森堡纪念碑

第四节　弗兰克 · 劳埃德 · 赖特的作品和他的建筑观

一

如今我们强调人居环境、生态环境，重读美国建筑师赖特的建筑观及其作品，也许更能显示出其价值。赖特是现代派建筑的“四位大师”之一。1869 年他出生于美国。19 世纪末，赖特对住宅的环境已有所关注。早年，他提出“草原住宅”（Prairie House）理论。其特点是创造一种新的建筑风格，摆脱折中主义的传统。在布局上，做到与大自然结合，建筑周围环以理想的自然环境。

草原式住宅，以伊利诺伊州的罗伯茨住宅（建成于 1907 年）最为典型。这个住宅的平面是“十”字形的，向四周伸展。住宅的中间是个大壁炉，它既是取暖之物，又是家庭的团聚中心。室内采用了不同的层高。起居室空间很高，占 2 层。周围还设一圈陈列墙，使室内空间产生很多情趣。建筑的外形高低错落，很有节奏感。这座建筑的屋顶用四坡顶，大挑檐，使建筑造型显得十分生动。这也是赖特惯用的造型手法。如图 6-9 所示，是罗伯茨住宅的外形。

图 6-9　罗伯茨住宅

赖特设计的另一个著名的住宅是建于 1908 年的罗比住宅，如图 6-10 所示，这座建筑位于芝加哥。罗比住宅造型高低错落，变化甚多，但风格统一。住宅内部空间也很实用。外部环境与自然很融合，位于林木花草的环境之中，水平延展的线条赋予建筑稳定地锚固于大地的姿态。

图 6-10　罗比住宅

继承这一传统，他后来的许多作品，如：流水别墅、西塔里埃森冬季别墅等，都具有这种特征。后来他提出“有机建筑”（Organic Architecture）理论则进一步表达了他的建筑与自然结合的观点。用现在的说法，就是强调生态。他曾说：“建筑是栖息之所，是人类可以像野兽回到山洞里一样的隐居之处，人们在里面可以完全放松地蜷伏着……”（转引自罗小未《赖特》《建筑师》（五），中国建筑工业出版社，1980.12）

二

图 6-11　流水别墅

有人批评现代派建筑，说是“火柴盒子”，是“冷冰冰的方盒子”。但现代派建筑造型并不都是如此，也有许多富有变化的、美妙动人的建筑，赖特设计的流水别墅是其中之一，如图 6-11 所示。

流水别墅位于宾夕法尼亚州匹兹堡市郊，是为百货公司巨贾考夫曼设计的一座住宅，所以亦称考夫曼别墅。此建筑建成于 1936 年。今已不作为住宅，而改作以旅游参观为目的，并且已成了文物。每年来这里参观的人络绎不绝。

这座建筑跨建于瀑布之上，建筑与岩石、瀑布、泉水和林木有机地结合在一起，有人形容它不是人造出来的，而是从山中“长出来的”。此建筑共 3 层，第一层直接临水，包括：起居室、餐室、厨房等。

起居室的阳台上有楼梯可达临水处，阳台横向地悬挑在水面上空。第二层是卧室，出挑的阳台部分纵向部分横向，跨越于下面的阳台之上。第三层也是卧室，每间卧室都有阳台。起居室的形式是不规则的，从主体空间向周围伸出好几个空间块体，使室内感到自由自在，符合人们的起居活动需求。室内部分墙面用与外墙面一样的粗毛石片做成，具有自然感，并且使室内外产生一体感。另外，壁炉前面的地面是一大片磨光的天然岩石，也形成很自然的感觉。总之，这座建筑从外形到室内，都使人感到“有机”，感到人与自然浑然一体，即中国传统说法中所谓的“天人合一”。

三

赖特也为自己设计住宅。位于亚利桑那州的麦克道尔山脚的西塔里埃森的冬季别墅（1938 年建成）是继他的原先住宅塔里埃森（位于威斯康星州斯普林格林，1914 年建成）的又一座建筑。这座建筑是赖特为他自己与他的学生自建、自用的冬季别墅与工作室。主体建筑是一座由两边不等高的“门”字形木框架与帆布帐篷构成的房屋，筑在处于沙漠之中的一片红色火山岩上。此建筑分为 3 部分：居住、工作、劳动。空间作水平方向展开，室内相互交织，合成一体，并利用大量的棱角，形成三角形的平台、踏步、水池与高低错落的花坛，使形态丰富。用多彩的石块叠成台基，与几棵仙人掌一起，形成浓重的地方色彩。

四

约翰逊制蜡公司办公楼，建成于 1936 年，外观如图 6-12 所示。建筑形式高低错落，很讲究现代派建筑的造型特点。赖特提倡“有机建筑”，强

图 6-12　约翰逊制蜡公司办公楼外观

调建筑的自然性，所以他在这座建筑中的一间大型的办公室中，采用玻璃屋顶。屋顶用柱网支撑，这些支撑柱的造型比较特别，如图 6-13 所示，它的形状如蘑菇，令人有置身于丛林之中的感觉。

这座建筑的外墙使用红砖，但建筑结构是框架式的，因此这些墙并非承重墙。这些墙的造型特征是变化与统一。变化，是在其高低、大小、宽窄、前后等方面；统一，在于材料的整体性，红砖外墙的顶端几乎都用白线条压顶。这座建筑充分表现出作者娴熟的现代建筑艺术手法，运用变化与统一、比例与尺度等法则，塑造出优秀的建筑艺术作品。

图 6-13　约翰逊制蜡公司办公楼室内

第七章 The Aesthetics of Foreign Architecture after World War II
外国现当代建筑与建筑美

第一节 战后的社会文化与建筑美

一

现当代这个词也许有些含混不清；但在英语里，“近代”和“现代”为同一个词，都叫 modern。“当代”，在英语里有明确的词：contemporary。建筑，从美学的角度来划分年代也同样如此。在建筑历史上，通常称 1851 年伦敦“水晶宫”（Crystal Palace）的建成，标志着近代建筑的开端。现代建筑，则多被认为是从 19 世纪与 20 世纪之交开始的。我们这里的“现当代”，在时间上划定为从第二次世界大战结束后开始。

从建筑美学来说，美感是变的，但又是不变的。我们对于 20 世纪初所建造的建筑，似乎感到过时了。但当时的有些建筑，如芝加哥学派的斯莱辛格与迈耶百货大楼，风格派的乌得勒支的施罗德住宅，以及 1926 年建成的包豪斯校舍等，至今仍觉得它们是很美的。因此在建筑美学上，对建筑的美感，有的变了，有的仍不变。这就像我们今天看古希腊的帕提农神庙、罗马的提图斯凯旋门、巴黎圣母院等认为很美是一样的。也许可以说，在一个历史时期里的优秀作品，它真正的美是不会过时的。即便这些建筑的功能或许被改变了。

所以建筑美学是一门十分复杂的美学，因为它所涉及的，或者说影响它的美的因素是多方面的，仅仅说某个建筑的美随着历史的变迁会过时或不会过时是不确切的。

二

第二次世界大战以后（20 世纪 50~60 年代），现代主义建筑仍然有许多好作品问世。

朗香教堂建成于 1953 年，由勒 · 柯布西耶设计。这是一座小教堂，只能容纳百余人。若大批信徒来朝圣时，宗教仪式便在教堂东面的一块开阔地上举行。这座教堂造型十分奇特，无论是墙面还是屋顶，几乎找不到一条直线。它的主要空间长 25m，宽 13m，圣坛在大厅的东首。教堂屋顶由两层混凝土薄板构成，下面一层在边上向上翻起。屋面向北倾斜，屋顶上的雨水汇集在下面的一个大水池里。

教堂的外墙用石块砌成，墙面上开着大大小小的矩形小窗，排列很不规则，看上去似乎不是人间的建筑，而是神灵的居所。有人问勒 · 柯布西耶，为什么要做成这样的形式？他回答说，这是“上帝的耳朵”，上帝要在这里听信徒们说些什么。如图 7-1 所示是朗香教堂的形象以及对它的种种隐喻。关于这座建筑，后现代建筑理论家查尔斯 · 詹克斯说，这是用隐喻的手法，它看上去好像是虔诚信徒的双手，正在合十祈祷；又好像是一艘轮船，使人联想到圣经里说的诺亚方舟；它还像一只蹲在草地上的鸽子，或者是一顶传教士的帽子，令人浮想联翩。这就是建筑艺术中的隐喻。其实，艺术多少都有这

图 7-1　朗香教堂

图 7-2　西格拉姆大厦

种意象。建筑不同于雕塑，建筑只能用十分抽象的形态来表达，让人意会，传达某种意象。

三

纽约的西格拉姆大厦，建成于 1958 年。此建筑高 158m，38 层，由密斯 · 凡 · 德 · 罗设计。此建筑设计得充满理性，如图 7-2 所示，长方形的平面，底层外墙向内退缩，形成正面和两侧，三面是柱廊。顶层是设备层，外形略有变化，从造型来说有收头效果。

该建筑在形式上讲究技术精美，在简约的形象上，努力使用高级的材料和精美的加工，达到建筑的精致绝伦的效果。此楼在窗棂的外皮加贴工字钢，一方面是为了增加墙面的凹凸感，加强立面上垂直向效果；另一方面则是显示其钢结构的特征。因为在高层建筑中，出于防火要求，承重的钢构件要用混凝土包裹起来。作为钢结构的显示，一般就在防火层外面再贴金属材料。由于西格拉姆公司资金雄厚，更是使用了昂贵的青铜窗框以及刚刚发明的褐色隔热玻璃，这样做一方面避免了不能防晒隔热的缺点；另一方面，更主要的是使这座大楼显示出非凡的高雅格调。西格拉姆大厦成为当时纽约最豪华、最精美的建筑。

四

纽约的联合国总部大厦建成于 1953 年。此建筑由 4 部分组成：秘书处办公楼、会议楼、大会场及图书馆。其中图书馆直到 1961 年才建成。

秘书处办公楼高 39 层，是第二次世界大战后所建的第一座高层建筑，如图 7-3 所示。此建筑用的是板式结构，两端为实墙，即剪力墙，大理石贴面，两侧面均为玻璃窗，以铝框格及深绿色吸热玻璃构成。会议楼是一座 5 层的建筑，临河而建。大会场形式较为特别，墙面为凹形曲面，屋顶用下垂式悬索结构。这在当时来说是很新颖的结构形式。

从建筑形式来说，秘书处的形象，完全是现代主义“方盒子”式的，但它比例得当，形象完整统一，此建筑由美国建筑师沃利斯·哈里森设计。

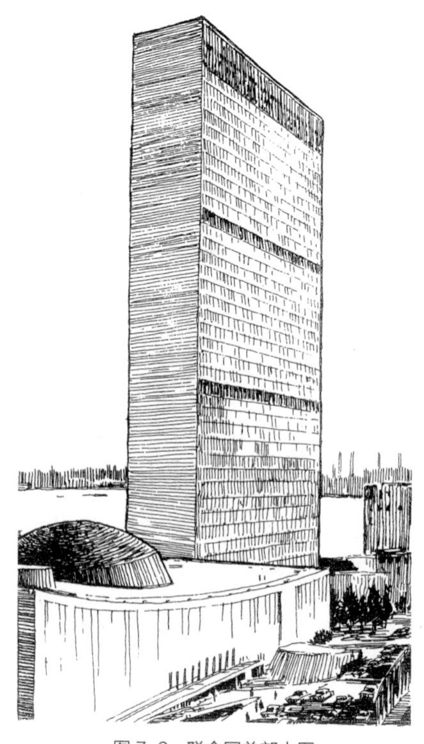

图 7-3 联合国总部大厦

第二节 战后的建筑与个性化

一

第二次世界大战后，在建筑上虽然仍以现代主义风格为主流，但到了 20 世纪 50 年代末，由于社会文化和美学等各方面的发展，这种“千篇一律”的建筑已不能满足人们的需要了，于是有些建筑师便渐渐地发挥自己的创作个性，建筑形象遂又丰富起来了。在此，我们通过各种个性化建筑实例，来分析这些建筑的美学特征。

巴黎的卢浮宫扩建工程，又称卢浮宫庭院金字塔。此建筑建成于 1989 年，由美籍华裔建筑师贝聿铭设计。这个“金字塔”被认为是巴黎主要轴线上又一个重要建筑。它的主要设计要求是以建筑形式表现出它是卢浮宫国家博物馆唯一的主要入口，并使得由宫殿改建而成的卢浮宫博物馆更加完美。此建筑地面部分底边长 34m，高 20.9m，方锥体由 8150 个构件组成的空间钢结构支撑，其表面由 673 块菱形玻璃构成的玻璃墙面覆盖，地下部分与卢浮宫博物馆连接。不同功能的空间分布于 3 层楼面，总建筑面积达 67000m^2，提供了大型博物馆中公众所必需的基础服务设施。建筑师在设计中很好地解决了现代建筑与受重点保护的历史建筑的结合问题；建筑构图的对称与非对称问题；结构、功能与形式的关系问题等。建筑物给人们的深刻印象是它的透明与简洁，以及以正方形、三角形为母题的几何构成。另外，此建筑的细部设计也很成功，石材、混凝土、玻璃、钢构件等，都根据各自的材料特性被设计成特定的形式，并被巧妙地结合在一起，经营安置得恰如其分。

二

纽约肯尼迪机场的环球航空公司候机楼，由美国著名建筑师埃罗·沙里宁设计于 1962 年建成。从形式上说，这座建筑是以整体钢筋混凝土建成，主要的屋盖是在 4 块双曲面薄壳之间安装玻璃带。设计者充分运用了壳体“弯曲”的特性，没有任何生硬的线条、角落。双向曲面薄壳形象似表现出无拘无束之自由感，如图 7-4 所示。有人认为这个机场的形象，像一只展翅欲飞的大鸟。但专业人士却认为，建筑不是雕塑，不能做得太像什么东西。建筑要隐喻，不要像什么。从美学的角度说，正如画家齐白石所言：“画要在似与不似之间，太似则媚俗，不似则欺世。这是一条恒久不变的艺术美法则。”

图 7-4 环球航空公司候机楼

三

悉尼歌剧院这座建筑也有同样的美学特征。凡到过澳大利亚悉尼的人，大都要前往这座举世闻名的建筑，一睹为快。坐落在悉尼港畔的这座建筑，可谓美妙动人。有人喻之为“像一堆奇异的珍贝，散落在海滩上。”也有人说他像一艘航船，扬帆启程，将要远航。如图 7-5 所示就是悉尼歌剧院的外形。

图 7-5 悉尼歌剧院

建筑师约翰 · 伍重自幼成长于丹麦北部海港与造船中心赫尔辛格，他的父亲是一位造船工程师，因此自幼他便在父亲工作的熏陶下建立了超越水平二维的空间认知与想象力。他在悉尼歌剧院的国际竞赛中凭借新颖而震撼的设计创意拔得头筹。悉尼歌剧院由 3 个建筑组成：一个歌剧院，一个音乐厅，这两个建筑一左一右，形式相同，都用三前一后 4 个帆形壳顶构成。在这两个建筑的后面，还有一个餐厅，用一前一后两个壳顶构成。三座建筑共 10 个壳体，它们既像贝壳，又像帆。这个建筑不但形式美，而且其形象早已成为悉尼市享誉世界的标志。

但悉尼歌剧院这样新颖的造型，势必给结构带来巨大挑战。事实上，建筑师团队在项目推进过程中，也面临结构选型上的战略抉择——是做成一个“蛋壳”还是“折扇”？在壳体与密勒拱形梁之间摇摆许久之后，天平最终倒向了后者。它在工程结构上有许多不合理的地方，工期近 17 年（1957—1972 年），这在现代建筑工程中是很少见的。同时其造价也相当可观，据说最后决算是预算造价的 10 余倍！由此看来，建筑确实是“难的”（古希腊哲学家苏格拉底说，美是难的，其意义相近），一座好的建筑，要做到十全十美也是很难的。

四

最后谈谈华盛顿的美国国家美术馆东馆。此建筑坐落在华盛顿国会大厦广场的北侧，由著名美籍华裔建筑师贝聿铭设计，于 1978 年建成。这座建筑位于宾夕法尼亚大道边上的一个直角梯形的地块上，建筑面积 56000m^2，是贝聿铭事务所最杰出的设计之一，也是现当代最有名的美术馆之一。“东馆”包括 2 大部分，从平面上看，是由一个等腰三角形与一个直角三角形组合而成。前者专供展出各种艺术品，是陈列馆；后者是专供艺术家和学者们研究、交流的研究中心。设计者将一块直角梯形的基地巧妙地经营，并通过几何关系加以安排，可谓因地制宜、恰如其分，如图 7-6 所示。

国家美术馆东馆的等腰三角形部分的三个角，矗立着三个高塔，中间是玻璃顶中庭，其空间和光影变

图 7-6　华盛顿国家美术馆东馆

幻十分丰富、奇丽，这里是东馆空间的中心。展室大小不一，不同大小的展品分别置于大小各室，恰到好处。东馆的西立面前面放着英国著名现代派雕塑家亨利 · 摩尔的作品，与建筑相映成趣。东馆西立面的中轴线，与西面的老美术馆的中轴线完全重合，从而形成“对话”关系，两者一新一老，和谐统一。

第三节　高技派

一

第二次世界大战后，在建筑上又出现了许多流派，各种流派都带着各自的对建筑的观念进行创作，所以当时的新建筑也是五花八门。这也正是战后所表现出来的新的建筑美学观。大体说，从第二次世界大战战后到 20 世纪末，有这样几个发展阶段：

战争刚结束，百废待兴。在新的建设高潮中表现出来的建筑思潮（流派），有对理性主义的发展，即战前的“现代主义建筑”的延续；有对技术的追求；但也出现了新的，如：粗野主义、典雅主义等等。

20 世纪 60~70 年代，理性主义观点仍然继续存在，但其势头已不如 10 年前。当时出现了追求个性化的倾向，但这种个性化多表现在建筑造型上。当时正好出现了强调地方性的建筑流派，多在北欧一些国家流行，称“新方言派”。

从 20 世纪 70 年代开始，出现了轰动一时的后现代主义建筑（Post Modern Architecture）思潮。关于这一建筑思潮，我们将在下一节去细述。

与“后现代主义建筑”几乎同时出现的就是“高技派”（High Tech），也就是本节重点要说的。

20 世纪末，在建筑上又出现了一个新的建筑流派，即“解构主义建筑”（Deconstructional Architecture）（或叫后结构主义）。

到了 20 世纪与 21 世纪之交，所谓“流派”不断淡化，同时随着文化风尚与技术力量的迭代，代之以日益多元化的建筑风格与美学。

二

所谓高技派（High Tech），不是指建筑运用高度科学技术，如：结构技术，施工技术，声、光、热，水、暖、电等的高度技术化；而是多指建筑美学和建筑造型上的表现高度技术化和新技术的手法。也就是说，技术走向表现、走向美学效果。不但建筑上有所表现，而且在许多工业产品上也有所表现。如当时所生产的录音机，在机身上满是按钮、刻度盘、开关之类，给人有高度技术化之感，或者称有高度的“工业密集度”。

在建筑上，我们以美国科罗拉多空军学院里的一个教堂为例来说明这一点。这座建筑建成于 1962 年，如图 7-7 所示。新材料和新技术在这座建筑上得到了最大的发挥，而且它用尖三角形的造型，既表现了航空的符号，又体现出宗教的含义（具有类似哥特教堂向上的动势），可谓一箭双雕。

三

高技派建筑最具代表性的建筑之一，当属法国巴黎的蓬皮杜国家艺术文化中心，如图 7-8 所示，

图 7-7　科罗拉多空军学院教堂

图 7-8　蓬皮杜国家艺术文化中心

这座建筑建成于 1976 年。

蓬皮杜国家艺术文化中心这座建筑规模甚大，总面积达 100000m^2，地上 6 层地下 4 层。此建筑内设有工业设计中心、音乐与声乐研究所、现代艺术博物馆、公共情报知识图书馆以及相应的服务设施。地下停车库甚大（这是有先见之明的做法，如今汽车数量与日俱增，泊车是个大问题，好多大楼做了 2 层车库还嫌不够大）。建筑物的前后立面，各向外挑出 6m，作为观众使用的水平和垂直交通空间。各种管道和机械设备也都设在前后挑出的部分。整个建筑为纵横交叉的管道和钢架所包围，根本不像人们在观念中所认为的文化性建筑。它似乎像一座化工厂或炼油厂。这座建筑一建成，也像埃菲尔铁塔刚建成时那样，一些保守的，或有传统文化素养的人对它十分反感，同样咒骂它“是个怪物”云云。但年轻人则拍手称快，说终于有了使他们喜爱的建筑了。有人还夸耀它“像神话中的建筑”。

这座建筑确实打破了旧建筑的框框，在技术上和艺术上都有所创新。如：在每层 8000 余平方米的大厅中，没有一根柱子，使用者可以根据需要任意划分空间，增加了灵活性；所有电梯以及各种管线全部裸露在外，像线路图那样清晰；整个结构骨架全部呈现在人们面前，这样就使得建筑以一种“城市”的面目示人。

这座建筑的设计者伦佐 · 皮亚诺和理查德 · 罗杰斯认为，现代建筑常常忽视起决定作用的结构和设备，为了改变这一陈旧的观念，便特意把结构和设备加以突出和表现，并利用这些来作为装饰。这座建筑使“高技派”建筑风格达到了高峰，但到了 20 世纪末，这种建筑思潮已不再像开始那样先锋了。

第四节　后现代主义建筑与建筑美学

一

英国后现代主义建筑理论家查尔斯 · 詹克斯在《后现代建筑语言》一书中这样写道：“现代建筑，1972 年 7 月 15 日下午 3 点 32 分于密苏里州圣 · 路易斯城死去……”这段耸人听闻的话究竟是什么意思呢？文章在下面便说明理由：当时，声名狼藉的帕鲁伊特 · 伊戈居住区，被用定向爆破的方法将它夷为平地。帕鲁伊特 · 伊戈居住区是美籍日裔建筑师雅马萨奇按现代建筑国际协会（CIAM）最先进的理想建成的。1951 年，这个设计还获得美国建筑师协会（AIA）的奖。它有雅致的 14 层的板式结构建筑群；合乎理性的“空中街道”（可免受汽车之害，但结果却是很不安全，是罪案的发生地）；“阳光、空间和绿化”，勒·柯布西耶称之为“都市生活方式的三项基本享受”（取代了他所摈弃的普通街道、花园和半私有空间）。帕鲁伊特·伊戈确有传统方式中的一切合理的物质条件。（引自《建筑师》（13），中国建筑工业出版社，1982）

查尔斯·詹克斯认为：“它的纯粹主义风格，清新的有益健康的医院式隐喻，仿佛亦能在它的居民中灌输相应的美德。这种直接从理性主义、行为主义和实用主义的教条中接受过来的过分简单化的想法，已经证实就像这种哲学本身一样的不合理。现代建筑，作为启蒙运动的儿子，是它的先天性稚气的继承者。这种天真是太伟大太令人敬畏了，以致不能保证在一本只涉及房屋的书中将它驳倒。”（同上书）

从20世纪60年代末开始，后现代主义建筑首先在美国兴起，然后这种思潮几乎遍及全球。它不仅涉及建筑设计和理论，同时也涉及建筑美学和建筑教育。后现代主义建筑理论及其作品形象，它的审美着眼点，都与过去不同。有一位著名的后现代主义建筑师罗伯特·文丘里也写了一本书——《建筑的复杂性与矛盾性》（1966年），其观点与现代主义的以简单为追求目标的观点完全相反。

有人说后现代主义理论及其作品，建筑专家看不懂，甚至嗤之以鼻；但广大群众却看得懂，而且喜欢，因此被认为这就是它的优点。从20世纪70年代开始，在建筑界乃至整个文化界众说纷纭，热闹非凡。下面分析一些实例。

二

栗子山住宅，位于美国宾夕法尼亚州，由文丘里为其母亲设计，因而又被称为“母亲住宅”，1962年建成。建筑师自己认为：“这是一座承认建筑的复杂和矛盾的实例。它既复杂又简单，既开敞又封闭，既大又小。某些要素在这一层次是好的，在另一层次又不好。一般的要素适应一般，特殊的要素适应特殊。采用数量不多的要素形成困难的统一，而不是用很少或很多的机动要素取得容易的统一。”（引自《建筑师》（8），中国建筑工业出版社，1981）如图7-9所示，是栗子山住宅的外形。

三

意大利广场位于美国路易斯安那州的新奥尔良市，1978年建成，由查尔斯·摩尔设计。这一广场是献给新奥尔良市意大利裔市民为怀念祖国、显示传统、增进团结而建的物质象征。

此广场呈圆形，如图7-10所示，大约1/3是水池，池内伸出一个8m长的意大利地图的形象。它由板岩、大理石和鹅卵石等砌成，并布置得高低错落，以表现意大利半岛的实际地形。该市的大部分意大利移民来自西西里岛，因而该岛被放在广场

图7-9 栗子山住宅

图7-10 意大利广场

的几何中心。水流被分成三股，穿过意大利半岛，代表意大利境内的三大河流。半岛两侧水池则是亚得里亚海和第勒尼安海的缩影。

广场中的圣·约瑟夫喷泉也是表达意大利主题的媒介。这座喷泉是献给意大利居民地方风俗中的家庭保佑神圣·约瑟夫的，因而在宗教节日里被作为祭坛。周围有弧形柱廊，用不同种类的材料建造，被漆成鲜艳的铁红、黄红、橙红，分别与用大券组成的扶壁连接。这些柱子表现了 5 种罗马柱式，并又创造了第 6 种柱式，即由上述 5 种柱式拼凑而成。最后面，隐在半圆形柱廊的中心，像圣地一般的地方，就是圣·约瑟夫节日的祭坛。它由 2 个相套着的券门组成，外圈由科林斯柱支撑，凹进去的券由爱奥尼柱支撑，复制的意大利半岛的形象就是从这里伸出来的。

意大利广场被认为是后现代主义建筑的一个典型代表，查尔斯·詹克斯对这一作品给予高度评价。他认为，它是双重译码的、地方的、商业的、隐喻的或文脉的组成部分以外，还加上现代的组成部分，具有多层次的吸引力。后现代主义建筑美学确有许多特别之处，先要读懂，然后方能审美。它的许多美学内涵都是通过“文脉”（Context）显现出来的。

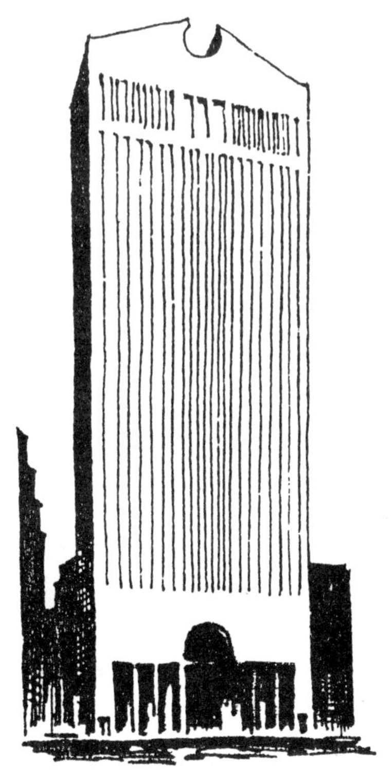

图 7-11　纽约电话电报公司总部大楼

如果从建筑语言来分析，这个形象无疑是“一篇文章”。它告诉人们，美国文化是西方文艺复兴早期到晚期以及巴洛克发展起来的，有明显的文脉。

四

纽约电话电报公司总部大楼，建于 1984 年。此大楼共 36 层，高达 197m，由著名建筑师菲利普·约翰逊设计，如图 7-11 所示。

这座建筑的外形设计得很高雅，用花岗石贴面，底部是基座，有开敞式的柱廊。中门入口用大拱门，其高度达 24m。

这个作品也是后现代主义建筑的代表作。建筑的顶部做成巴洛克式的断山花形象，底部拱门和柱廊，用的是意大利文艺复兴早期的佛罗伦萨巴齐礼拜堂立面形象。大楼的中间部分用细密的垂直线条，强调了竖向高耸的形象。

五

如果说，后现代主义建筑师们强调建筑语言，那么这种建筑形式在设计时，按他们自己的话说，就是在做作文，强调语义。查尔斯·詹克斯在《后现代建筑语言》一书中强调语义学（Semantics）。他用一个三向直角坐标演示三种希腊柱式的语义特征，如图 7-12 所示，如多立克柱，显示出“男性”、“单纯”“直率”的表情。

如图 7-13 所示，演示几种建筑风格的语言特征。用三向直角坐标，表达出各种建筑风格的个性。

如图 7-14 所示，演示几种建筑材料的语言特征。用三向直角坐标，对每种材料表明它们各自的表情。

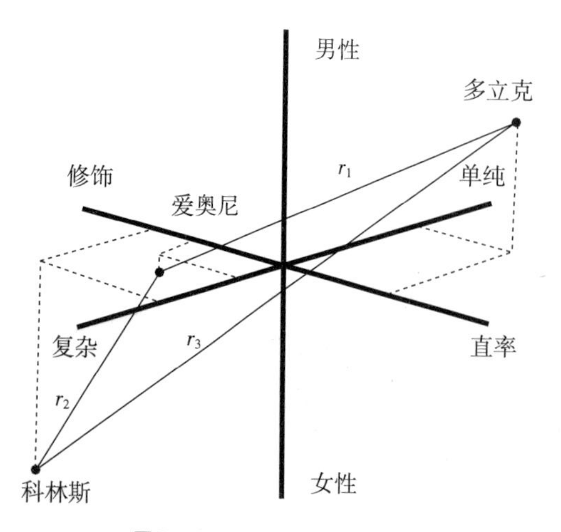

图 7-12　三种柱式的语义分析

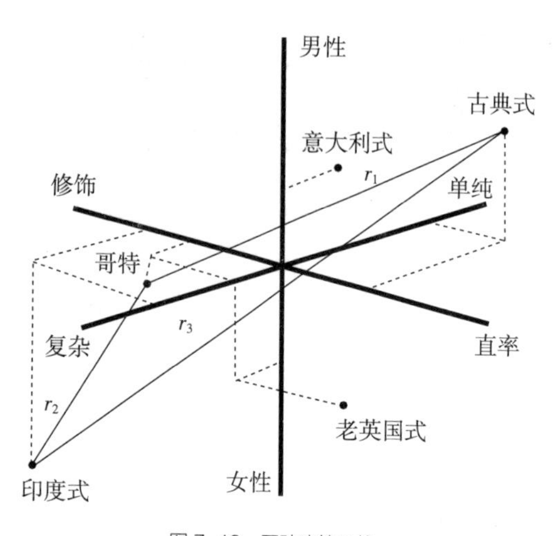

图 7-13　五种建筑风格

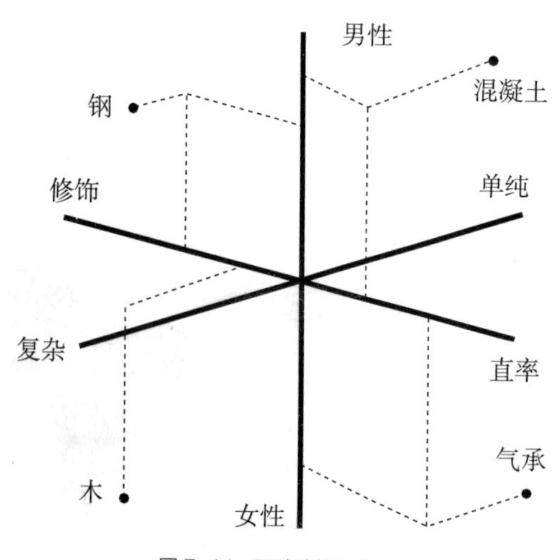

图 7-14　四种建筑体系

第五节　解构主义建筑与世纪之交的建筑美学

一

什么叫解构主义（Deconstructionism）建筑?在《中国土木建筑百科辞典 · 建筑》（中国建筑工业出版社，1999）中这样解释："建筑中的解构，其含义也相当广泛而不易限定，一般说可以理解为对于建筑中的所有设计创作原则（包括对传统建筑、现代建筑和后现代建筑中的固有原则）做完全的消解、错位、颠倒，把本来是统一的、稳定的、有秩序的、和谐的建筑，变成所谓开放的、不稳定的、变异的、无秩序的、不和谐的、无中心含义的、无始无终的全新建筑，是后结构主义（Post Structuralism）哲学家德里达（Jacques Derrida）的代表性理论。代表性的建筑师有埃森曼（Peter Eisenman）、屈米（Bernard Tschumi）等。值得注意的是约翰逊（Philip Johnson）把一些被认为是主要的解构建筑作品叫做反构成主义建筑（Deconstructivist Architecture）并认为它脱胎自俄国早期构成主义（即 1910 年的 Early Constructivism）建筑，而与当今的解构哲学体系无关"（第 25 页）。

解构主义建筑产生较晚，最典型的作品要算巴黎的拉 · 维莱特公园（由屈米设计），1988 年建成。这个公园规模甚大，功能也很丰富，主要建筑包括：科学与工业城、球形电影院、天象馆、大厅、音乐城等。北端是工作人员的住宅区，地铁站设在此处，是公园的主要入口之一。这是一座与传统概念的公园完全不同的公园，它不追求幽静休闲，不以绿化小山等与城市喧嚣隔绝。相反，它是一座城中之园，也可以说园中之城，在里面满布科技、文化和娱乐设施。

此园在总体上是由若干个互不相关联的、独立的系统叠合而成的，最终一道构成点、线、面的组合。点，是指在一个 120m × 120m 的方格网的交点（共有 30 余个）上所建的鲜红色的小建筑物，形成鲜明地笼罩着全园的网。这些小建筑（点）的造型是在 10m × 10m × 10m 的立方体上，附加上各种构件，形成茶室、观景空间、儿童室和电子游戏机房。线，是两条互相垂直的长廊，以及一条弯曲盘旋的曲径。前者连接公园的几处主要入口和地铁站，供大量的人流通行，后者则供游人散步，以及与点相连。面，是剩余的小块空间，它们分别作为嬉戏、野餐、休息等。

图 7-15　世界贸易中心入口

二

世纪之交的建筑，还表现在几个动向上，或者说对建筑美的追求，倾向于高、大，倾向于生态等方面。

1973 年在纽约建成世界贸易中心，它是由形式相同的两个方筒型建筑组成，由雅马萨奇设计。每座建筑均为 110 层，高 411m。大楼底部简约典雅的装饰，如图 7-15 所示，倾向于新哥特主义。这两座建筑于 2001 年 9 月 11 日被毁。

1974 年在芝加哥建成西尔斯大厦。此建筑也是 110 层，但其高度超过世界贸易中心，达 443m。这座建筑平面正方形，由 9 个相同的小正方形组成，每个小正方形平面每边长 23m，其中 2 个小正方形筒高 50 层，2 个高 66 层，3 个高 90 层，最后 2 个高 110 层，如图 7-16 所示，这样既符合结构要求，其整体造型也很美。

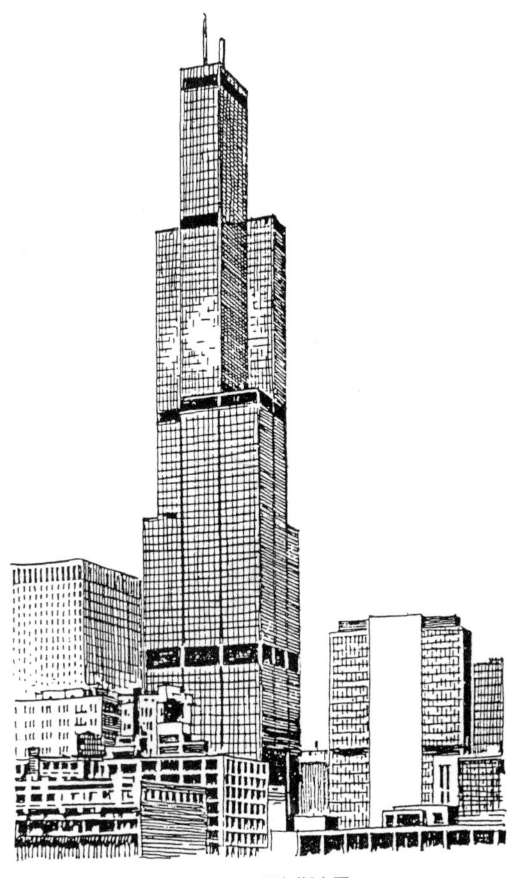

图 7-16　西尔斯大厦

马来西亚吉隆坡于 1995 年建成双塔大楼，也是 88 层，但高达 452m。2003 年在台北建成的 101 大楼，高达 508m。但在 2010 年初，阿联酋的迪拜，建成一座世界第一高的建筑：哈利法塔（原名迪拜塔），160 层，高达 828m。

大空间的发展也是很惊人的。1964 年，日本东京建成的奥运会主体育馆：代代木体育馆，内有观众席 16000 座。1966 年建成的休斯敦体育馆

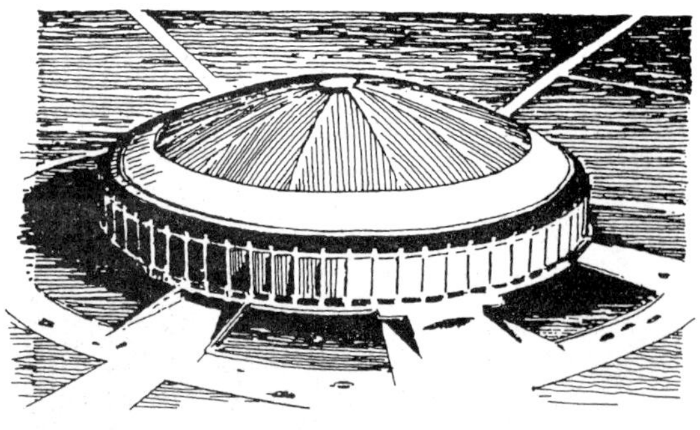

图 7-17　休斯敦体育馆

如图 7-17 所示，直径达 193m，内可容纳观众 4.5 万人。1976 年在路易斯安那州建成的新奥尔良体育馆，直径达 207m，可容纳观众 9 万余人。同样，大空间固然令人惊奇，但从建筑美学的角度来说，只追求大，自然并不是建筑美的目标。

三

如上所说，高和大不是建筑的美学追求，对人来说，建筑的目的应当是以人为本，这才是建筑美的深层次的意义。

20 世纪 60 年代，美国建筑师约翰 · 波特曼提出“共享空间”理论，这正是对人的关怀的表现。当时美国心理学家亚伯拉罕 · 马斯洛提出人本主义心理学（Humanistic Psychology），他提出需求层次理论，需求分生理需求、安全需求、爱与归属、尊重、自我实现等几个层次，并强调在下一层次实现的基础上才会提出上一层次的需求。如：生理需求满足了，就会提出安全需求。共享空间与人本主义心理学的“尊重”，是类似的需求层次。建筑学与心理学在这个时代和社会面前，显现出相同的思潮。作为建筑美学，也需要分析这样的关系。

四

建筑美学，应当与建筑历史和理论同步。当今的时代，建筑实践、建筑理论和建筑美学，它们的发展趋向是值得关注的。在这里，我们简要地列出下述这些方面：

（1）建筑功能的变化和类型的调整。例如：酒店当今已不再只是住宿，其中有好多购物和游艺设施。当今的一些饭店和旅馆，还经常举办展览会、商业活动和其他社会文化活动。因此酒店不仅要有客房等设施，而且更要有商场、会堂、剧场、展陈空间等。

（2）环境观、共享和互尊。环境保护、重视人活动的空间等，这些观念虽然在第二次世界大战后就已经被强调了，如：英国的哈罗城，荷兰鹿特丹的林巴恩中心等；但近年来又有新的变化，例如：商场这种形式就有了新的内涵。“Mall”的原意是林荫道，后来变成了有顶盖的商业步行街，以后又发展到更大的范围和更多的内容。英国的彼得博罗市中心，扩建成一个适合工业、购物和娱乐的市中心。

（3）地域和民族格局的重组。这两个建筑的特性随着人文的变化和科学的发展，在建筑上渐渐淡化。重组，是从多元文化出发，形成新的不同的建筑形态。

（4）社会总结构的变迁，其中的一个特点是时尚。社会的时代感，就是随着时代的变迁产生建筑审美要求的变迁。

（5）高情感与建筑美学的变迁。德国斯图加特州立美术馆新馆，看起来似乎风格杂乱，多种风格拼凑，但人们喜欢这种形象。有人说它是故事情节式的，有点像意识流（Stream of Consciousness）小说。这就是现代情态的表述。

（6）社会的结构变革与建筑新思潮。巴黎的蓬皮杜艺术文化中心、拉德方斯巨门、纽约的电话电报公司总部大楼等，都在表现着这种新思潮。

（7）设计的过程和方法也在变革。随着电脑的发展，建筑设计和表述越来越依赖于电脑了。日益增加的设计软件不断扩展着设计的工具。从更高的层次看，电脑不仅仅是工具，而且也在改变着思潮，改变着建筑美学。

（8）建筑的内涵也在变迁。如：室内设计、城市设计等，都是从建筑设计中细化、分离出去的。将来的设计格局必然还会有更大的变化。

（9）人与建筑，从全球性考虑，会发现有好多新的动向。据统计，纪元初，全球人口只有 15000 万；到了 20 世纪末，全球总人口已超过 60 亿。据预测，到公元 2600 年，全球总人口将达到 630 亿！那时，即使把格陵兰、沙漠、南极洲等全部算进去（大约 15000 万 km^2），每个人平均占地面积也只有 $0.23m^2$。人口问题大家都在忧虑，并且已经有些建筑师开始重视起这一问题来了。

（10）从现实到未来，人们都在关心人类居住的出路问题。有的人在研究如何向上空发展。如今已经有 160 层的超高层建筑了（如上文提到的哈利法塔）。其次是向地下发展。据说日本正在规划一座 500 万人的地下城，它建造在地面以下 50m 深处。第三是向海洋发展，建造特大的轮船，成为一个“漂泊的城市”。也有的提出开发沙漠，还有的提出向太空发展。有着许多设想，我们还不知道那些建筑是什么样，建筑的美和审美又将会是怎样。这些问题，如今不可能回答；但我们相信，未来的任何事物的美，依然是与人分不开的，因此依然是有迹可循的。

第八章 The Aesthetics of Chinese Modern and Contemporary Architecture 中国现当代建筑的美

第一节 中国现代早期建筑的美

一

从史学角度看，中国近代是从 1840 年鸦片战争开始的；中国现代是从 1919 年的五四运动开始的。但一般而言，建筑的历史，中国近代建筑多是从西方建筑东渐开始的，中国现代建筑以 20 世纪 50 年代为起点。

中国近代建筑，从文化上说是新老交替的时期。但这一时期的传统建筑在数量上毕竟不多，重大的建筑也不多，大量兴起的是西式建筑。随着西方文化的东渐，西方的许多建筑类型，也就在中国出现，如：教堂、医院、学校、旅馆、商业建筑、工业建筑以及住宅等等。

中国近代建筑与古代建筑不但形式很不相同，它们的类型也很不同。中国古代的建筑类型，有宫廷、衙署、府邸、住宅、园林、市肆、作坊、馆驿之类，到了近代则完全不同了。这种不同也是形式的不同，因此从建筑美学来说也大相径庭。当时，随着新文化运动的开展，所谓“西学”被越来越多地引进，在美学上就有梁启超、蔡元培等人，他们介绍西方美学思想，如：康德、叔本华、尼采等人的美学思想。中国近代建筑及其美学思想，也就在这个时候出现了。

二

关于中国近代早期的建筑美学（其实那时还没有建筑美学，只有对建筑的审美或美感，抑或是建筑艺术），在这里，通过一些具体的建筑做一些分析。

最具有代表性的要算教堂了。从 17 世纪起，随着西方文化的东渐，西方传教士（如：利玛窦、沙勿略等）来中国，一面传教，一面介绍给中国许多西方文化和科学知识。如利玛窦与徐光启（1562—1633 年）讨论数学、天文、历法、地理等。

上海董家渡天主堂，建成于 1853 年。此教堂由西班牙传教士范廷佐设计。立面属巴洛克风格。立面上有上、下 2 条水平横线条，下部用 8 根爱奥尼式倚柱，2 柱一组，共 4 组，沿用巴洛克建筑所惯用的双柱廊形式加强了立面的装饰作用。大门设左、中、右 3 个，中间的门略为高大，而且门的上方有弧形曲线，以示突出主体及中轴线。3 个门的上方均有窗，以增强垂直线的力度。在上下三段式的中间部分，只有两端塔楼设百叶窗，中间为山墙面。正中一个圆钟，以取代传统教堂立面上惯用的玫瑰圆窗。山墙左右两边用对称的曲线作为外轮廓，使人联想起西班牙巴洛克教堂的形象。顶部山花上垂直书写“天主堂”3 个中文字。最高处有一个拉丁十字架，点明主题。

上海徐家汇天主堂，最早建于 1910 年，属哥特式。教堂平面呈拉丁十字。教堂正面朝东，外墙用红砖清水，墙基用青石。大堂进深 79m，宽 28m，中间有两排列柱，柱用的是哥特式惯用的“束柱”形式。地面用方砖铺砌。教堂顶部呈尖拱状，顶脊高 25m。立面的正中有大玫瑰窗，两边对称地设置尖塔钟楼，离地达 50m 余，顶端均设十字架，如图 8-1 所示。大堂内共有柱 64 根，用的材料均系金山石。从建筑美学的角度来说，这个形象出于“模仿”，即向西方中古时代的哥特式建筑学习。从审美的角度说，学得越标准、越规范就越好，没有什么创造可言。

图 8-1　徐家汇天主堂

三

医院这种形式对近代中国来说也是舶来的。中国古代没有医院，只有药店。中药店称“堂”，如：北京同仁堂，杭州胡庆余堂，上海童涵春堂等。医院与中药店，其实是两种完全不同的医疗系统。中国传统的治病方式是病人在家，请郎中到家里来看病，然后开药方，由家里的人去药店里撮药（买药），然后回家煎药、服药，当然中国传统的治病方式也有病人到中药店里去就医问药的，药店里有郎中为病人诊病，叫“坐堂”，所以中药店叫“堂”。西方传统的治病方式则是病人去医院（从前是在教堂里）诊治。教堂里的医疗部分属慈善机构，到了近代才独立成为医院（Hospital）。

上海广慈医院初建于清光绪三十三年（1907 年），是一座教会医院，位于瑞金二路绍兴路口。广慈医院的几座建筑，其风格是不统一的，有古典式的，也有现代派的。其中三等病房和维多利亚护士宿舍是一座钢筋混凝土结构的现代主义风格的建筑，利用外走廊和阳台，形成强烈的水平线条。建筑比例匀称，虚实得体，是一座比较优秀的现代建筑。

四

学校也是近代中国才出现的。中国古代的教育体系是私塾、庠序、书院之类。清朝末年，提倡新学，开办学校。光绪三十一年（1905 年），下诏“立停科举以广学校”，科举制度废除，学校如雨后春笋般地创办起来了。

学校的建筑形式与私塾、书院等也完全不同，以上海中法学堂为例，来看看学校建筑及其建筑美。

中法学堂坐落在上海法租界公馆马路、敏体尼荫路（今金陵东路、西藏南路）。清光绪十二年（1886 年），法租界公董局董事萨坡赛（J.Chapsal）因为法租界里的中国巡捕不懂得法语而引出事端难以维持好治安，所以向公董局提出建议办一所专教法语的义务学校。于是公董局同意，由萨坡赛等人组成委员会筹建学校。此校专收中国学生及法租界华捕（警察），学习法语，最初校名叫“法语书馆”。

中法学堂校门本开在今西藏南路，进门有长廊，大门内北面一间是校长室。这座建筑共 3 层，一、二层是教室，三层为修士宿舍，还有活动室及图书馆等。平面呈“凸”字形，分中部及左、右两翼，中部走廊两面有教室，两翼只是北面有教室。中部及西翼建于 1913 年，东翼建于 1923 年。中法学堂的建筑造型颇有特色，对称中轴线布局，形式以罗马风和新艺术派混合，属折中主义风格。红砖青水外墙，比较端庄，窗上增设百叶窗。

五

旅馆、饭店这类建筑也出现于近代。中国古代也有类似旅馆的建筑，叫驿站，又叫逆旅，《庄子·山木》中有："阳子之宋，宿于逆旅。"当然建筑形式乃是传统的木构建筑。近代中国所建的旅馆、饭店，也是从西方引入的，首先产生在租界。上海最早的大型饭店，在南京路外滩，即汇中饭店（Palace Hotel），今仍为原物，但名字改为和平饭店南楼。这座建筑形式为文艺复兴式与英国近代早期风格的混合，有人称之为折中主义风格。汇中饭店建于 1906 年，砖石结构，建筑外形非常动人。门窗形式有圆拱形、平拱形及三角形等，富有变化，但在总体上却又很统一。色调红白相间，具有较多的意大利文艺复兴建筑的特征。建筑共 6 层，平顶。顶上设有屋顶花园，园中有凉亭。在此可以眺望黄浦江和两岸景色。1914 年顶层失火，经大修后将顶上的凉亭等去掉了，变成了完全的平顶。如今顶上的凉亭等已修复。此建筑的室内做得比较豪华，底层用作餐厅、会场等，上面 5 层均为客房，形式多样。汇中饭店内的电梯是我国最早使用的电梯。

第二节　20 世纪 30 年代中国建筑的美

一

20 世纪 30 年代，中国的建设也曾有过一个"小高潮"，特别是在上海，当时大量建造住宅、商店、银行、厂房及其他各类建筑。

图 8-2　上海铜仁路吴宅

与中国古代不同，当时的居住建筑，不以人的社会等级、官品高低来分类，而是以经济和社会地位来分类。以上海的住宅为例：最富有的人家住独立式别墅，然后是高级公寓，接着依次是花园式里弄、新式里弄、石库门普通里弄，然后是大杂院、棚户、"滚地龙"等。

独立式别墅多为有钱人（资本家）居住，如位于今上海北京西路铜仁路的吴同文住宅，如图 8-2 所示。此建筑建成于 1937 年抗日战争前夕。建筑外墙贴绿色面砖，共 4 层，宅前有小花园。这座建筑内容丰富、装饰豪华、设施齐全，当时称得上是上海滩最豪华的现代派住宅之一。建筑内部除了设有大小起居室、客厅、餐厅、日光室、主人卧室及其他卧室、梳妆间、浴室、储物间、中餐和西餐厨房、备餐、账房、保险库、仆人用房、洗衣房、门房、车库外，在底层还专门设有宴会厅、舞厅、弹子房、酒吧间等，在顶层设有棋室、花鸟房等。屋主人的太太笃信佛教，所以宅内还设有佛堂。

其他如上海延安中路陕西南路口的马勒住宅，如图 8-3 所示。瑞金二路永嘉路口的马里斯住宅、西郊的沙逊别墅等，也都是很豪华的住宅。

再说里弄住宅。上海厦门路尊德里是一处比较典型的里弄房子。这类住宅通常被称为石库门房子，一个大门进去，里面一个小天井，然后是客堂，两边前后有厢房，最后是楼梯间和灶间，后门。从前一个石库门里面只住一家，居住条件尚可，但伴随着战乱与社会动荡，越来越多的人搬入了里弄居住，

图 8-3　马勒住宅

图 8-4　先施公司

最多时一个石库门初始单元里面竟住进 11 家，拥挤不堪，失去了原来的功能意图。

大杂院，就是一座房子，里面住好几十户人家，是社会底层人家居住的。上海滑稽戏《七十二家房客》住的就是这类房子。再差一等的是棚户，多为北方难民居住。更低一等的是“滚地龙”，是捡来几根旧毛竹，两头插入地下，拱起来，矢高约 1.5m，上面铺几块破油毡，里面地上铺破席子。这里居住的多为外地逃荒到上海的人。若逢刮风下雨或气温骤降，均湿冷难耐，惨不忍睹。

二

中国近代的大型商业建筑，主要集中在上海、天津等大城市。上海南京路，当时有“四大公司”。其中又分“前四大公司”和“后四大公司”。“前四大公司”即福利公司、泰兴公司、惠罗公司、汇司公司；“后四大公司”即先施公司、永安公司、新新公司、大新公司。在此以先施公司（如图 8-4 所示）和永安公司（如图 8-5 所示）为例，来看看当时的商业建筑形态。

上海南京路（今南京东路）和浙江中路交叉处，有 2 座大型商业建筑：先施公司和永安公司。先施

图 8-5　永安公司

公司于 1917 年建成并营业，永安公司比它晚一年。由于这 2 家公司营业的性质相同又靠得很近，所以必然有竞争。永安晚于先施，欲后来居上，于是就在建筑的高度上试图超过先施，建 6 层，比先施公司高一层。先施公司则不甘示弱，立即加建 2 层，比永安公司又高出一层。永安公司见此，便立即作出反应，在沿南京路一侧的顶上建造起一个小建筑，形式玲珑，取名也有意思，叫“倚云阁”，是个休闲性空间。此阁建成后，顾客纷纷慕名前往。于是先施公司也就不能坐视，他们便在南京路浙江中路转角处的屋顶上加建 3 层高的空塔，名曰“摩星塔”。这塔的高度超过永安公司的“倚云阁”。

竞争还没有完。永安公司又生一计，他们在浙江中路东侧面对永安公司处又造起一座新楼，即“新永安”，建成于 1933 年，楼高 22 层，其形式为当时美国最流行的现代派高层建筑形式。此楼建成后可谓鹤立鸡群。直到后来抗日战争爆发，他们的竞争也就到此为止。

三

医院和学校在这个时期继续发展。当时上海有公济医院、仁济医院、中山医院、宏恩医院及虹桥疗养院等。

虹桥疗养院位于上海西郊，建成于 1934 年。这个医院的建筑及设备，都属当时世界上先进水平。主要建筑呈阶梯形状，病房都朝南，阳光可直接射入房内，并装有新式的暖气设备。该院的门窗和墙面不是单纯的白色，入手术室的内墙面及门窗等，用的是淡绿、淡青色。做手术时，医生和护士穿的衣服也用这种颜色。据科学研究，医生在做手术时由于长时间紧张工作，视觉疲劳，长时间注视着红色（血液），把视线移向蓝绿色物体，正好是红色的补色，可以减轻视觉疲劳。院里的医用无影灯、冷光、光机等医疗设备，也都是当时最新型的。手术室及走廊都用橡胶地面，以利消毒并减少噪声。

虹桥疗养院有 2 幢主要建筑物，一幢为 4 层，另一幢为单层，均为钢筋混凝土结构。疗养院可容百余病床。2 幢建筑平行地布置在大片绿地中，为现代建筑风格，重视功能布局和使用效果，形态简洁，可谓我国近代建筑中的优秀案例。

这期间的学校发展得也比较快。复旦大学是我国一所著名的高等学府。“复旦”之名，有“复建震旦”之意；同时也是根据《尚书大传 · 虞夏传》中的“日月光华，旦复旦兮”之意。复旦大学成立于 1905 年，最初的校址在吴淞，1929 年迁至邯郸路（今址）。“八 · 一三”事变后，校舍被日军所占，复旦大学搬到江西、贵阳、重庆等地。抗战胜利后迁回上海原址，目前校内还保留好几座原来的建筑。

四

1895 年电影诞生，不久后的 1905 年中国也有电影了。电影院建筑也就在上海、天津等大城市出现。但真正的电影院建筑，还是在 20 世纪 20 年代末才建造起来。当时在上海就有几座比较高级的电影院建造起来了，大光明大戏院（1933 年）、国泰大戏院（1931 年）、南京大戏院（1930 年）、大上海大戏院（1933 年）等等。

大光明大戏院即今之大光明电影院，此建筑由著名的匈牙利建筑师邬达克设计。建筑的外形以大片乳白色玻璃做成的长方形高塔作为标志性形象，外设英文 Grand Theatre，夜间灯光点亮，十分辉煌。下面入口处有大型雨篷，造型非常夺目。建筑立面采用横、竖交叉的约 70cm 见方的黄绿色大理石组合起来，形态如同抽象雕塑。从建筑流派来说，当属 20 世纪 30 年代国际上比较流行的装饰艺术派。如图 8-6 所示就是大光明大戏院的外形。

大光明大戏院的门厅也十分豪华，用 12 扇高大的钢框玻璃门，大厅宽敞明亮，进门正前方有对称布置的 2 座大楼梯直通二层。楼上休息厅全部铺设地毯。还有喷水池，不断喷出水柱，在灯光照射下显得五彩缤纷、格外华美。楼下入口处也有类似的喷水池。

南京大戏院在上海今延安东路龙门路，即今日上海音乐厅。从建筑形式上说，这座建筑属古典复兴式。这种建筑风格，19 世纪下半叶在欧洲比较流行。外墙材料：下部用汏石子，上部用红釉、褐砖。入口处有大雨篷。自台阶上去，1 个平台，6 扇大门。二、三层在外立面上用 3 个巨大的半圆拱窗，4 根爱奥尼柱，形成浅柱廊，具有文艺复兴建筑风格。柱头上为横梁，上面是高达 3m 的巨型横幅浮雕，宽占 3 间，不但具有古典风格，而且与戏院极为配合。浮雕上部有水平檐部，檐部之上又一层，作为建筑顶部的收头。上面设 6 个小窗，使立面形象实中有虚。上、中、下，形成古典主义建筑的 3 段式构图。柱廊两端为实墙，墙下左右各设圆拱窗，也是实中有虚的建筑艺术效果。墙的上部各设一个圆形的浮雕图案，起到装饰的作用。

2002 年底，为了地铁在此经过，上海市政府决定将这座上海近代优秀建筑整体平移 66m，并整体提升 3.38m。此项工程已顺利完成，上海音乐厅在新的位置上已使用近 20 年了。

五

中国近代建筑从类型来说，银行是数量很多的重要类型。银行，在中国古代称“票号”“钱庄”，银行建筑则是从近代开始的。上海近代有许多银行，我们在此着重介绍一下位于外滩的汇丰银行。此银行最早于 1864 年创立于香港，次年在上海设立分行。如今位于外滩的汇丰银行建筑，建成于 1923 年，如图 8-7 所示。

这座建筑用古典主义形式。建筑的正中以半球形穹顶形成此建筑的构图中心。下为 5 层，纵横均为 3 部分：纵向是上、中、下 3 部分，上面是第五层，下面是一个檐，以一条强烈的水平线作分隔，下面即是中部，从上至下为四至二层，然后又是一条强烈的水平线与下部分开。下部为底层，较高，

图 8-6　大光明大戏院

图 8-7　上海汇丰银行

有一层半的高度。这种做法就是西方古典主义建筑构图的“三段式”，以严格的 1 ：3 ：2（自上至下）的比例关系组成。横向所分 3 部分为：中间双柱廊，左右两翼。主次分明，重点突出。正门 3 个罗马式拱门，其比例为严格的古典主义式，即拱门高是圆拱直径的 2 倍。拱门上部双柱廊，由 6 根科林斯式巨柱构成，具有层次感，使主体更为突出。

六

上海海关位于汇丰银行北侧，如图 8-8 所示。此建筑建成于 1927 年，即今之建筑。这座建筑规模较大，分东、西 2 部分，东部主立面朝东，高 8 层，上面 3 层是钟塔部分，方形平面，四面对称，均设钟面，建筑总高 11 层。此建筑的西部一直延伸至四川中路。后部高 5 层。此建筑用钢筋混凝土结构，外立面设以花岗石，做法有西方近代盛行的新古典主义式的影子，看起来庄重、坚固，很受人们喜欢。但从其整体风格来说，应属折中主义。它的上部垂直线条较为明显，又有点倾向于新哥特主义，且融以文艺复兴惯用的水平挑檐，建筑细部又有新装饰主义的特征。下部柱廊用 4 根多立克柱（这是我国近代建筑中做得最标准的希腊多立克柱式）。又加上用纯直线、平面形式，所以也含有某种希腊复兴的倾向。它包含多种建筑风格的组合，所以从整体上说还是折中主义的。

图 8-8　上海海关

第三节　20 世纪中叶中国建筑的美

一

1949 年 10 月 1 日，中华人民共和国成立，从建筑来说便是中国现代建筑的开端。但新中国建立之初，百废待兴，其建设的重点还是在工业建筑和住宅方面，至于建筑艺术或建筑美学，还不是主要的着眼之处。当时提出的“建筑设计方针”是“适用、经济、在可能条件下注意美观”。后来又有抗美援朝等事件，所以一直要到 1953 年（也是我国第一个五年计划实施的头一年），才开始注意到建筑的文化艺术方面。

这个时期最具有代表性的建筑，就是被称为建国 10 周年的北京“十大建筑”。这“十大建筑”是：北京人民大会堂、中国革命博物馆、中国历史博物馆、中国人民革命军事博物馆、民族文化宫、民族饭店、北京火车站、北京工人体育场、全国农业展览馆及华侨饭店。

北京人民大会堂，如图 8-9 所示，建成于 1959 年。这座建筑总面积达 17 万 m^2，但连设计带施工，只用了 10 个月时间，可谓世界建筑工程史上的奇迹了。北京人民大会堂包括：万人大会堂、大宴会厅和人大常委会办公楼 3 部分，还有许多附

图 8-9　北京人民大会堂

属设施。万人大会堂宽 76m，深 60m，高 32m，里面可容万余人开会。这座建筑造型雄伟壮丽，又富有民族特色。主立面朝东，中间柱廊，12 根高约 35m 的巨柱，显得十分庄严。

北京火车站也是“十大建筑”中的优秀作品之一。建筑面积近 9 万 m^2。车站正面中间是 3 个大拱，下面大玻璃窗，两边是钟塔，顶上是攒尖重檐屋顶，表现出民族形式。钟面直径达 4m，形成北京火车站的标志形象。建筑正面宽 218m。两个端部顶上也作攒尖顶形式，使建筑形象统一而完整。

其他如民族文化宫、全国农业展览馆等，当时都认为是造型相当不错的建筑。曾有人说民族文化宫这个建筑形象“百看不厌”。可是如今我们看这些建筑，说不上有什么精彩之处。什么道理？从建筑美学来分析，这种形象似乎有些过时了。也许，今天我们感到美的建筑，过不了多久也同样会有“过时”之感。这就是建筑的时代性。因此，建筑（指的是它的造型）是难的。要使技术不落后或功能不过时，尚可做到；但要使建筑造型不过时，则是难的。建筑美学不但要在理论上说清楚造型问题，而且也要在造型处理上有所益处。我们在本书的后半部分，通过对建筑造型及比例与尺度等方面来谈这个问题。当然，更离不开建筑的创作实践。

二

20 世纪 60 年代以后，有两个情况值得注意，一个是经济困难，另一个是思想的极左。这种情况一直要到“文革”以后，20 世纪 70 年代末才消失。从建筑美学来说，思想的极左，弄得人们哭笑不得。有一个长沙火车站设计方案的传说。相传在“文革”后期，长沙火车站要改建、扩建，请一位搞建筑设计的同志来做方案。过了一段时间，他把设计方案拿出来，让领导及审查委员会的其他同志审查方案。大家一致认为这个设计方案做得好，也有可行性。不料当评审会快要结束时，突然冒出一位“革委会”的领导，他手指着设计图说，屋顶上的火炬设计得不妥，它刮的是西风。问题严重了！大家似乎都紧张起来，结果决定要设计者修改。设计者便将火炬翻过来，这一下刮的是东风了。但审查还是通不过，说是这火炬“倒向西方”，仍要设计者改。设计者冥思苦想，终于想出一个方案：将火炬的火苗向上。方案拿出来，大家觉得很满意，方案总算通过了，还表扬了设计者，说他肯动脑筋，又不厌其烦。火车站造好后，有人问：“顶上的东西是什么？”答曰：“是个红辣椒吧，这是湖南人最喜欢吃的！”

三

20 世纪 70 年代后期，渐渐有一些值得注意的建筑出现。一是北京天安门广场中轴线上的毛主席纪念堂，建于 1977 年，是一幢长和宽均为 105.5m，高 33.6m 的正方形平面的建筑。距人民英雄纪念碑第一层平台的南边和正阳门城楼北边均为 200m。

纪念堂正立面对着天安门（朝北），与天安门、人民英雄纪念碑及人民大会堂、中国革命和中国历史博物馆形成一个整体。纪念堂建筑轮廓方方正正，重檐屋顶，线条简洁刚劲，建筑色调庄重，与周围建筑和环境十分和谐。

上海体育馆也是这一时期的重要建筑。此建筑位于上海市中心城区的西南，是由比赛大厅、练习馆、运动员宿舍、食堂及其他附属建筑组成的大型室内体育设施。此建筑于 1972 年开始设计，1973 年动工建造，1975 年竣工。比赛馆是个圆形平面的建筑，直径 114m，屋盖最高点为 33.6m，建筑面积达 31000m^2 余。比赛馆屋盖采用平板型三向空间钢管网架结构，形态协调、美观。40 余年过去了，现在看起来还值得细细品味，近期则通过改造进一步延续其建筑生命。

第四节　世纪之交的中国建筑与建筑美

一

20 世纪 80 年代初，中国建设在“改革开放”的形势下，不但加快步伐，而且开始讲究建筑美，重视建筑美学了。广东首先开始，然后是北京、上海及全国许多大中城市，新颖、优秀的作品多起来了，令人欣喜。

首先说广州的白天鹅宾馆。此建筑建成于 1984 年，1985 年被“世界第一流旅馆组织”接纳为成员。此建筑主楼高 100m，34 层。这座建筑的特点是空间组织得非常好，特别是中庭空间，被认为是做得很优秀的“共享空间”。

其次说广州的另一座著名建筑：中国大酒店，1985 年建成。这座建筑被认为是“在有限的土地空间限制下（其高度受航空线的限制），得到最大的使用空间，并有相应水准的环境质量”。设计者的手法是“外封闭，内开放”。建筑内外均采用暖色调，并结合传统建筑形式，形体和谐得体。

二

这一时期上海的优秀建筑甚多，首先说东方明珠电视塔，如图 8-10 所示，此建筑位于上海浦东陆家嘴，与浦西的外滩隔江相望。此建筑于 1994 年建成，总高 468m，是当时全国最高的建筑。此建筑由 3 条竖塔和 3 个球体组成，下面 2 个大球，其直径下者为 50m，上者为 45m。最上面的直径 16m。3 条竖塔中间还有 5 个小球，下面的 3 根斜撑也有球形物，故整座塔共有 11 个球，被誉为“大珠小珠落玉盘”。此建筑已成为上海新的标志性建筑。

金茂大厦也位于上海浦东陆家嘴。此建筑共 88 层，高 421m，于 1998 年建成。这是一座多功能的综合型建筑，其中有办公、旅馆、展览、会议、观演及购物等用途。主楼拔地而起，裙房置于一边。主楼下部是办公，直到第五十二层。第五十三层为技术层，第五十四至八十七层为旅馆，即五星级凯悦大酒店。顶上（第八十八层）为观光层，人们在此，大上海景色尽收眼底。大酒店中间部分是空的，是个高大的中庭，高达 153m，为世界最高的中庭。金茂大厦的外形很像我国古代的宝塔，设计者（美国 SOM 公司）匠心独运，创造了一种既现代，又不失传统文脉的建筑形式，为人们所称道。

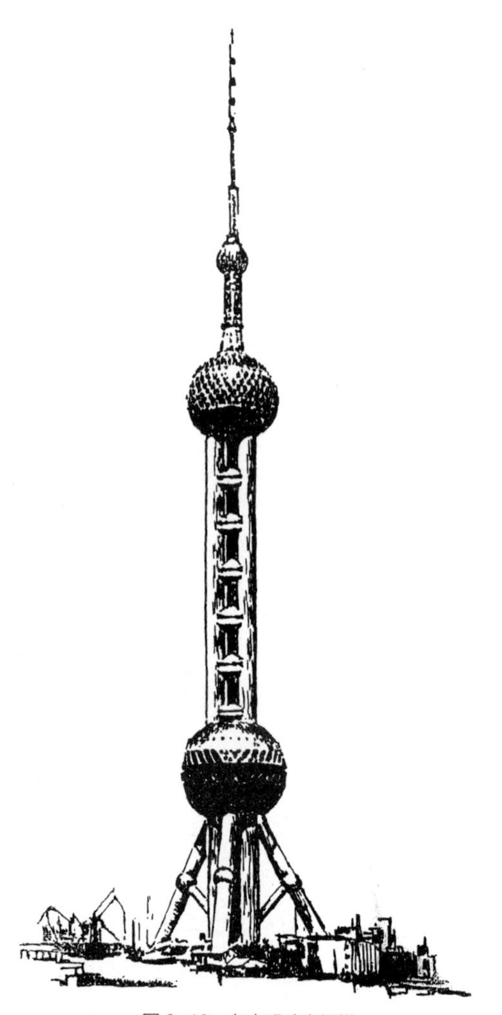

图 8-10　东方明珠电视塔

三

上海大剧院位于人民广场的西北隅，此建筑建成于 1997 年，由法国建筑师夏邦杰（J.M.Charpentier）设计。上海大剧院造型独特，观众厅可容 2000 席，其条件完全能满足全世界一流的歌剧、芭蕾、交响乐等剧种的演出。此建筑的屋顶做成反凹曲面，形式独特、个性很强。

浦东国际机场建成于 1999 年由法国著名建筑师保罗 · 安德鲁（Paul Andreu）设计。这个建筑除了具备功能分区合理和流程简捷的现代高效的特点外，还具有一些现代国际大型机场的特点，如开发的时序性和可持续性，对周边环境的重视，航站的开放性、简洁性、通透性等。这一机场长 402m，宽 128m，用前列式布局，共有近机位 28 个，远机位 11 个。这座建筑在艺术造型上，运用隐喻手法，那些曲面形的屋盖，蕴含着展翅飞翔的意思，但它的建筑不是勉强拼凑的，而是与功能、结构等有机结合的。它也意象出“腾飞”的主题。这座机场在室内处理上也很有特点，那些巨大的曲面顶盖，却用了轻巧的支撑和拉杆，好像是装饰之物，但其实是结构本身。

四

北京在 21 世纪里有许多新作品问世。国家大剧院是个较新颖而大胆的形象，也是新的思路。这个形象应当说是很成功的。但方案一出来，就被许多业内外人士批评，费了许多周折才开工建造。其实这个方案也确实有些问题，不是说方案本身不好，而是同环境的关系问题。有专家认为，这个方案很好，但放在离天安门那么近，离北京故宫中轴线那么近，形象又如此有个性，这就欠妥了。如果把这个建筑放在北京古城外面一点的地方就好。但如今生米已经煮成了熟饭！所以，建筑美学有个很重要的作用，即要回应客观实际。要从环境出发，要从整体出发，不能只就某个方面来谈它的美。一幅画、一个雕塑作品（城市雕塑除外）可以挪来挪去，而建筑一旦建成，就固定下来了。因此，对待建设问题必须慎重。

五

2008 年北京举办奥运会，这是在我国历史上首次举办如此重大的运动会。办奥运会，就要建造体育场馆。奥运会主体育场规模甚大，可容近 10 万观众。主体育场方案很新奇。外观看上去像是用一根根的钢条组织起来，既是造型又是结构，形象别致，人们形容它为“鸟巢”。这个设计方案也引起好多争论，几经周折终于确定下来。另外一座是“国家游泳中心”，形式也很别致，外形是四四方方的一大块，立面用分形的手法划分成不规则的多边形气泡，所以人们称它为“水立方”。

前些年，北京建造了一座新的中央电视台大楼，由荷兰著名建筑师雷姆 · 库哈斯（Rem Koolhaas）领衔的事务所 OMA 设计。这座建筑形象特别，其坐落在北京新中央商务区（建国门外），大楼共 55 层，高 230m，其形象是 2 个塔楼，上下用反折形连接体连起来，看上去好想会倾覆，很惊险。但这只是“表现”，其实在结构上是绝对没有问题的，因为它在地下有 3 层与高空对应的位置，保证它的重心在基地之中。此方案一出来，当然也议论纷纷，不知情的人十分担忧：万一倒下来怎么办？尽管它其实是不会倾覆的。这也许称得上是“新表现主义建筑”吧。

下篇

建筑美学与建筑

第九章 Formation 造型

第一节 立面形象

一

几何分析法是研究建筑造型的一种很好的方法。何谓几何分析？顾名思义，就是用简单的几何图形来分析或控制建筑形象，使它符合形态的美的要求。如：正方形、长方形、正三角形、等腰三角形、圆形、椭圆形以及这些图形的内部有规律的划分，使造型有规律、轮廓匀称、比例得当。

因此，我们通过一些建筑实例，对它们的造型进行分析。如图 9-1 所示，3 个门，上面开小窗，哪一个更好？（a）小窗的形象究竟是正方形还是长方形，似是而非，不妥。（b）小窗的形象与门的形象重复，也不甚妥。（c）小窗的形象与门的形象比例相同，且一竖一横，应是最佳的一种。

又如图 9-1（d），是一柱廊，廊的整体比例与每一柱间的高宽比相一致，就使这个形象显得很有秩序，很和谐。柱廊在建筑中经常会遇到，无论古今中外，都是如此。前面说的萨伏伊别墅下部的柱廊（勒 · 柯布西耶设计）和西格拉姆大厦下部的柱廊（密斯 · 凡 · 德 · 罗设计），都是这样的比例关系。

二

古希腊的建筑为什么美？按照古希腊哲学家亚里士多德（前 384—前 322 年）的理论：和谐就是美。古希腊的建筑为什么美，就是在和谐。建筑怎样才能和谐？其中之一就是它们的几何关系很明确，很有逻辑性。

如图 9-2 所示，是古希腊著名建筑波塞冬神庙。从图中可以看出，从它的顶点到两端的地面的连线，构成一个等边三角形及一个半圆形（圆的顶正好位于檐部）。

如图 9-3 所示，是另一座古希腊著名的建筑——帕提农神庙。这座建筑的正立面构图，据研究可以利用一种数学关系来解释，即如图 9-4 所示，一种最佳的关系是 2.236 ：1，或$\sqrt{5}$ ：1。据托伯

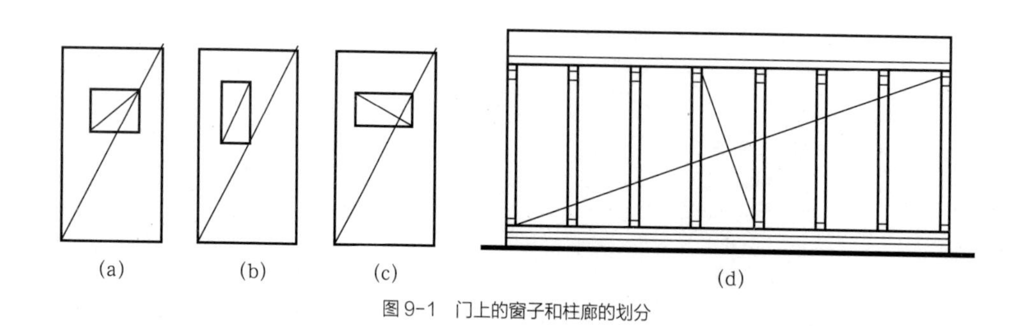

图 9-1　门上的窗子和柱廊的划分

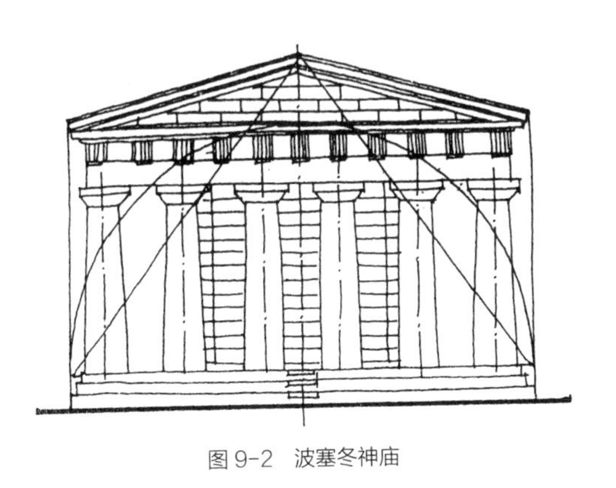

图 9-2　波塞冬神庙

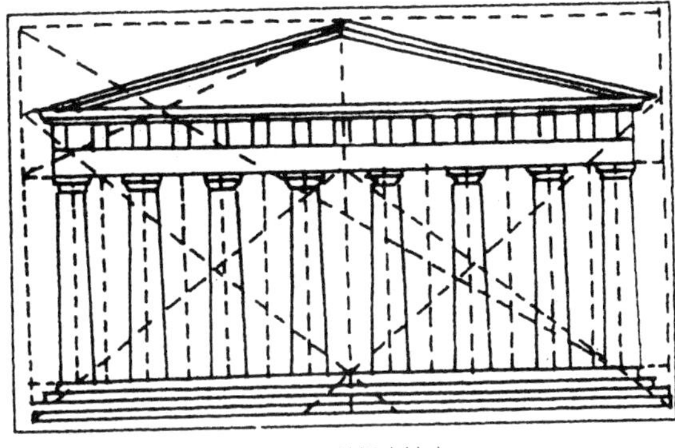

图 9-3　帕提农神庙

特 · 哈姆林（Talbot Hamlin）《构图原理》（*The Principles of Composition*）一书中所述：（a）$\sqrt{5}$矩形：高为 1，斜边即为$\sqrt{5}$；（b）黄金比例的矩形，即 1 ： 1.618；（c）$\sqrt{5}$的矩形包含一个黄金比的矩形及其倒数的矩形；（d）$\sqrt{2}$的矩形；（e）同是$\sqrt{2}$的矩形，但分隔不同；（f）$\sqrt{5}$的矩形的细分。每一种矩形都很容易用纯粹图解的方法加以决定，如（d）的长边是正方形的对角线等。

三

中国古代建筑也可以进行几何分析。有些优秀建筑，用几何分析的方法也能得到解释。虽然古人在设计房子时并非使用这种方法，但其结果能经得起这种美学分析，或可称为殊途同归吧。

北京天坛祈年殿，如图 9-5 所示，这座很美的建筑，也可以用几何分析的方法来分析它的美之所在。从建筑的顶点到三层檐的外面各点，四点连起来，是一条圆弧曲线。右边的圆弧线与地面相交的一点，正好是左边圆弧线的圆心。反之亦然。这就是形的和谐。古希腊哲学家亚里士多德的和谐的美学理论，可以来解释这座建筑的形式美。

四

西方中世纪文化虽说是基督教文化，但他们也讲究美。他们巧妙地将美与宗教结合。神学家兼美学家托马斯 · 阿奎那（Thomas Aquinas）著的《神学大全》中说：“美有三个因素，第一是一种完整或完美，凡是不完整的东西就是丑的；其次是恰当的比例或和谐；第三是鲜明，所以着色鲜明的东西是公认为美的。”他认为最美的就是“上帝”。

如图 9-6 所示，是西方中世纪哥特式建筑上的尖拱窗，其中的比例关系也是和谐的。如图 9-7 所示，是巴黎圣母院的正立面，这个形象也符合黄金比的和谐构成关系。

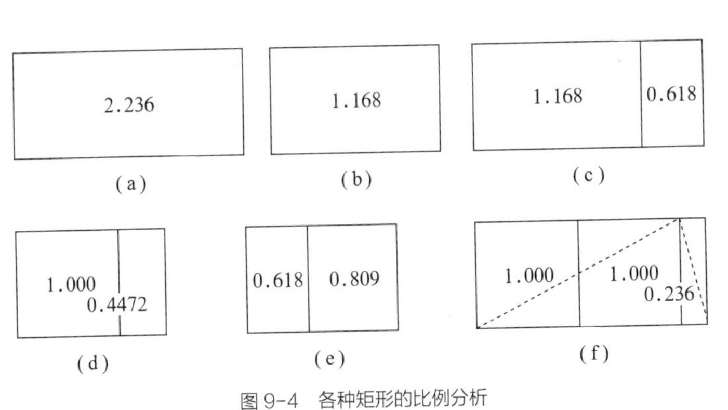

图 9-4　各种矩形的比例分析

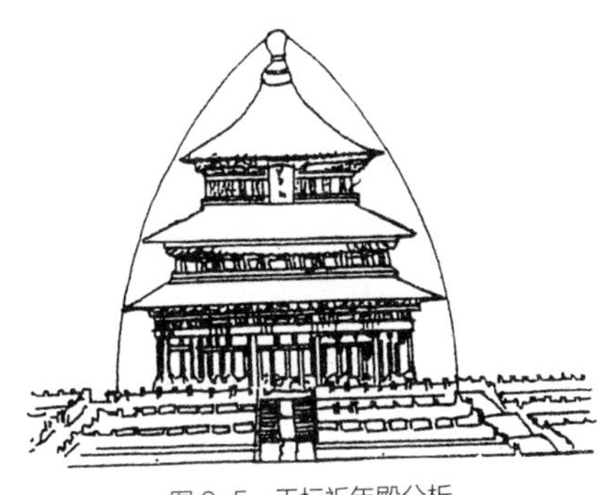

图 9-5　天坛祈年殿分析

图 9-6　哥特式尖拱窗

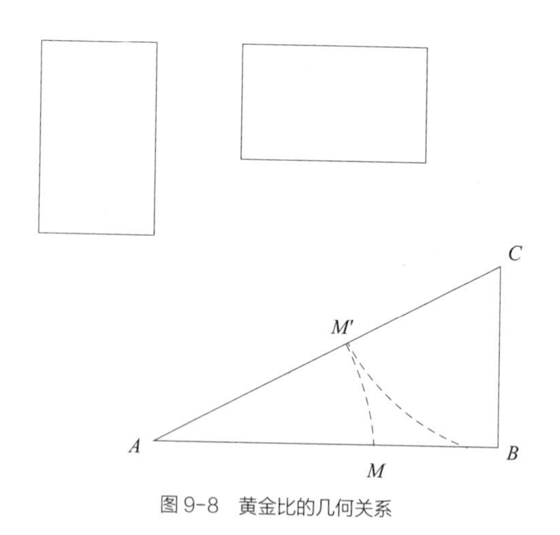

图 9-8　黄金比的几何关系

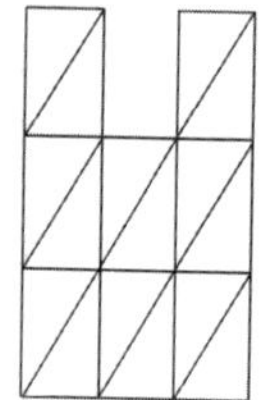

图 9-7　巴黎圣母院正立面分析

所谓黄金比，也叫黄金分割，即 1 ： 1.618，或0.618 ： 1。两者的比例是一样的，几何学上称“中外比”。如图 9-8 所示，是黄金分割的作图方法。巴黎圣母院正立面就是由 8 个小的矩形合成一个大的矩形，它们的比例都是黄金比。

黄金比是古希腊哲学家毕达哥拉斯（Pythagoras，前 580—前 500 年）研究出来的。后来人们由此在建筑、绘画、音乐等方面均有应用，并都很有成就。有的研究者认为，人体之所以美，也正是由于符合了黄金分割——上半身和下半身之比，就是 1 ： 1.618。不合这个比例者，不美。也有人认为音乐中的和声，其琴弦的长度之比也是黄金比，所以演奏时和谐动听。

五

几何分析的方法从古希腊、古罗马、中世纪、文艺复兴，一直延续到 18 世纪古典主义时期的建筑理论上都有应用，而且不断添加进新的理论和手法，使这种理论更为完整。巴黎卢浮宫的东立面建于 18 世纪，这个形象之所以美，与它的上、中、下 3 段的比例关系，自上而下的比例关系为 1 ： 3 ： 2。巴黎的雄师凯旋门之所以美，也是由于它在几何关系上合乎逻辑，和谐就是美，如图 9-9 所示。同样，巴黎的圣 · 丹尼斯门也是如此，如图 9-10 所示。“算术上的或数学上的比例关系控制了这个设计的所有主要线条。两边和底部的比例说明它们是怎样进行划分的。这样，主要大门的高为其宽度的 2 倍，而门宽是总宽的 1/3，檐部的高度为总高的 1/6，柱子的水平高度是总高的一半，基座是总高的 1/4 等等，直到最小的细部。”（哈姆林《构图原理》）

六

现代建筑也可以作这样的几何分析，如图 9-11 所示，坐落在上海人民广场上的上海大剧院的立面也很美，为公众所喜闻乐见。其实若从几何分析来看，可以用 2 个三角形：下部是正三角形，使形象具有庄重感；上面以反向的直角等腰三角形，两端的直

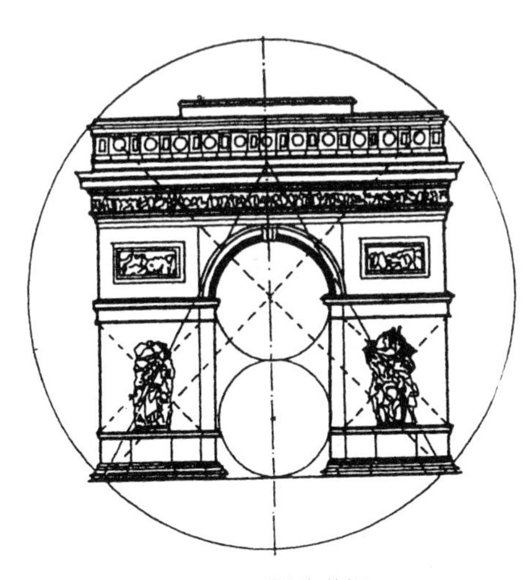

图 9-9　雄师凯旋门

图 9-10　圣 · 丹尼斯门

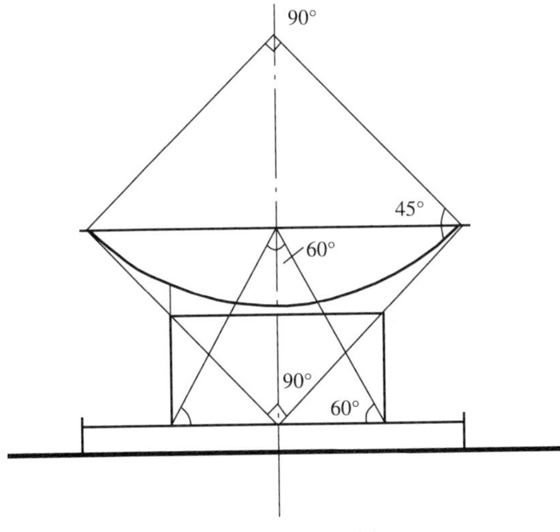

图 9-11　上海大剧院

图 9-12　奥赞方工作室立面

线与两尖角相切，使这个形象有舒展感。这两种形象，正是作为大剧院形象的性格。

在现代主义大师勒 · 柯布西耶的巴黎奥赞方工作室的设计中，如图 9-12 所示，建筑师使用“指示线”（平行及垂直对角线等）来决定其立面形象。这说明抽象的几何关系，无论是古代建筑还是近现代建筑，都可以用以对建筑形象进行造型分析或设计。

第二节　立体形象

一

尽管现代建筑也能用几何分析方法来进行造型分析和设计，但现代建筑的审美重心，已经从平面走向立体，因此作为对建筑美的研究，更有必要多作立体形象的研究，才能对建筑的设计和创作更有益处。

如图 9-13 所示，是芝加哥的西尔斯大厦，如前所说，它是由 9 个方柱筒体组成的，其中 2 个高达 110 层，3 个高达 90 层，2 个高 66 层，2 个高 50 层。小筒平面 23m × 23m，大筒平面 69m × 69m。整座建筑形态高低错落，形象生动，而且也符合高层建筑的种种技术要求。从立体造型来分析，它的构成是很简洁的，不同高度的方形筒组合起来，形态简洁而多变。

同样，贝聿铭设计的香港中国银行大厦也用这种方法构成，只是它不用方筒，用的是三角柱筒。用不同高度的三角柱筒完成富有变化的造型。

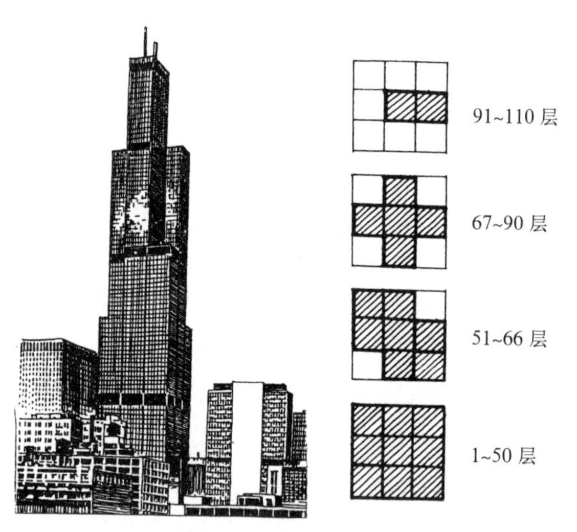

图 9-13 西尔斯大厦分析

图 9-14 蒙特利尔“67 号”住宅

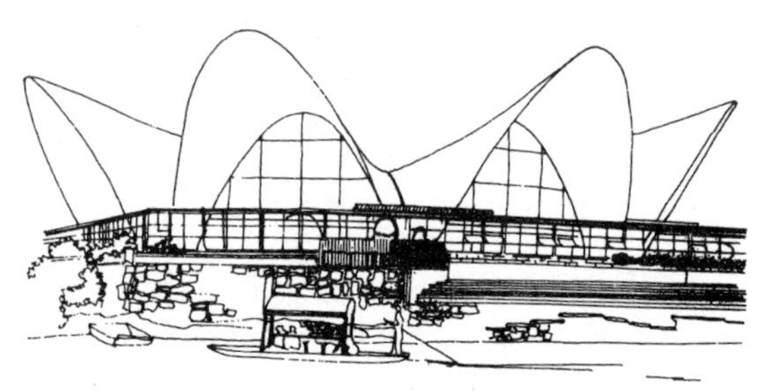

图 9-15 洛斯 · 马纳蒂科斯餐厅

二

澳大利亚悉尼歌剧院的 3 个独立体量（歌剧院、音乐厅、餐厅），共用 10 片局部球面屋顶，这种组合也是立体造型构成手法，看起来很有统一感。

另一个例子是加拿大蒙特利尔的“67 号”住宅。这是 1967 年蒙特利尔国际博览会所建的一座样板住宅，如图 9-14 所示，设计者萨夫迪（Moshe Safdie）试图让人们在人口稠密的区域得到舒适的环境，这里每户都有户外场地，能享受到新鲜空气和充足的阳光，加之庭前绿化，犹如置身大自然之中。

三

从单体形象来说，使造型符合变化与统一的形式美效果，这是最为重要的。如图 9-15 所示，是墨西哥花田市洛斯 · 马纳蒂科斯餐厅（Los Manantiales Restaurant，Xochimilco）的外形。其屋顶由 8 个双曲抛物面连起来组成。这个形象比较奇特，也很有个性。由形态相同，方位不同的形体有机地组合起来，产生美的效果。总之，变化与统一的形式美法则是很重要的，不能认为它只是在古典建筑上有效，其实现代建筑对于这些法则也很有价值，问题是不能形而上，要在原则的把握下，应用在现代建筑造型上。

四

位于印度北方邦阿格拉市郊的泰姬 · 玛哈尔陵可谓众所周知，它是“中古七奇”之一。从立体造型来说，这个形象之美，还出于它的整体感，如图 9-16 所示。这个整体造型是隐含着的，它所形成的大轮廓与单体的屋顶形象是一样的，这也就是它的变化与统一的美之所在，而且表现得很含蓄。

日本著名建筑师黑川纪章设计的东京中银舱体大楼，1972 年建成，如图 9-17 所示，他自己说：“此建筑将电梯间和楼梯间组合在一起，构成 2 个垂直的交通筒体，各种管材均裸露在筒体的外面，在筒体上不规则地向四周悬挑出钢筋混凝土预制的密封舱式的居住单元，就像是从树干上伸出的树枝。居住单元与当时日本住宅公团的标准设计相当。……”（中外名建筑鉴赏 . 上海：同济大学出版社，1977. ）从外形看，这座建筑显现出由一个个的小立方体整齐地排列起来的形象，确实具有统一感、秩序感。然而作为“新陈代谢派”的著名作品之一，该大楼年久失修，计划于 2021 年 9 月拆除，令人遗憾。

图 9-16　泰姬 · 玛哈尔陵

图 9-17　东京中银舱体大楼

五

立体造型，贵在统一。从建筑设计手法来说，变化易，统一难。初学建筑设计者不知道这个道理，总想变，总想把自己的方案多多变化，以表现所谓“建筑艺术”，结果七拼八凑，不成体统。如图 9-18 所示，这是初学者所做的建筑方案。这个方案之失败，一目了然。要使建筑方案在造型上达到完美，一个最根本的方法就是努力使它有统一感，在统一的基础上求变化。近年来，在建筑设计方法学上产生“类型学”（Typology）理论。如果我们把这种理论简化、通俗化，就是将形体进行分类，努力使自己的作品在造型上尽量做到类型上的统一和谐。

如图 9-19 所示，是立方形（类型），它的“母题”就是一个正立方形，从这个形体出发，可以变长、变高、变扁、变大、变小、变虚、变实等。“类型学”其实就是从数学中的拓扑学（Topology）变化过来的。如图 9-20 所示，是三角柱和圆柱的

图 9-18　失败的造型

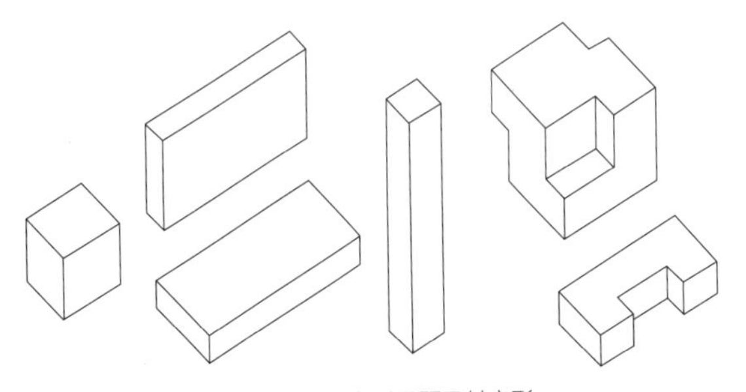

图 9-19　立方形母题及其变形

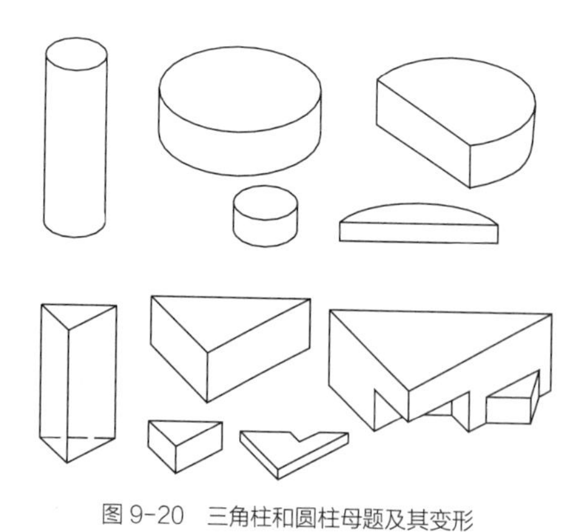

图 9-20 三角柱和圆柱母题及其变形

变化，它们的变化法则都是一样的。大体上，控制建筑造型需要运用到的变化手法包括：大小、宽窄、高低、厚薄、虚实、位置、方向、色彩、质地等。

第三节 建筑的轮廓线

一

建筑的轮廓线一般是指其外形轮廓。轮廓线是建筑最明显的形象，它起到控制形态的作用。例如前面所说的印度泰姬·玛哈尔陵的形象，其轮廓形态做得优美动人。如图 9-21 所示，是登封嵩岳寺塔的外轮廓。

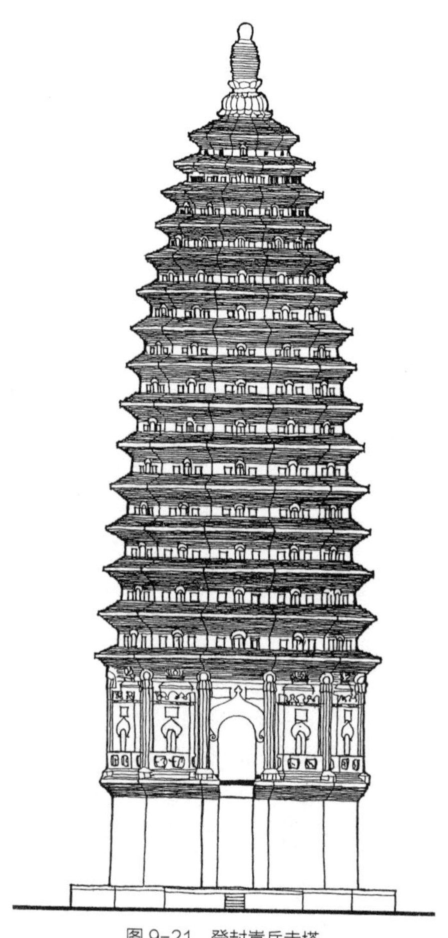

图 9-21 登封嵩岳寺塔

哥特式建筑形象，其外轮廓也很动人，如图 9-22 所示，这是天将晚，在落日余晖映照下的形象。它把原来建筑形象上的许多东西都简化、朦胧了，只留下其外轮廓，具有音乐式的意象化美学效果。这在摄影艺术中称“剪影”，动人非凡。也能令人联想起李商隐的诗句：“夕阳无限好，只是近黄昏。”或者联想到捷克音乐家德沃夏克的《第九交响曲：自新大陆》，感人至深。

图 9-22 优美动人的哥特式建筑的轮廓

二

“建筑是凝固的音乐”这句话，是 19 世纪德国哲学家舍林（1775—1854 年）提出来的，后来不胫而走，至今还经常被人们奉为建筑美学的经典之语。其实建筑确实能与音乐进行比照或比兴。

可是如果机械地套用，说什么曲子对应哪一座建筑，或者哪一段乐曲是建筑的什么形象等等，这就错了。建筑与音乐确实有可比之处：它们都是抽象的，是一种“感”——音乐感，建筑感。在这种“感”的面前，建筑与音乐之间确实有相似之处。音乐是时间的、听觉的艺术；建筑是空间的、视觉的艺术。俄罗斯著名音乐家斯特拉文斯基（1882—1971 年）说：“我们在音乐里所得到的感受，和我们在凝视建筑形式的相互作用时所得到的感受是完全相同的。除此之外，我们找不到更好的办法来解释这种感受。”（（英）戴里克 · 柯克 . 音乐语言 . 茅于润译 . 北京：人民音乐出版社，1984.）

音乐里有“上行音型”和“下行音型”，其实建筑造型也有类似的效果。音乐里的“上行音型”是指一个小节的音由低向高发展变化；在建筑中，例如巴黎的埃菲尔铁塔、北京天安门广场上的人民英雄纪念碑等形象，它们的轮廓线都构成向上的抛物线形，意象出庄重、向上的情感效果，图 9-23 是天安门广场上的人民英雄纪念碑形象。

三

与“上行音型”相对的是“下行音型”。在乐曲中，一个小节由高向低发展，这种效果往往表现出深沉、遁世、暮色等感觉。在建筑上，它的轮廓线自上而下形成反凹的抛物线，如墓的外轮廓，西安的小雁塔，云南大理的崇圣寺千寻塔（图 9-24）及河南登封的嵩岳寺塔等。

四

建筑的轮廓线是很有讲究的，如果不加注意，也许会引出不好看的效果。如图 9-25 所示，这是阿尔及尔英雄纪念碑，这座纪念碑在某些角度上看去会产生不对称的形象，这就有损于纪念碑的庄重性。三角形的平面容易产生这种效果，须慎重。如：埃菲尔铁塔、埃及金字塔等，用的是四方形平面，它们在任何角度看去，两边总是对称的。若用三角形平面，最好能做成非中心对称的形象。如果做成其中一个翼特别长，则产生轴线效果，就能克服那种似对称非对称的不好看的形象。

图 9-23　人民英雄纪念碑

图 9-24　大理崇圣寺千寻塔

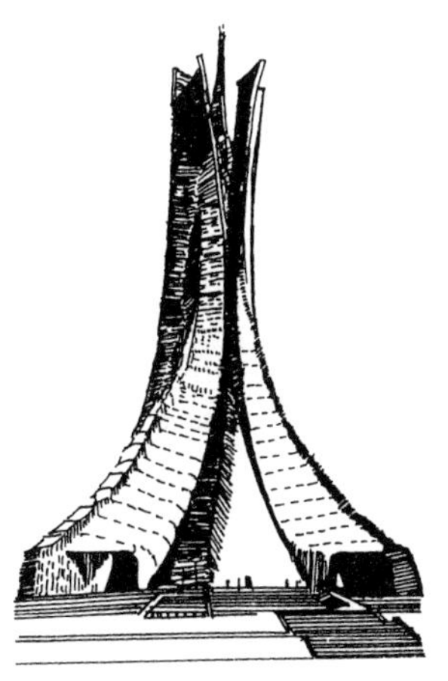
图 9-25　阿尔及尔英雄纪念碑

第四节　天际线和建筑群的轮廓线

一

天际线是建筑物上部与天空交界的那条轮廓线。天际线与建筑形象关系也较密切，特别对于建筑群乃至城市轮廓线形象，影响是比较大的。

上海外滩的建筑群，构成一条高低错落的天际线。如图 9-26 所示，是从黄浦江对岸浦东望去的形象。这条天际线形态较优美，这些建筑物有高有低，建筑与建筑之间有疏有密。形象既有变化，又很统一。或者说，形式上是有变化的，在风格上是统一的。

二

杭州西湖孤山之西的西泠印社，建筑自由地散落在高高低低的小山上下，这个建筑群可谓高低错落，疏密有致。如图 9-27 所示，是它的总平面图。这一组 10 余座建筑，形成一个既自由自在，又重点突出；既多种多样，又有统一风格的建筑群。这个建筑群的中心，就是山顶上的那座石塔——华严经塔。如果没有这座塔，这个建筑群的轮廓线就显得既平淡又无组织。

三

上海浦东陆家嘴中心区是近年来新建成的，这里的建筑都很高大，如：东方明珠电视塔、森茂国际大厦、世界金融大厦、证券大厦、招商局大厦、正大广场、金茂大厦、环球金融中心、上海中心等。这些建筑，单体形象或许都不错。可是由于这些建筑个性都很强烈，而且相互均挨得很近，几乎没有缓冲的余地，所以在总体上就缺乏统一性，从建筑群的形象来说就欠妥了。相对来说，上海虹桥开发区的建筑群形象就要好得多，它的各个单体建筑，如：上海世界贸易商城、新虹桥大厦、新世纪大厦、国际展览中心、国贸大厦、太平洋酒店、扬子饭店、协泰中心大厦等，这些建筑形象，个性不甚张扬，相互之间既有区别又显得统一。无论高低、疏密以及屋顶造型等，都不失为一组统一的建筑群。

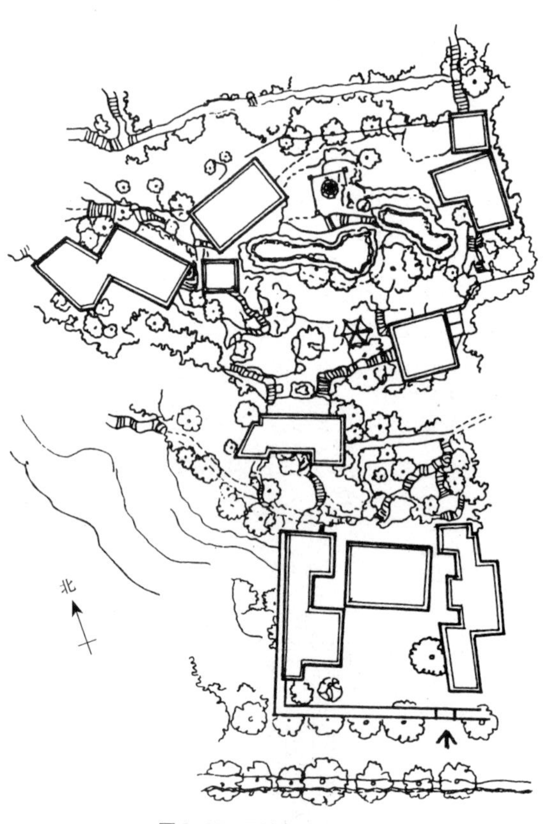

图 9-27　西泠印社总平面

图 9-26　上海外滩天际线

四

住宅小区建筑群，又是一种特定的建筑群形象。显然，其出发点是供人们居住、生活的。因此建筑群形象的前提是居住（功能），在此基础上考虑建筑群的形式问题。例如：上海的广粤小区（建成于1997年），这一建筑群很有整体感，疏密得体，既有变化又有统一，如图9-28所示。这个小区的特点之一是组团明确，既有中心绿地，又有组团空间，所以显得很有生活情趣。

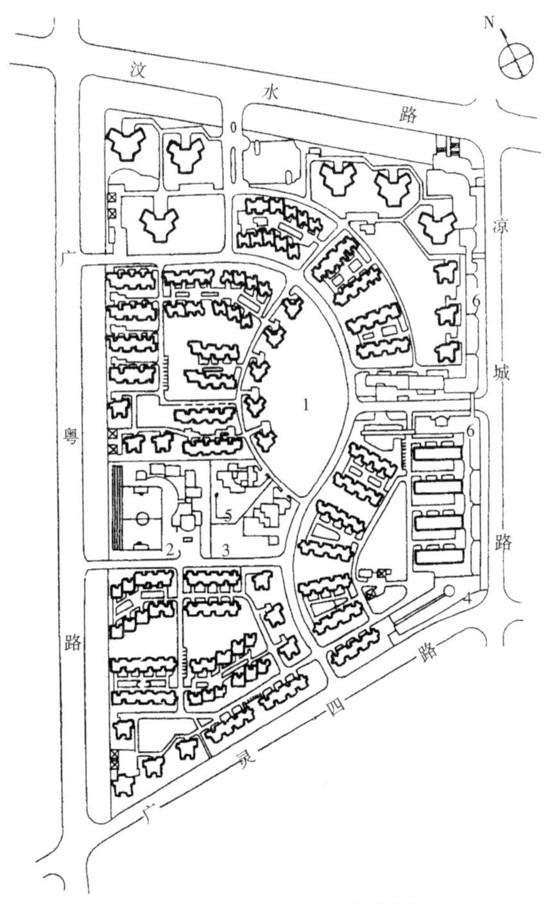

图9-28 上海广粤小区总平面图
1—中心花园；2—小学；3—幼儿园；4—超市副食品广场；5—托儿所；6—商场

住宅小区建筑群，在规划、设计的过程中，要从实际的视觉效果出发，不能只顾规划图纸上的好看。有经验的设计者能够想象出这个小区建成后的形象效果。因此设计者非常需要提高自己的建筑美学和城市美学上的修养。

五

学校，特别是高等学校，其校园建筑群也值得重视。学校的主旨是教学，抓住这一特点来做好校园的总体安排是很重要的。这一建筑群的特点既然是教学，那么反映在建筑群上就是把握“秩序”二字。在这里我们通过一些实例来分析。

如图9-29所示，是英国约克大学的校园总平面图。有人认为，这个校园建筑的特点是用廊连起来，如其中的道因特学院、兰克维斯学院以及南首的赫斯林顿大厅为一组。另外，这些建筑由于用廊相连，不但可以使人们在雨天不必走湿路，更是可以形成建筑与建筑之间的关系。

如图9-30所示，是上海交通大学闵行校区总平面图。从图中也可以看出它的秩序性，做到分区明确。在图的左边，是附属设施。这里有教师住宅、幼儿园和中学等，自成一体。在它的东首，有体育设施，再往东是图书馆和教学楼、学生宿舍等，也自成一体。然后是一条大路，将学校分为东、西两大部分，东面的部分又自成一体，构成相对独立的部分。从建筑形式来说，就是按照这些组团来区分，所以这个校园建筑群从美学的角度来看，它既以教学为本，又显示出建筑造型的单体和群体的统一。

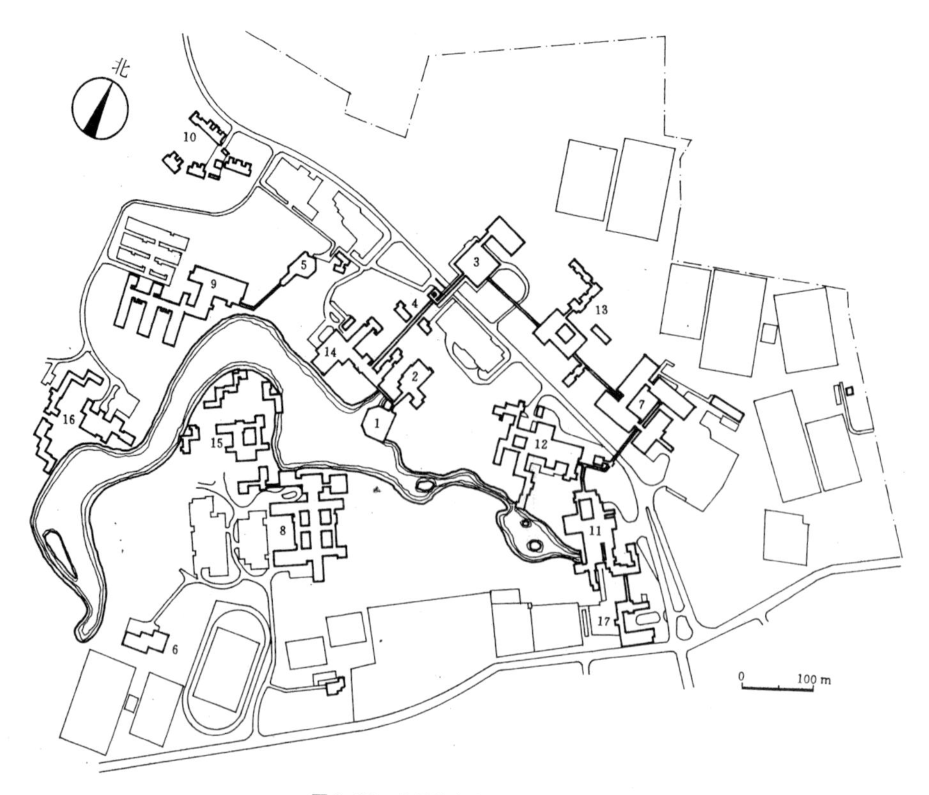

图 9-29 英国约克大学校园总平面图

1—中央大厅；2—语言中心；3—图书馆；4—计算机中心；5—音乐中心；6—运动中心；7—化学实验室；8—物理实验室；9—生物实验室；10—住宅；11—道因特学院；12—兰克维斯学院；13—亚尔库因学院；14—芒普尔夫学院；15—格特里贵学院；16—学院；17—赫斯林顿大厅

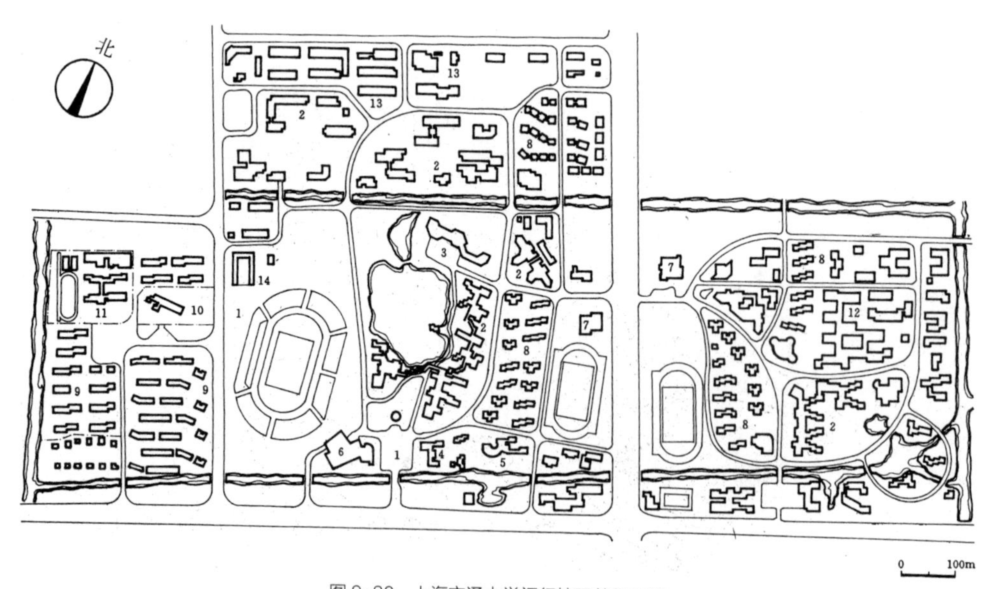

图 9-30 上海交通大学闵行校区总平面图

1—校门广场；2—教学楼；3—图书馆；4—行政楼；5—学术中心；6—会堂；7—体育馆；8—学生宿舍；9—教师住宅；10—幼儿园；11—中学；12—实验室；13—工厂；14—游泳池

第十章 Proportion and Scale 比例与尺度

第一节 建筑中的比例

一

建筑形象的比例问题是建筑造型设计中的一个很重要的手法问题。如图 10-1 所示，这是纽约的利华大厦（1952 年建），由 SOM 公司设计。这座建筑称得上是美国最优秀的现代派建筑之一。据说 20 世纪 80 年代，当地的一些地产商本来想要将它拆掉，说它只有 22 层，位于曼哈顿地皮很昂贵的地方很可惜，他们准备在此建造一座高达 70 余层的高楼。但政府部门不同意，说这座利华大楼已属文物（1983 年 3 月，经有关部门批准），要保护。宁可出巨资进行维修，也要保护好它，不让拆。其理由是这座建筑是现代主义“方盒子”建筑的代表作。这座建筑好在何处？他没有什么装饰，是一座外表全是玻璃的建筑。它的造型符合现代建筑美学准则。造型美指的是什么？就是指变化与统一、均衡与稳定、比例与尺度、韵律与节奏等建筑美的法则。对这座建筑的造型美来说，比例是特别重要的。这座建筑的比例，可分 2 部分来分析：一是高层建筑正面的高与宽之比，构成一个近似黄金比的竖向长方形。二是这个长方形的顶部与底部的高度，与中间部分的高度之比有明显的差别，这就有了主、次关系，产生和谐稳定的造型美。

二

建筑立面的比例，往往是把立面分为虚与实来做比例处理，也有的是分立面的高低或不同材质、色彩来处理。如图 10-2 所示中有 3 个立面，每个立面分实和虚两部分。玻璃门窗为虚，墙为实，它们之间的比例关系：图中的（a）是玻璃门窗大，墙面小；（b）是两者差不多大小；（c）是墙面大，玻璃门窗小。显然，（a）和（c）都是较好的处理，比例上主次分明；（b）则不妥，虚与实两部分各半，没有主次，没有侧重。当然，我们要以建筑的功能为前提，但功能与形式之间如何两全其美，正是设计水平的体现。设计者应当两者兼顾，而且还要注意技术可行性和经济性。

图 10-1 利华大厦

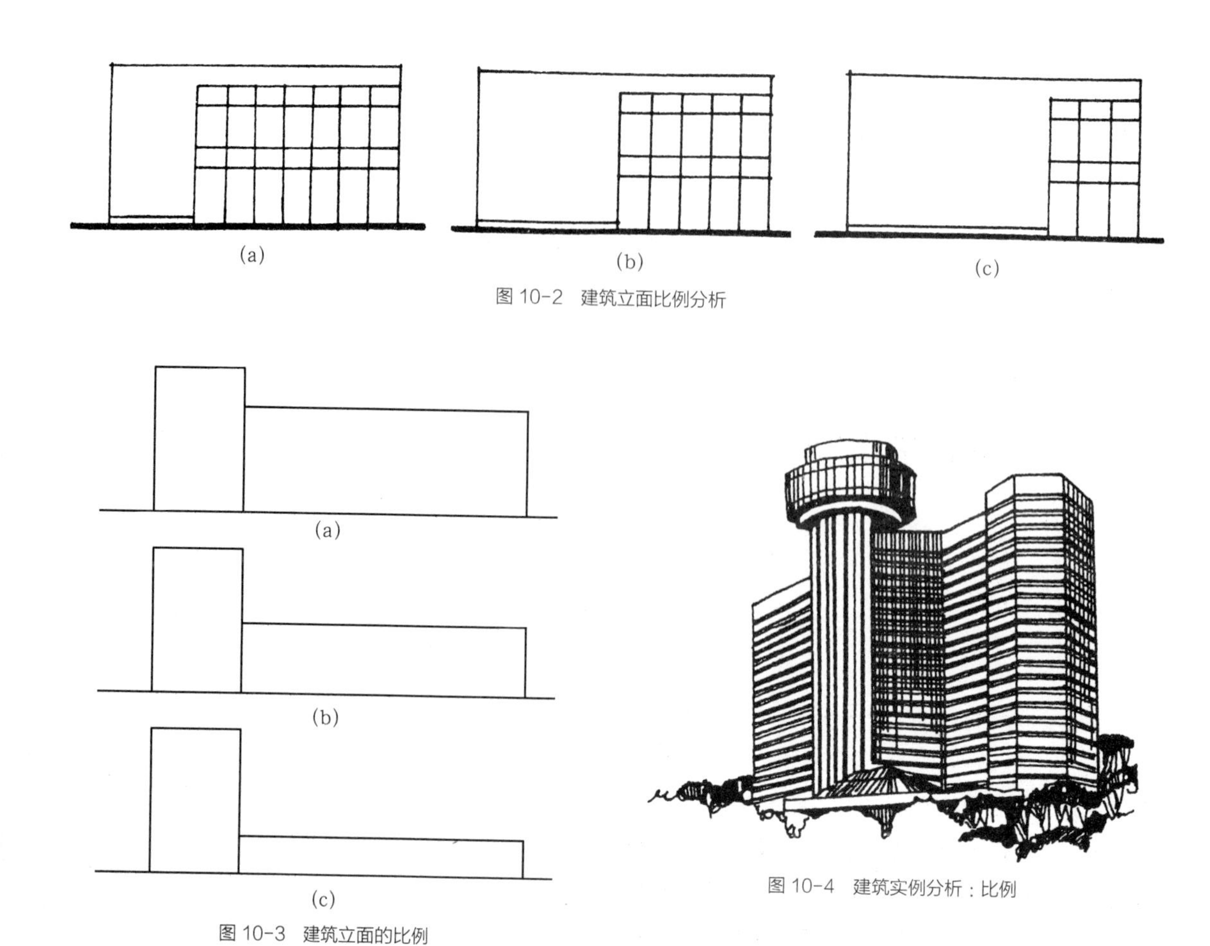

图 10-2 建筑立面比例分析

图 10-3 建筑立面的比例

图 10-4 建筑实例分析：比例

如图 10-3 所示是一个建筑立面的高低两部分的处理。同样，（a）和（c）较好，（b）不妥。其理由与上面说的一样。如图 10-4 所示是个实例，这座建筑的主体部分显得太高了，看上去觉得头重脚轻，比例失调。如果左右两边的建筑再向上提高一些，或者将中间的主体部分再低一些，这个形象在比例上就比较好了。当然这一切要在功能合理的前提下，否则只从形式出发，就容易流于形式主义了。

建筑立面内部的比例也同样重要，如图 10-5 所示，这是一个多层建筑的局部，左边是楼梯间。楼梯间的窗子形式如何？图中画了 3 种形式：（a）是扁窗，（b）是长窗，（c）是点式的小窗。

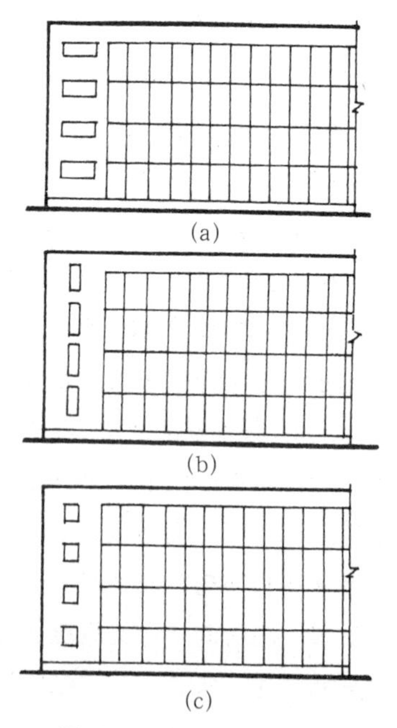

图 10-5 楼梯间窗子形式比较

这 3 种窗从形式上说孰好孰差？图中之（a），它的问题是将墙面的竖向构图打断了，失去了实墙的整体性，所以不妥；图中之（b）是竖向的窗，与墙面的竖向形态形成不必要的重复，也不妥；图中之（c），用点式的小窗，则保持原来墙面形象的完整性。整个立面，楼梯间实，其余虚，很得体。

四

古今中外许多优秀建筑，在比例处理上值得注意，可资借鉴。法国凡尔赛大花园内，有一个宫殿建筑：小特里阿农，建于 1762—1764 年，这是一个典型的古典主义建筑。在正立面上，采用三段式处理手法，中间柱廊，三间四柱做法，其宽度与两侧的墙面（墙上开窗，但从整体上说是实的部分），感到十分和谐。

又如，美国华盛顿白宫的前立面，用三间四柱上加山花的古典主义传统构图，但三间宽度相等，由于视觉的习惯感觉，总觉得中间一间似要比两边的狭一些。这种视觉关系我们在设计中要注意。再如北京天安门广场西侧的人民大会堂正立面，11 开间，中间的开间比两边的要略宽一点，这样的关系也出于视觉，看上去觉得自然、和谐。

如图 10-6 所示，是上海某医药公司建筑立面形象，分上、下 2 部分，两者的高度之比近乎 2 ∶ 1，看上去主次分明。要是高度做成上、下各半，其造型效果就不妥了。

上面我们已经说到，巴黎卢浮宫东立面的比例，自上而下，其高度之比为 1 ∶ 3 ∶ 2，被认为是经典的比例，金科玉律。但后来到处乱用，则不免墨守成规。我们还是要因地制宜，在把握原则的基础上融会贯通。这就是我们对建筑造型中的比例的基本观点。

第二节　建筑中的尺度

一

尺度不是尺寸，而是一种标准，大小、高低等；建筑的尺度有 2 层意思：一是指建筑形象在人的心目中应当具有的大小或宽窄、高低等概念。二是指建筑供人应用，所以往往与人比较而得出长短、大小的概念。

如图 10-7 所示是建筑尺度的意义之解释。图中之（a）为正常大小的人与建筑的尺度关系；（b）是建筑太大，人太小，注意，这里指的建筑太大，

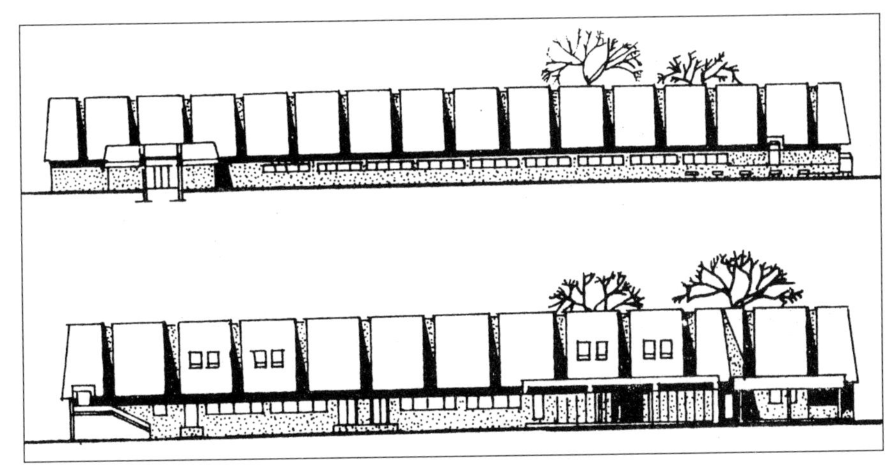

图 10-6　某医药公司建筑立面

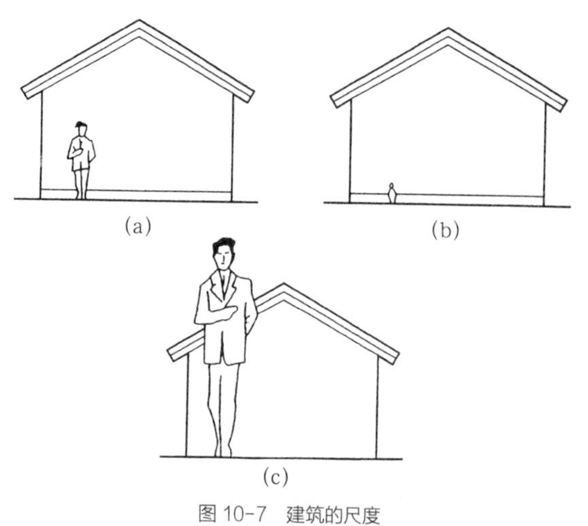

图 10-7　建筑的尺度

图 10-8　上海市总工会与海关大楼

是指其对于这种建筑式样而言过大了；（c）是建筑太小，人不能进去，当然这是夸张，但建筑形式与人之间，总应有个合适的尺度关系。

建筑的尺度概念是所有造型艺术（门类）中特有的。一幅画，可以放大，也可以缩小。例如：文艺复兴时期的画家拉斐尔画的《西斯汀圣母》，其原作是教堂中的一幅壁画，高 265cm，宽 196cm；但一般我们所看到的这幅画，多为书本上的，有的只有高 27cm，宽 20cm。但是，其效果差不多，至少它仍是一幅效果很好的画。又如雕塑，古希腊著名的雕像维纳斯（阿芙洛狄特忒），其原作现藏于巴黎卢浮宫，高达 2.4m。如果把这座雕像复制成高仅 30cm，将它翻成石膏像，放在案头，也很高雅，不失原作之精神。但建筑则不然，如果把高达 152m 的科隆大教堂缩小，高仅 40cm，尽管制作得很逼真，很精美，也只能说是个模型或工艺品，由于失去了空间相对于人而言的尺度意义，因而不能说它是建筑。

二

上海外滩 13 号的海关大楼与 14 号的上海市总工会（原交通银行），如图 10-8 所示，两座建筑一左一右相邻。海关大楼总高 11 层，屋檐下面 6 层，上面 5 层是塔楼；上海市总工会下面也是 6 层，但这两者大小却相差很甚。如果远看（如站在黄浦江对面看），还以为海关大楼在前市总工会在后。近处看，则两者好像不是用同一把比例尺绘图而建的。这是上海外滩建筑群的一个尺度上的遗憾。

再有一例：上海南京东路西藏路西北转角的新世界广场（建于 1995 年），它的南立面和东立面上的圆拱窗尺度太大，窗的高度足足有一般建筑 3 层楼那么高。但它所用的形式却是一般窗子的形式。参照系的尺度不当就给人一种错觉，把本来高达 12 层的建筑，误以为是 7 层的建筑了。

三

尺度用得恰当，也是美的一个要素。上海的龙华塔，砖身木檐，八角七级，每级均有回廊、栏杆。无论层高、出檐深度及栏杆高度，都给人某种供人活动的尺度上的美感。这就表现出中国佛教的世俗化精神。尺度，在其中起着主要的作用。

再如北京故宫中的太和殿，从地面到屋脊的高度达 35m，它只有一层高，这就给人一种皇权至高无上的感觉。但它在许多局部、细部尺度上，却又是很人性化的。例如，它用的开间（共 11 开间），每间约 6m，这就是人的使用尺度。毕竟皇帝也是人，皇帝也生活。

今宁夏回族自治区的西夏王陵高达 10 余米，但远远看去，只觉得是一般的土墩，但当你走近一看，才觉得它体量是如此的巨大，有被震慑之感。尺度也是一种视觉体验策略，应予重视。

四

如图 10-9 所示，是位于德国莱比锡大会战纪念碑（为战胜拿破仑军队而建）。这座纪念碑的尺度过分大，而且不统一。拱门是一种尺度，相当巨大，门下面的好似台级的形象，如果真是台级，其尺度系统更夸张。碑顶的人像雕刻，其尺度也甚大，更令人产生尺度上的混乱。总之，尺度系统的混乱，让人难以判断它的大小。人们离远一点看，还以为它只不过 10 来米高，殊不知它的高度达 60m 余。

古希腊的帕提农神庙在建筑的尺度处理上是斟酌过、下过一番工夫的。它的外围柱廊的柱高为 10.4m，不失其庄严、伟大之感。但在室内，做了两层围廊，一层变两层，下层的层高为 6m，上层的层高仅 4m，符合人活动的尺度要求。因为在室内，

图 10-9　联军纪念碑

图 10-10　维琴察巴西利卡（局部）

人与神近距离“对话”，也没有“远看”的机会，所以一层变为两层是很合理的做法。

如图 10-10 所示，是意大利维琴察巴西利卡的一个局部，由帕拉第奥设计。这个设计在尺度手法上与帕提农神庙的手法异曲同工。后来被人们说成是用“两套尺度”的手法。米开朗琪罗设计的罗马卡比多山上的档案馆和图书馆两座建筑的立面，同样也用这种手法。这种“两套尺度”的手法，其目的就是使大型公共建筑的整体尺度合乎逻辑，但又不失人与建筑近距离时的尺度舒适感。

第三节　建筑尺度与视觉原理

一

要了解建筑尺度的视觉原理，首先要了解什么是视觉形象。视觉形象，通俗地说就是我们所见到的“东西”。这“东西”的概念包括 3 层意思：一是所见到的“东西”的形。二是这“东西”的大小和离所见者的距离。三是这“东西”的明度和颜色。我们在这里要分析的是第 2 个意思：它的大小和离所见者的距离。讨论建筑的尺度，必须研究这一基本问题。

根据“视像尺度问题的初步分析”（沈福煦 . 同济大学学报 .1979（4）.），视像的大小是由人眼所见

物体的视角和视距合成（通过生理的作用）的判断结果。显然，物体离人越远，它所含的视角就越小。但我们所见到的物体决不会像透视图里画的那样，越远越小，这就是由于视距判断的作用。我们所见到的物体的大小，应是 $a=L\cdot\tan\phi$。a 是物体的大小（长度单位），L 是视距，ϕ 是视角。如图 10-11 所示。但由于眼睛对距离的判断是有误差的，这个误差会随着视距的增加而增大。人的双眼判断能力，由德国科学家赫尔姆霍茨（1821—1894 年）研究证明，人的视距判断本领是有极限的，这个极限值为 1350m。也就是说，人对 1350m 以外的东西，离人多远的判断能力就相当差了（除非有其他辅助因素），星星和月亮离我们有多远，我们无法判断。例如织女星离我们的距离为 27 光年，月亮离我们的距离为 38.44 万 km（平均距离），但我们无法分辨它们孰远孰近，好像都一样，都在一个天穹上。所以我们总以为月亮比织女星大。

二

如上所述，建筑物的大小多是从建筑物上的那些我们已经习惯的大小概念获得的，所以重视建筑形象的尺度问题很有必要。北京天安门广场东侧的中国国家博物馆（如图 10-12 所示，是其局部），如果我们站在其对面的人民大会堂附近看去（视距约 500m），总以为这是一座一般的两层楼的房子，其高度充其量为 10m，谁知它的高度达 30m 余。这种错觉正是由于视觉对距离和尺度判断的错觉，以建筑上的一些习惯的尺度判断而造成的。

如图 10-13 所示，是英国伦敦的海波因特公寓（建成于 1935 年），除了功能、技术和造型上都做得比较成功外，它在视像尺度处理上也是比较成功的。这是一座 8 层的公寓，双“十”字形平面，建筑形象不同于“一”字形平面的平铺直叙，而是富有变化的。立面形象上的尺度感很明确、宜人。窗、阳台等给人有一种和谐之感。

三

俄罗斯圣彼得堡的海军部大厦（建于 1823 年），位于风光秀丽的涅瓦河畔。这座建筑中轴线对称，中轴线处有塔楼，如图 10-14 所示，高耸挺拔，比例得当。但当这座建筑的设计图拿出来审阅时，有

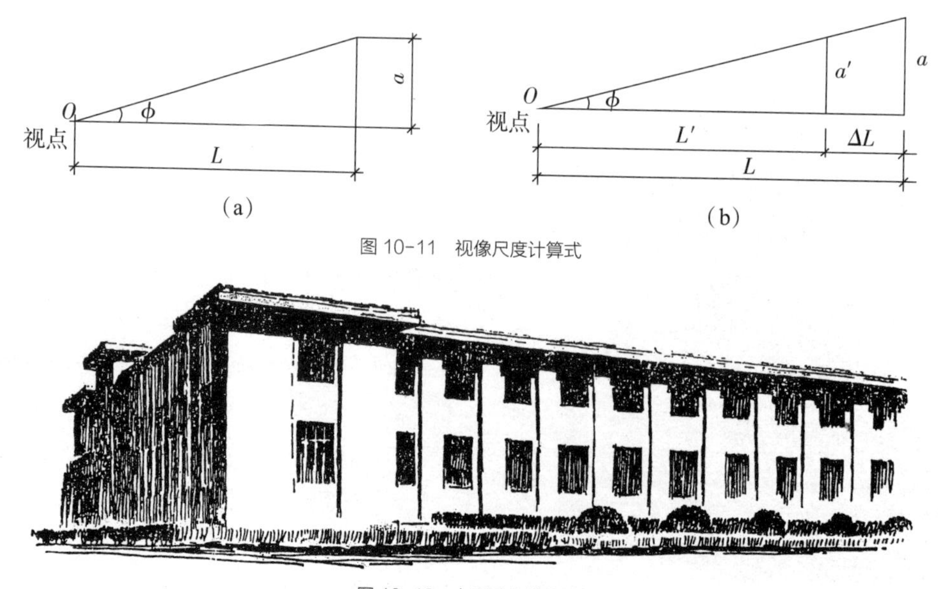

图 10-11　视像尺度计算式

图 10-12　中国国家博物馆

图 10-13　海波因特公寓

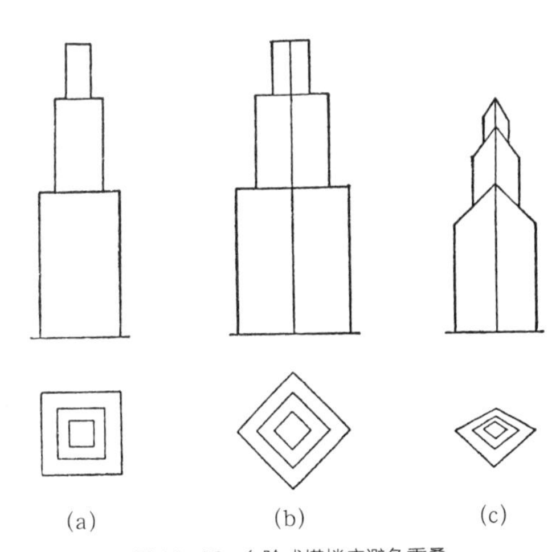

图 10-15　台阶式塔楼应避免重叠
（a）侧视图；（b）对角线方向的视图；
（c）透视图说明在塔楼设计中，正视图不可靠

图 10-14　圣彼得堡海军部大厦正立面

经验的建筑师指出：此建筑若建成后，实际的视觉效果并非如图所绘。塔楼中间的柱廊会被下面的部分遮住（由于下面的基座大），会失去原来优美的比例。因此后来便修改方案，将柱廊的下部增高。建成后效果确实很好。如图 10-15 所示，是圣彼得堡海军部大厦正立面（局部）形象。

有的建筑理论家指出，如图 10-15 所示，台阶式塔楼往往会出现图中的情况，上下几个转角重叠在一起，效果不好。这种形象在古代巴洛克建筑以及美国早期的建筑中，在台阶、基座、方形塔楼等建筑中经常出现。因此在设计时需用某种手法来加以弥补或修正。如在这一特殊的位置处植树、挖水池或建造房屋等，使人无法看到这种不好的效果。

四

还有一种情况，与空间有关，如图 10-16 所示，图中左边的是正方形柱列，因此被遮去较多的视线，使空间感到拥塞。如果改用圆形柱列，从平面图解便可知，其空间就会觉得开敞多了。特别是在商场、会场等公共性空间中，尤要注意，既要满足柱列的结构要求，也要使空间开敞。

这种视觉效果的例子很多，我们须在实践中多注意。同时，作为建筑学的学生或设计工作者，要随时留心身边建筑的形式和视觉效果。

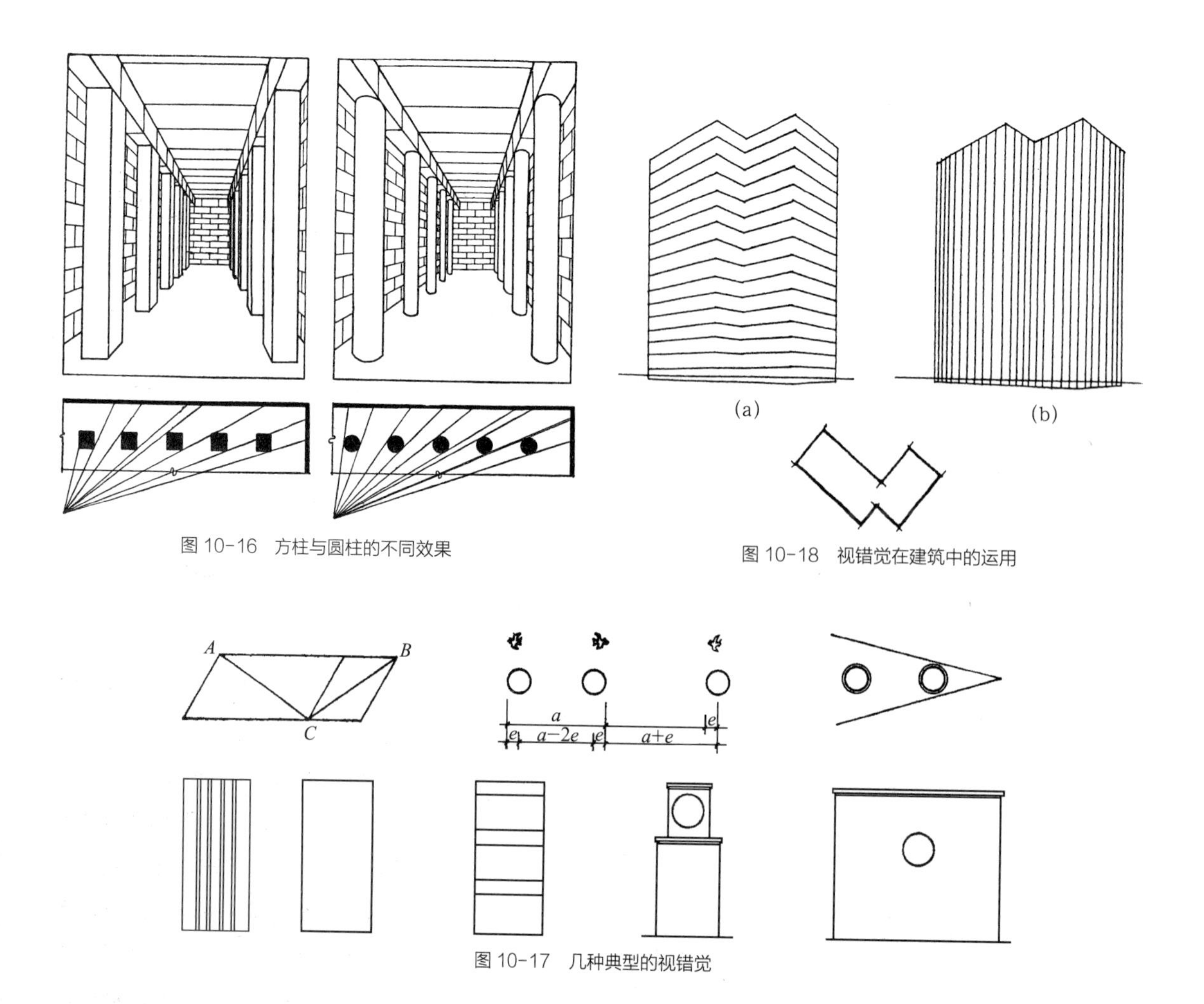

图 10-16　方柱与圆柱的不同效果

图 10-18　视错觉在建筑中的运用

图 10-17　几种典型的视错觉

第四节　建筑中的视错觉

一

视错觉有多种，如对形体大小的判断、视距的判断、水平尺度和垂直尺度的判断以及对明度和色彩的判断等都有错觉。如图 10-17 所示，就是几种比较典型的视错觉。这些视错觉的研究，对于建筑造型处理也很有实用价值。

有些建筑，由于建筑表面的线条与建筑的凹凸重叠，就显示不出建筑的内轮廓，难以表现本来想要表现的建筑形象，如图 10-18（b）所示。如果把这种线条改成水平线条（要不影响建筑的功能和结构），如图 10-18（a）所示，其效果就会大大改观。这就是视错觉在建筑中的具体运用之例。

二

有些建筑的细部设计，如果不注意视觉上的规律，会引出错觉，使形象产生某些不愉快感。如图 10-19 所示，这是一些窗子的花格图案。本来的构思甚好，但做出来以后却引出错觉。据说设计师对这些形象的错觉还不认为是错觉，说是“施工有问题”。其实施工没有问题，后来用尺和绳子去校验，才知道不是施工问题，而是“眼睛有问题”。这是视错觉引起的。

建筑形象的这些错觉如何避免？也应依靠经验。多观察、多体验，就能够避免这类不必要的视错觉，避免建筑形象“受损害”。

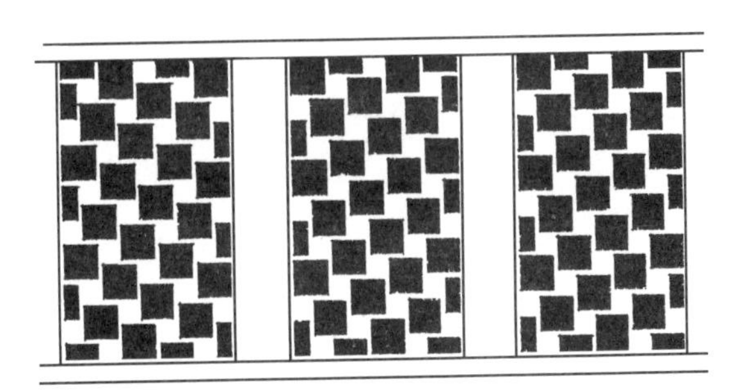
图 10-19　视错觉在花格窗子中的情况

三

如图 10-20 所示，是建筑造型的一种处理“技巧”。把建筑顶层的窗过梁和女儿墙一块儿连起来，墙外做深颜色的直条纹图案的表面处理，给人一种坡屋顶的错觉，显示出江南地方传统特色。人们误以为这里是坡屋顶。这也是视错觉，但应用要得当。

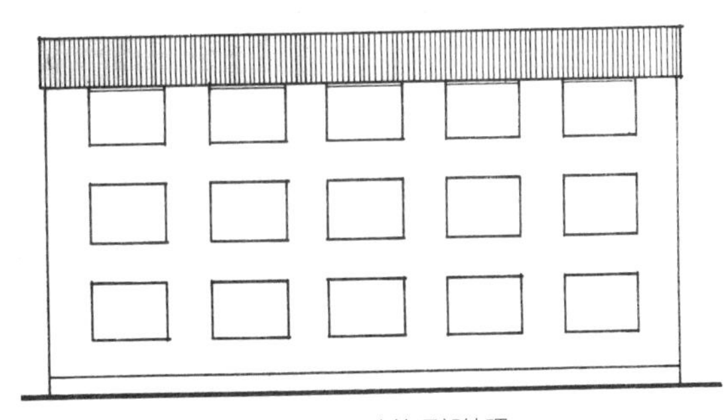
图 10-20　建筑顶部处理

同样，如图 10-21 所示，图中的这座建筑，把山墙上部处理成另外的形式，人们误以为是屋顶。这是上海市杨浦社会福利院，其屋顶是个不等边的斜坡，设计者将红瓦贴在山墙上部的墙面上，使人捉摸不定，误以为它是屋顶，又是不对称的，好像另一半被削去了一部分似的。这使建筑增添视觉趣味。

有的建筑，在大块墙面上画上窗子和阳台等，画得十分逼真，连阴影也画上。下雨天人们见了这个画出来的阳台和阴影，误以为是太阳出来了，搞得莫名其妙。

图 10-21　上海杨浦区社会福利院

四

在无锡寄畅园里，你若站在环翠楼前的平台上向南望去，景致甚美，近处是水池，对面是廊、知鱼槛等建筑。再往远处看，则是锡山和山顶上的龙光寺，如图 10-22 所示。在园林艺术里这是一种手法，即“借景”。锡山、龙光寺和龙光塔本不是寄畅园中之物，但在此获得似乎是在园中之感。这也是一种视错觉。在园林设计手法上之所以叫“借景”，是因为它不是园中之物，是“借来的”。其实我国的园林建筑中，借景的手法是用得很多的，如苏州拙政园中，人站在梧竹幽居（亭子），向水池西望，可以见到远处的北寺塔。又如北京颐和园昆明湖东岸，可以看见西边的玉泉山及山上的玉峰塔。通过设计经营这些景物都像是在园林之中，美不胜收。

图 10-22　无锡寄畅园借景锡山

第十一章 Axis 轴线

第一节 轴线的性质和类型

一

轴线有许多含义，画建筑施工图时，墙的中心线称轴线；道路的中心线也称轴线。我们这里说的轴线，指的是建筑所占有的空间关系的“线”。在建筑中，用形体交代出空间的关系，在人的感觉上产生一种“看不见”而又“感觉到”的轴向。城市也有轴线，如：北京古城，有一条很长很对称的中轴线，自南至北，用轴线上的建筑来表示，即永定门、正阳门、天安门、端门、午门、太和门、太和殿、中和殿、保和殿、乾清门、乾清宫、交泰殿、坤宁宫、钦安殿、神武门、北上门、景山、鼓楼、钟楼，直至北城墙。这是世界上最长、最完整而笔直的一条建筑群中轴线，长达 8.45km。又如山东曲阜的孔庙，自南至北为：万仞宫墙、金声玉振石坊、棂星门、圣时门、弘道门、大中门、同文门、奎文阁、大成门、杏坛、大成殿、寝殿、圣迹殿等，十分宏伟。如图 11-1 所示，就是曲阜孔庙的总平面图。

轴线有对称轴线和非对称轴线两种。对称轴线，如：北京古城中轴线、巴黎卢浮宫、华盛顿国会广场等。非对称轴线，如某个不对称的建筑，在主入口处所形成的轴线效果。现代建筑多为不对称的（由于功能和地形等原因），通常非对称轴线的分析更加复杂多变。

二

对称轴线的基本特征是：庄重、雄伟，但缺乏情趣。

对称轴线的基本手法：空间及物体（建筑等）左右对称，并限定出中轴线。

对称轴线的性质：①限定物（即形成对称轴线的建筑或其他物体）的对称性越强，轴向性也就越强。②限定物的自对称性越强，这两个相互对称的形象所形成的轴向性反而越弱。

用图来说明，如图 11-2 所示，其中（a）图是 3 组建筑，每组的限定物两两对称，左边是一般的强度；中间的两个建筑（或其他限定空间之物）本身不对称，但两两对称，则轴向性增强；右边的两个建筑（或其他限定空间之物）对称，产生中轴线；但这两者自身也对称，则又产生了中间的一条中轴线，所以就削弱了原来的那条中轴线的力度。

如图 11-3 所示，是同济大学总平面图（局部），它的轴线布置正是图 11-2 中的（a）第三种情况。由于左右两座建筑（南楼和北楼）的自对称性，削弱了中间的主轴线的力度。后来在中间建造了高达 12 层的图书馆大楼，加强了主轴线的力度，效果比以前大为改观。

如图 11-4 所示，是德国柏林的勃兰登堡大门，它的左右两边的建筑自对称另成轴线，反而削弱了中间的主轴线，如图 11-2 中（b）的第三种情况。由于两边的小建筑自身对称产生轴线，便削弱了中间主轴线的力度。

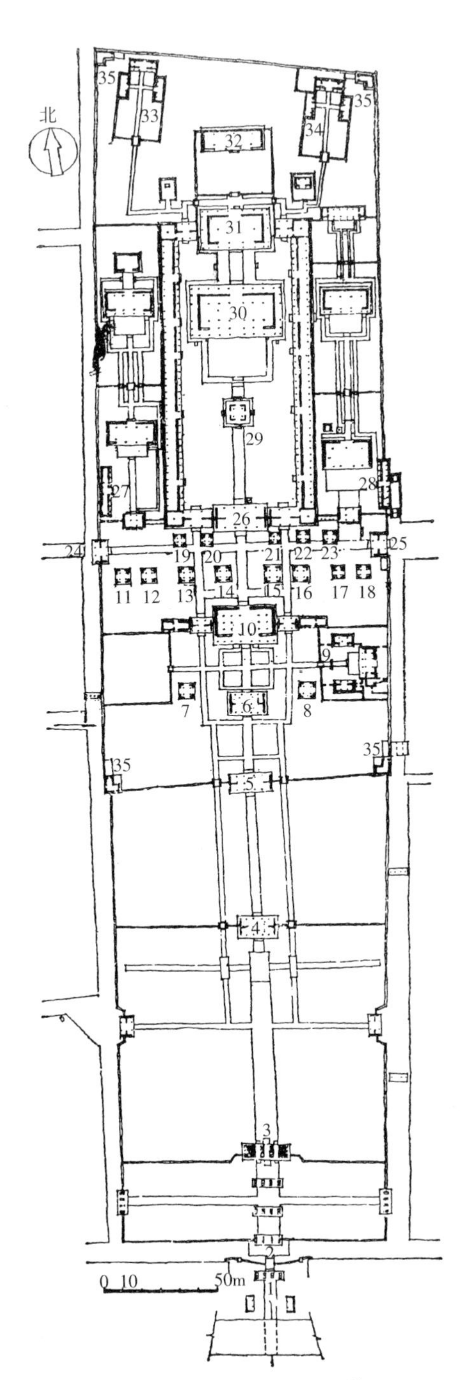

图 11-1　曲阜孔庙中轴线

1—金声玉振；2—棂星门；3—圣时门；4—弘道门；5—大中门；6—同文门；7—碑亭十四；8—碑亭十五；9—驻跸；10—奎文阁；11—碑亭六；12—碑亭七；13—碑亭八；14—碑亭九；15—碑亭十；16—碑亭十一；17—碑亭十二；18—碑亭十三；19—碑亭一；20—碑亭二；21—碑亭三；22—碑亭四；23—碑亭五；24—观德门；25—毓粹门；26—大成门；27—乐器库；28—礼器库；29—杏坛；30—大成殿；31—寝殿；32—圣迹殿；33—神厨；34—神庖；35—角楼

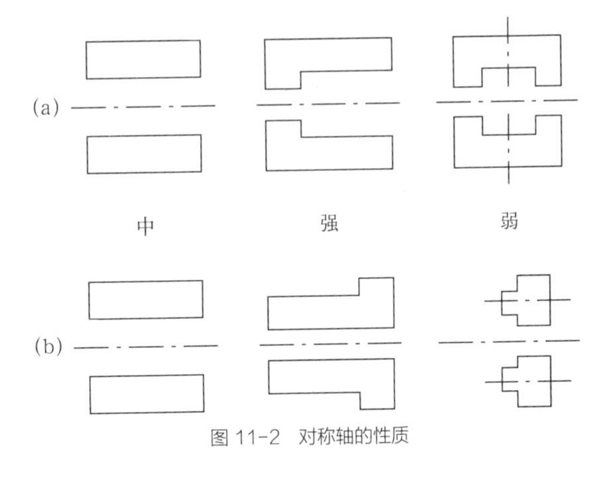

图 11-2　对称轴的性质

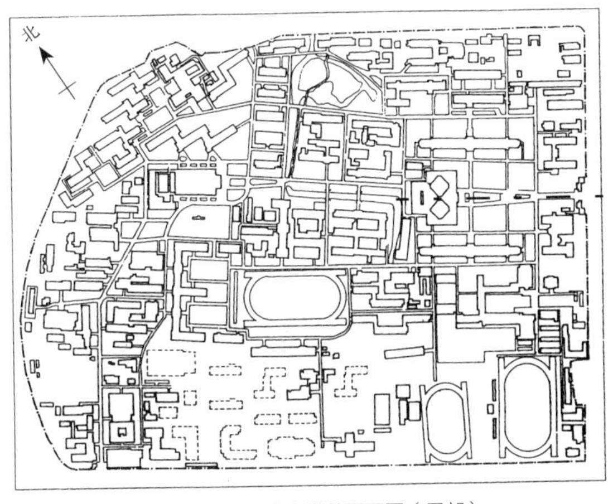

图 11-3　同济大学总平面图（局部）

图 11-4　勃兰登堡大门

第二节　对称轴线

一

如上所说，图 11-3 和图 11-4 都是不妥的对称轴线的处理手法。对称轴线的性质和作用是庄重、雄伟，如何加强这种效果，在此分析一些实例。

如图 11-5 所示，是法国的南锡中心广场，一条对称中轴线两边有好几组对称的建筑物及其他物体，把中轴线强调出来了，而且有变化、有虚实、有节奏。从轴线处理来说，堪称优秀作品。

二

如图 11-6 所示，是罗马圣彼得大教堂的中轴线处理，其手法也是分几组形象，串起来，有梯形广场、椭圆形广场和长方形广场等。中间的椭圆形广场用柱廊，使这里的空间向外扩展，这也是一种变化手法。圣彼得大教堂形象对称、庄严、宏大，穹窿顶高达 138m，加上这条绵延而强烈的中轴线，使这座教堂不失西方天主教的世界中心教堂的威仪气度。

三

如图 11-7 所示，是沈阳故宫的中轴线布局，这里有 3 条中轴线，即东路、中路、西路。东路以八角殿为主，两边分立十王亭为努尔哈赤时期所建。大政殿建于 1625 年，初时名为“笃恭殿”，康熙时改为大政殿。平面八边形，重檐尖顶，须弥座台基，每边长 9m，高 1.5m，正面有御路。建筑周边有廊，殿内有精巧的斗栱和天花藻井。外环井口的方光内绘有梵文字样；内环井口的圆光内绘作“福、禄、寿、喜”等字样。外檐五铺作斗栱，梁架作“和玺”彩画，屋顶为盖黄色琉璃瓦。南面中间二柱为盘龙柱。大政殿是努尔哈赤王朝举行大典的地方。十王亭除北端的两翼王亭外，其余八亭依八旗序列对称地分列两边。

中路是主要建筑群，南面大清门为故宫的正门，入大清门，经御道直达崇政殿，这是宫的正殿。1636 年皇太极在此即位，将后金改为大清。崇政殿为五间九檩，前后有廊，硬山式屋顶，上设黄琉璃瓦。

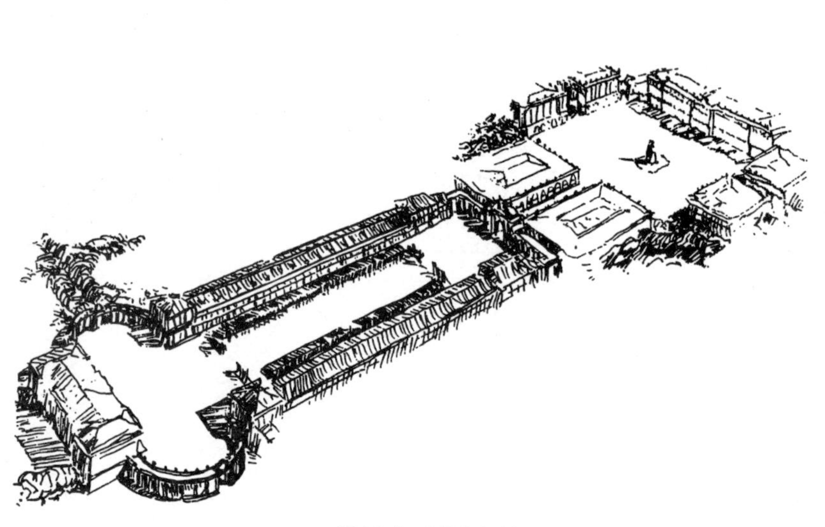

图 11-5　南锡中心广场

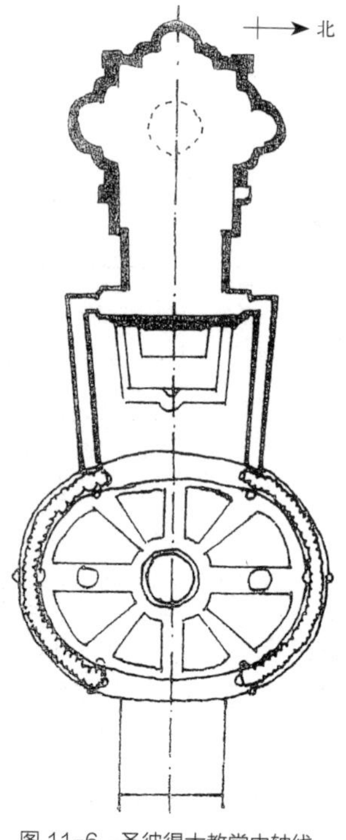

图 11-6　圣彼得大教堂中轴线

图 11-7　沈阳故宫

1—八角殿；2—左翼王亭；3—右翼王亭；4—镶黄旗亭；5—正黄旗亭；6—正白旗亭；7—正红旗亭；8—镶白旗亭；9—镶红旗亭；10—正蓝旗亭；11—镶蓝旗亭；12—大清门；13—崇政殿；14—凤凰楼；15—清宁宫；16—永福宫；17—麟趾宫；18—衍庆宫；19—关雎宫；20—飞龙阁；21—介趾宫；22—敬典阁；23—翔凤楼；24—转角楼；25—保极宫；26—崇谟阁；27—嘉荫堂；28—文溯阁；29—仰熙斋

殿前设大月台。殿内顶部“彻上明造”做法，以增加室内空间的高度。殿两侧有左右翊门，各三间，也是硬山顶，屋顶上设黄琉璃瓦，其建筑装饰十分考究。崇政殿前左右各有阁，与大清门一起组成四合院，并形成中轴线。

西路建筑也是中轴线布局，自南向北有嘉荫堂、文溯阁及仰熙斋等建筑。这一组建筑造得很晚，是 1781 年增建的。这组建筑也构成对称中轴线。

四

美国明尼苏达州的行政与历史中心，这一建筑群也是采用对称中轴线布局，中轴线前面是一个巨大的扇形广场，开阔而庄重。主体建筑后面有一个圆形平面的塔楼，作为轴线的高潮。

如图 11-8 所示，是港澳中心大厦，主轴置于两翼的对角线上，外观上主次分明，但建筑的内部由于功能的不同，所以是不对称的。

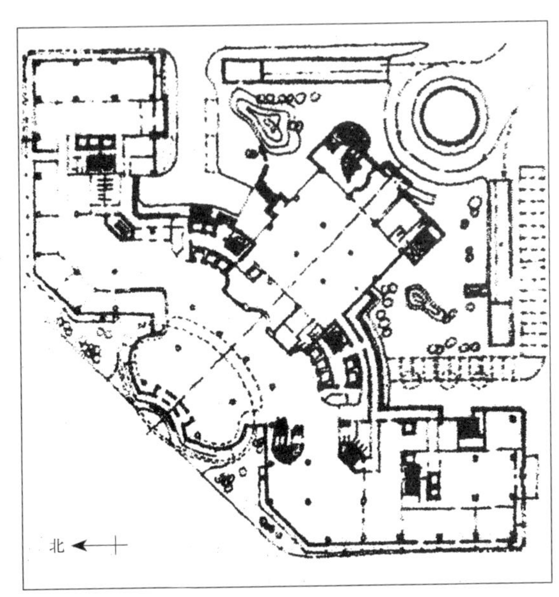

图 11-8　港澳中心大厦平面

图 11-9　圣约翰 · 莱特朗教堂立面

建筑的轴线依靠建筑及其他物体表达出来，如果建筑是对称的，便显示其对称轴线。如图 11-9 所示，这是圣约翰 · 莱特朗教堂的立面形象，左右两边完全对称，而且又用了许多雕刻和其他装饰物，加强了它的对称中轴线力度。

如图 11-10 所示，是纽约南渡口广场大厦（建于 1986 年），这是一座塔式高层建筑，塔楼正三角形平面，正面形成强烈的中轴线效果。塔式高层建筑不但做成中轴线形式，而且还做成中心对称形式，它有三条中轴线（由于是正三角形平面）。

又如，我国承德普宁寺的大乘阁，这座建筑不但形态对称，而且很高大，高达 36m，如图 11-11 所示。另外，建筑形象的力度也影响轴线的强度。这座建筑正面 6 层重檐，加上屋顶做成一大四小多个方攒尖形式，更增加了它的对称中轴线的力度。

再有一例，罗马的耶稣会教堂，建成于 1602 年，这是一座典型的巴洛克建筑。巴洛克建筑基本上都是有明显轴线的，以此强调庄重、雄伟。这座建筑的对称中轴线效果，就是依靠立面上的对称构图。无论是屋顶、门窗、壁柱等都是严格的对称。为了加强它的中轴线效果，它还在入口的上部做出数重屋顶形态，有三角形的、圆弧形的，来加强中轴线效果。同时，它又在左、右两边的二层屋顶上做了两个对称的大涡卷（这也是巴洛克惯用的装饰符号），使立面的中轴线效果更显得强烈了。

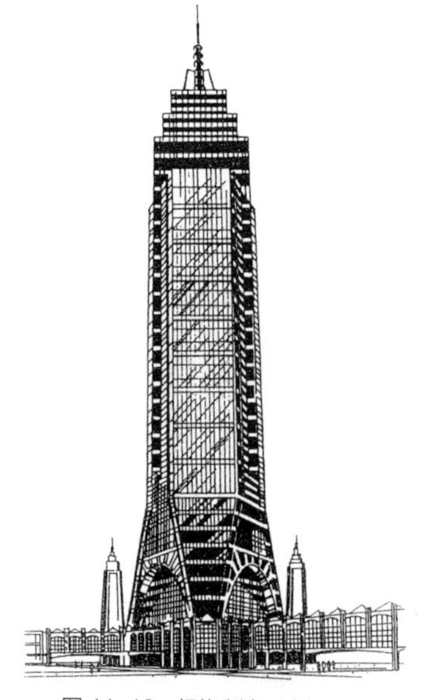

图 11-10　纽约南渡口广场大厦

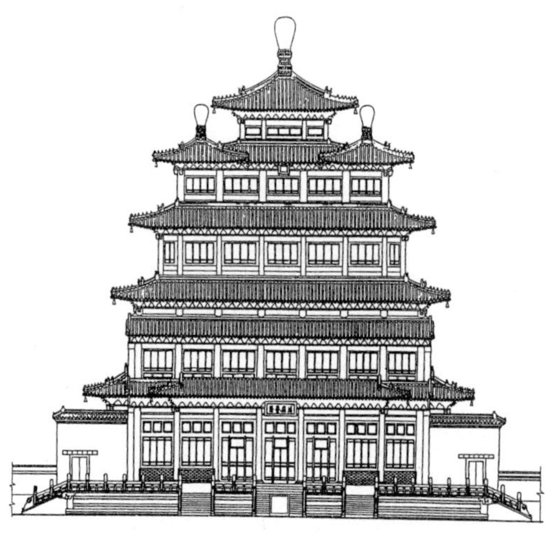

图 11-11　普宁寺大乘阁

第三节　非对称轴线

一

所谓非对称轴线，其实指的是建筑仅在局部形成对称中轴线。现代建筑由于功能的原因，在建筑总体上多做成不对称的。如图 11-12（a）所示，这座建筑的入口处，形成明显的非对称中轴线效果，这不但表现建筑的“重心”，而且也突出了入口。有时，只有入口处强调对称效果，其他地方也没有什么表示，如图 11-12（b）所示。孰好孰差？这就要看功能的需要了。入口做得好不好，与轴线处理大有关系，这也应当是功能问题。

又如新疆维吾尔自治区迎宾馆（1985 年建），从整体上看是不对称的，其主立面也是不对称的，如图 11-13 所示中的下部，但它的门厅形态则是对称的。这种例子不胜枚举。

又如荷兰阿姆斯特丹证券将交易所的正立面（见第五章图 5-10），也是对称与不对称相结合。在主入口处，3 个圆拱门，形成对称中轴线。这就是局部的对称处理。

二

如果把建筑扩大为建筑群、街道等，这时的轴线，往往不是对称轴线。如图 11-14 所示，这

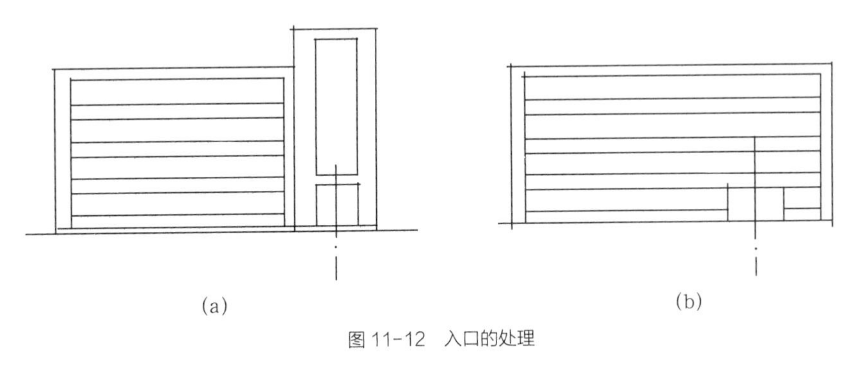

图 11-12 入口的处理

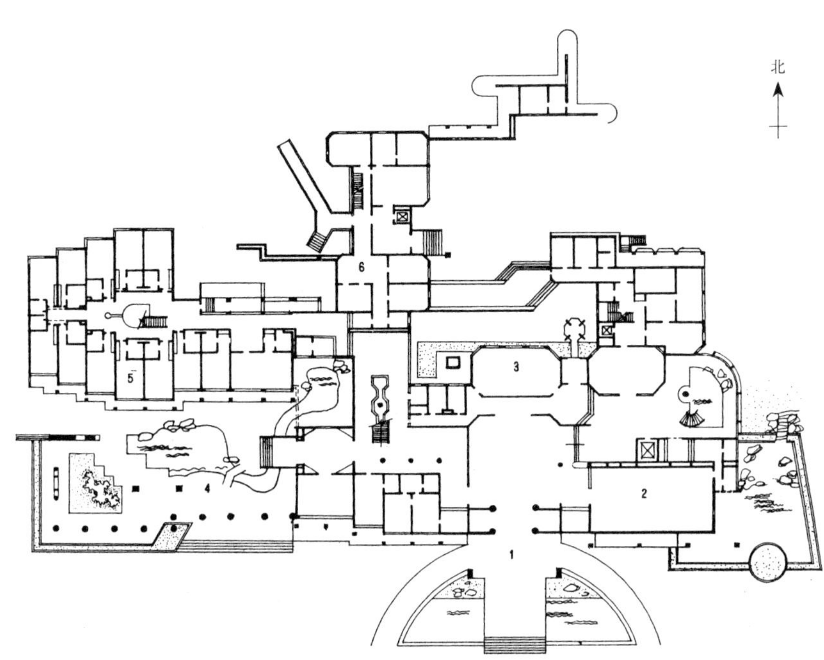

图 11-13 新疆维吾尔自治区迎宾馆平面
1—门厅；2—接待室；3—活动室；4—庭院；5—客房；6—厨房

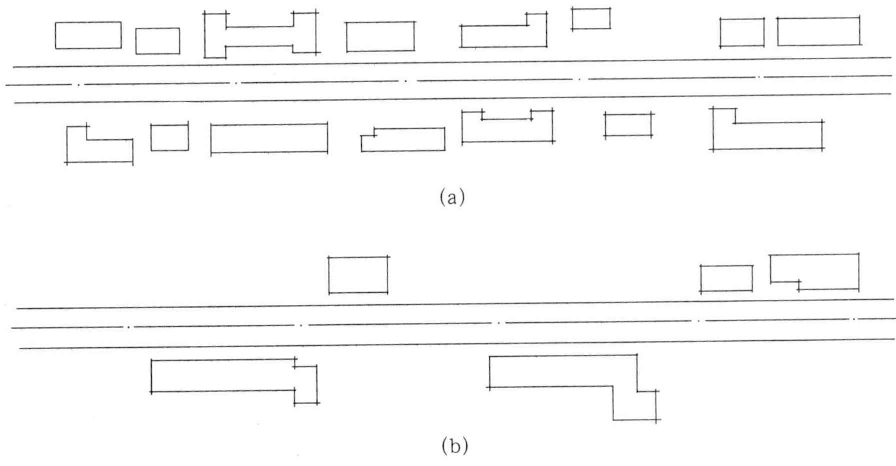

图 11-14 不对称轴线分析

是一条街道，其轴线由路和两边的建筑及其他物体所确定。这种轴线的强度（力度），要看轴线（道路）两边的建筑和其他物体的密度、强度而定。如图 11-14（b）所示，其轴线的强度就不如图 11-14（a）的轴线强度。

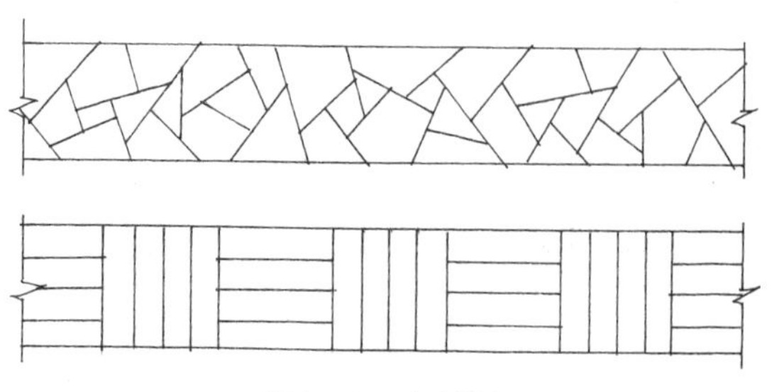

图 11-15　小路铺地

图 11-16　庐山小径

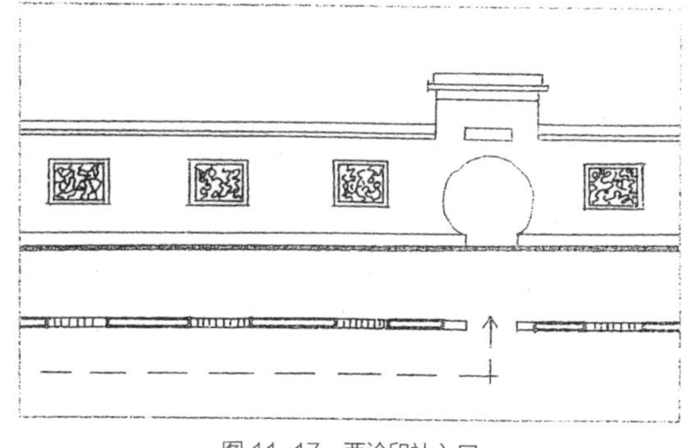

图 11-17　西泠印社入口

这种轴线的力度是强些好还是弱些好，这也要看它的功能需要，不能一概而论。如果是一条商业街，其建筑必然很密集；如果是休闲性的，则宜放松点。

三

其实，非对称轴形式是很多的，特别是在园林建筑上，这种情况更多（除非是纪念性园林）。非对称轴线的特性：一是具有情趣性，可以说轻松愉快，自由自在。如图 11-15 所示，这些道路都具有轴向性，一般说就是道路的中心线。园林中的小路，用石或砖铺地，在路面上做出各种图案，又起到点缀环境的作用。这种带有轴向性的小路，在园林或风景名胜之地，还起到表达个性的作用。例如庐山，山上的小路多在路的两边铺条石，中间铺有正方形的石板，用转 45° 的做法，留出许多小三角形的草地，既表现出个性，也表现出山中小径的意象，如图 11-16 所示。它既是图案，又表示轴线，还具有文化意味。

四

漏窗也对轴线起加强的作用。一片粉墙，乍看会觉得平淡无奇，在园林名胜之地被“一笔带过”，不太会引起人们的注意。如果在墙上开一些漏窗，不但能起到通透视线的作用，增添景观的情趣，而且也增强了沿墙方向的轴线力度。如图 11-17 所示，这是杭州孤山路上的西泠印社的围墙和入口立面，这些漏窗不但增强了轴向的力度，而且也起到指引的作用，引导人们向入口方向前进。

带有指引性的轴线，往往在路边做一些图案之类的东西作暗示，产生自然而然的效果，让人在不知不觉中按照设计的意图走去。其在设计层面的价值无法通过放一块“由此进入”的牌子潦草替代。

第四节　轴线的转折和终止

一

建筑的轴线还有流动的处理，例如转折和终止等处理手法。如图 11-18 所示，是轴线转折的处理手法。图中（a）是弧线形的处理手法，自下而上的方向和自右而左的方向效果是一样的，只是在转折处，在建筑上要有交代，如图 11-18（a）所示，以加强它的转折效果。如果要表示方向，就得在转折处用小品作暗示。或放一个带有方向性的雕塑或其他小品以作指引性的暗示。如图 11-18（b）所示，是直角转弯，在转折处的墙面上做类似的处理。图中画的是转角两面墙都有布置，左墙上为平面装饰，如写几个字，画一幅画或用一个浮雕等；图中上方的墙上为立体装饰，可放雕塑、小品之类。从空间序列的力度来看，则 *A*—*B* 是主轴线，*B*—*C* 是转折线。主方向是 *A*—*B*—*C*，次方向（或称反方向）是 *C*—*B*—*A*。

二

如图 11-19 所示，是一个实例，某烈士墓。*A* 是入口处，*B* 是烈士墓，从这个总平面来看，显然从 *B*—*F* 是主轴，因此从 *A*—*E* 在转折处的力度要小于从 *B*—*F* 在转折处的力度，所以 *E* 处只需做一个墙面，墙上写字即可。平面型的力度小于立体型的；在 *F* 处则要作立体型的，如圆雕形象等，力度大，从而形成主轴。

如图 11-20 所示，是某高层建筑入口处的轴线处理。由于这座建筑本身是对称的，所以它有一条强烈的轴线 *A*—*A*，这条轴线与街道平行。为了从入口将轴线引入建筑物，所以就要做两条轴线：一条，应是主轴；在图的左边做一个东西（雕塑、小品或小建筑物等均可）；另一条是 B_1—B_2，是引入主轴的辅助轴。为了突出这条轴线，所以在 B_2 处要放一个东西（雕塑、小品或小建筑物等均可），交代出轴线的转折。

中国传统民居中的照壁，表示出这个住宅正对入口的中轴线。若从住宅大门前面的街道来看，则

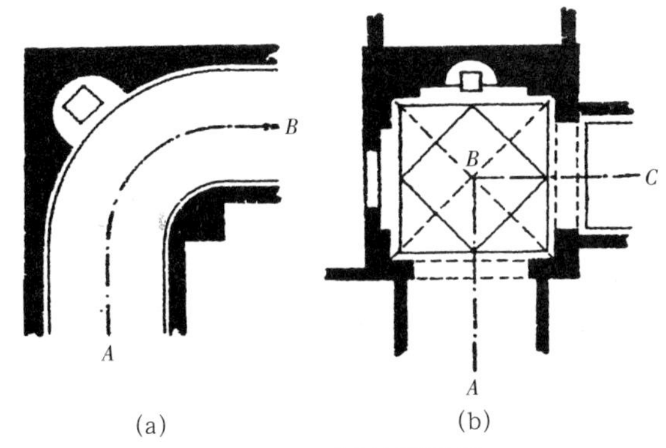

图 11-18　建筑轴线的转折

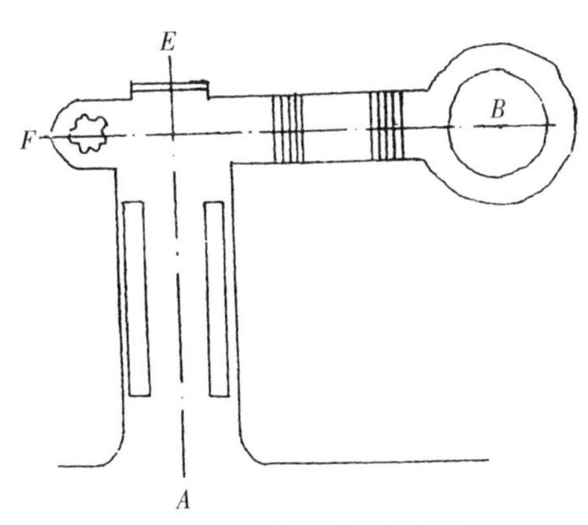

图 11-19　某烈士墓轴线处理

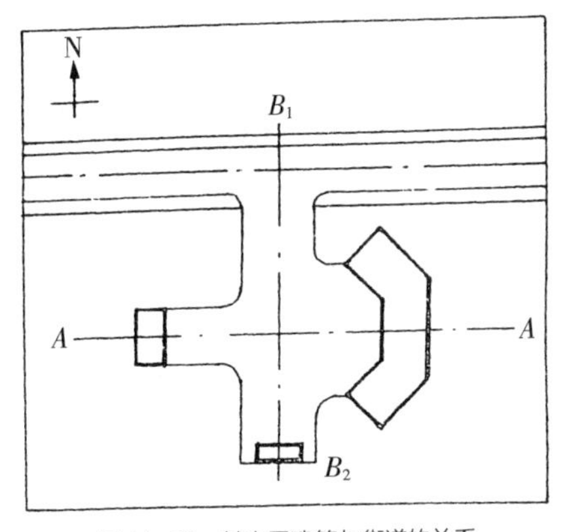

图 11-20　某高层建筑与街道的关系

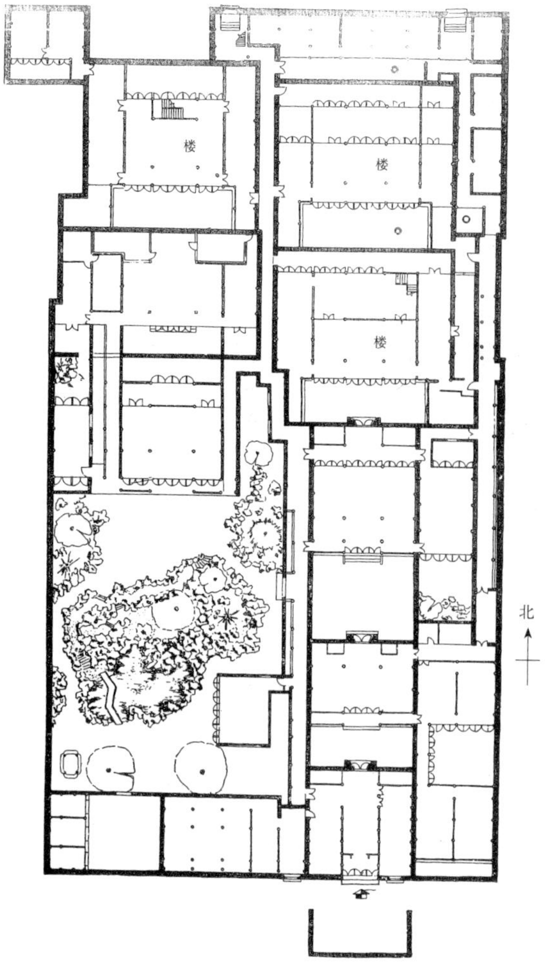

图 11-21　苏州西百花巷程宅平面

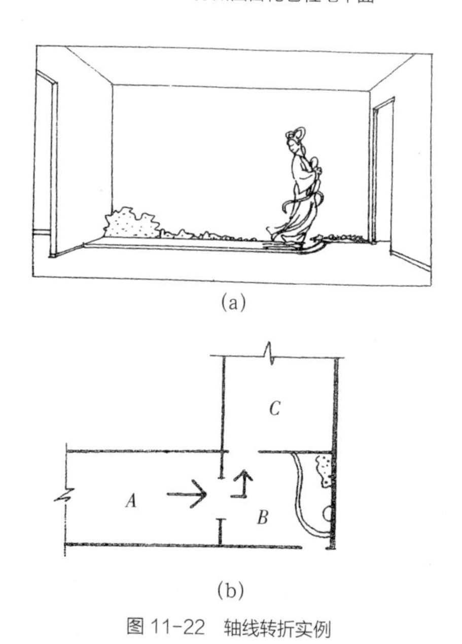

图 11-22　轴线转折实例

正是此轴线的转折处理。如前所说，街道也有轴向，这个轴向到住宅前就是由于照壁而转折，从而转向住宅的轴线。如图 11-21 所示，是苏州西百花巷燕诒堂程宅平面，图的下方大门前有一块做得很讲究的照壁，中间就是一条横向的路。由照壁引向住宅的大门及中轴线。

三

如图 11-22 所示，是室内轴线转折处理的一个实例。其中图（b）是平面，这里有 3 个空间：*A*、*B*、*C*，设计者的意图是希望人们走向空间，不要走向别处，但空间的进口在弯角处，不够明显，所以需进行轴向的转折处理。这个空间处理得很巧妙：在门对面的地面上设一个水池，水池很低矮，又在靠墙处堆置一些不太高的石块，再立一座仙女雕像，如图 11-22（a）所示。这个雕像形态有动势（舞姿），其运动感似乎是在暗示人们向空间 *C* 的方向去。雕像的位置设于右侧。在墙的立面处，形成左多右少的比例，则更增强了方向感。不需要用文字“说明”（即放一块指示牌），人们自然而然地会向 *C* 空间走去。这就是建筑空间语言，以回应于人的知觉的意象与暗示来说话。

四

园林空间的轴线是比较复杂的，造成这种复杂性的原因在于其使用需求。它不能用强制的做法，让游园者一定要走什么方向，而是要“自然”，使游人逍遥自在，美感也就在其中了。如图 11-23 所示，是苏州留园总平面。图的下部三角形记号为园的入口，虚线即轴线（也是游览的主路线），从入口经古木交柯、绿荫、明瑟楼、涵碧山房、闻木樨香轩、远翠阁、汲古得绠处、五峰仙馆、揖峰轩、还我读书处，再经过冠云台、冠云楼、伫云庵，到林泉耆硕之馆，经石林小屋，到清风池馆、曲溪楼，又回到古木交柯，

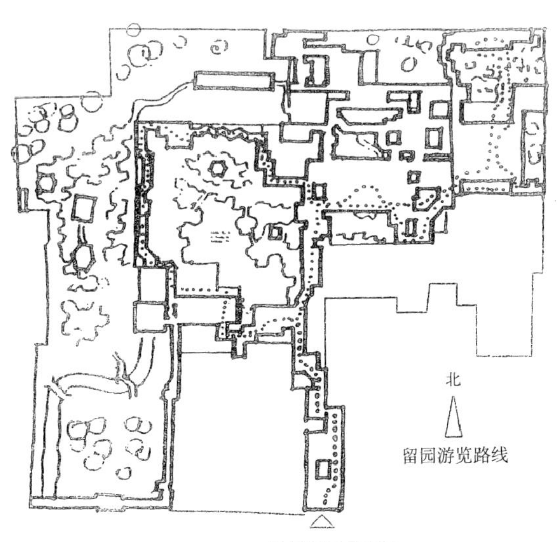

图 11-23　苏州留园总平面

然后从原路出去。据说这一圈的游线，都是自然而然的，没有设指路牌，游人很自然地游。当人们游毕，再到古木交柯处时，才发现此处已经来过了，非常精妙。

如图 11-24 所示，是轴线终止处理的一个实例：上海宝山烈士纪念碑（墓园），碑的后面有一片较低而宽展的浮雕墙。这就是尽端式的典型做法。特别是纪念性一类的建筑，轴线的起、承、转、合很重要。这点上建筑也和诗歌相仿，都有一定的形式美法则。

五

轴线转折的手法，有时也可以用踏级等物来暗示。根据人的行为心理，人看到踏级、楼梯一类的东西，会成为一种行进的暗示。如图 11-25 所示，是南通狼山萃景楼的总平面图。随着山坡的上升，每升高一层台或一个建筑，就有数级踏级，然后一直到山顶。山顶是目的地，即塔。一路上去，这条轴线不是一直线，而是折线，是曲折的，它要比直线更有情趣（不同于纪念性笔直轴线的严肃感）。

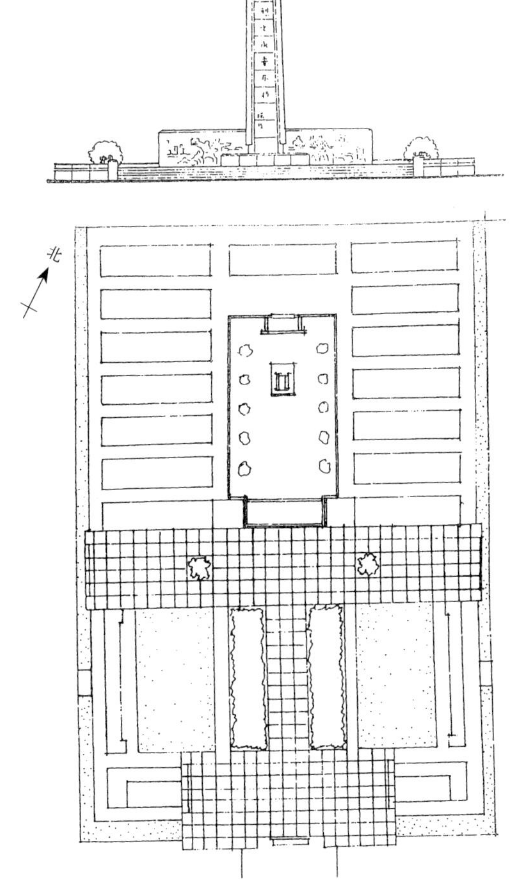

图 11-24　上海宝山烈士纪念碑

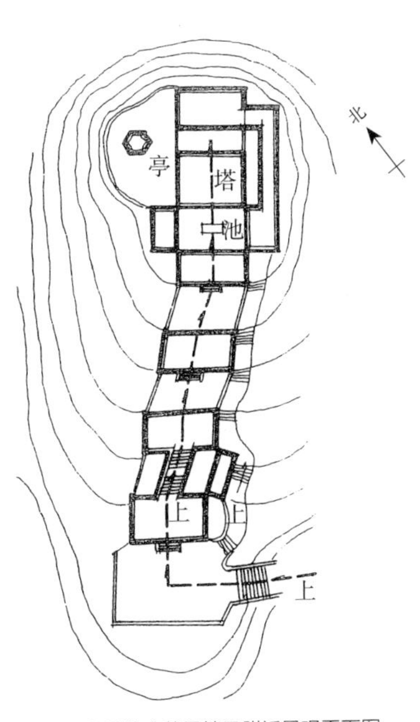

图 11-25　南通狼山萃景楼及附近景观平面图

每一曲折，都由踏步来表现出曲折，但其总方向是向前的。名胜一类，在轴线处理上做出一些趣味灵活感，能增添景观之情趣。

园林中的小路，从轴线的意义来说，起到指引的作用，同时也起到游园的作用。如：苏州庙堂巷畅园，如图 11-26 所示，其中的廊子几乎都是曲廊。《园冶》中说，廊，“宜曲宜长则胜。”曲廊与赏景有关，在园林中，游人往往边走边赏景，曲廊，景在廊的两边，正好欣赏前进方向两边的景物。桥也如此，园林中的小桥，多做成曲桥形式，除了它自身的曲要比直的好看，同时可在桥上自然而然地欣赏桥两边的景物。但曲桥宜两三折为好，“九曲”似太过分了。“九曲桥”在美学上已经转意，似乎多就一定美，“九”是我国传统数字中最多之数。对于曲桥来说，意义不大。

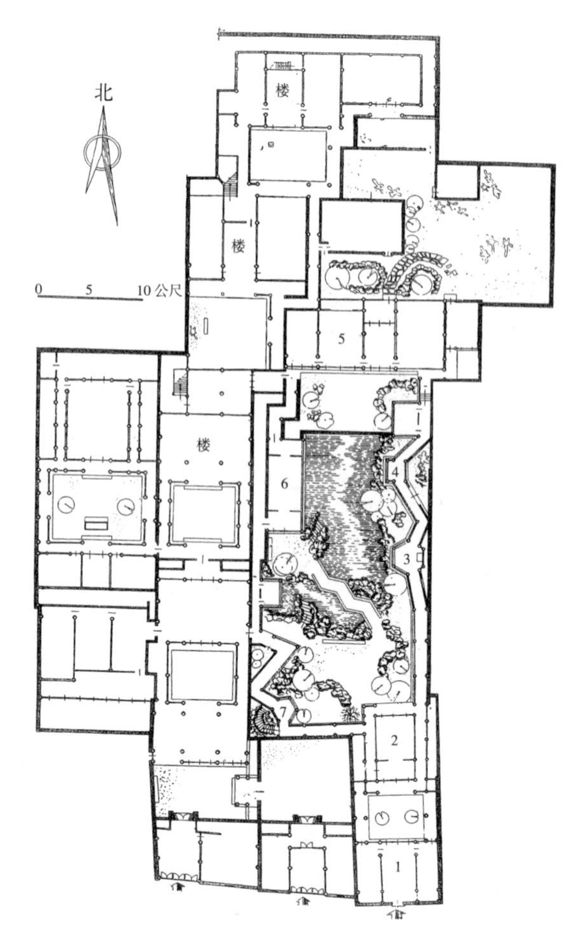

图 11-26　苏州畅园平面

1—桂花厅；2—桐华书屋；3—延晖成趣；4—憩间；5—留云山序；6—涤我尘襟；7—待月亭

第十二章 Contrast and Gradation 虚实与层次

第一节 建筑中的虚实

一

虚与实是事物的一对范畴，它与“有”与“无”的概念比较接近。《老子》第十一章里有一段话：“凿户牖以为室，当其无，有室之用。故有之以为利，无之以为用。”开凿门户造房子，有了门窗、四壁中间的空间，就有房子的作用。所以，“有”（墙壁、实体）的目的在于“无”（空间）。这就是建筑的虚和实的关系。

在艺术诸门类中，虚与实的关系几乎都被强调。如：绘画，在中国画论里有“疏可跑马，密不透风”的说法。还有“虚即是实，实即是虚”等理论。在西洋画里，也强调虚实关系。如：肖像画，脸部要细画实描，服饰等可加以简化、概括，背景则画得更虚。在文学中也同样，有时为了抒发某种感情，往往大段地描写风景。用晴朗的天空、辽阔的草原等，表现出人的心情舒畅。如：俄罗斯著名文学家屠格涅夫，在他的作品里常会有大段的风景描写，其实是通过对风景的描写以抒发人的感情。

如上所说，建筑的“虚”就是空；“实”就是有实物。建筑形象的虚与实的手法很有讲究，它直接影响到建筑的美。

二

如图 12-1 所示，这是深圳科学馆的外形，其虚实处理得很好。实即墙面，虚即门窗。这些门窗用的是深色的玻璃（茶色玻璃），所以“虚”的效果很强烈，其整体效果很有力度。

广州天河体育中心的体育馆（建于 1987 年）其外形也是虚实处理比较成功的一例。最下面是入口和附属用房，处理成虚中有实，虚实得体（当然是功能的需要），中间部分采用大虚大实的手法，看上去不但建筑造型上处理得比较成功，而且使形象简洁有力，体现出作为一个体育建筑的某种“振奋”之感。从造型的心理原理来说，简洁、强对比、挺直，这种形式感能激起人们的运动激情。这种形式效果在建筑造型中需细细品味。但作为一个建筑设计者来说，还需多多实践，在实践中揣摩、把握。

如图 12-2 所示，是菲律宾国际旅馆。这座建筑的造型，在虚实关系上处理得也是很好的。首先

图 12-1 深圳科学馆

图 12-2　菲律宾国际旅馆

看前面的裙房部分，用水平线表现出虚实关系，处理得虚实恰当，又很有力度感。其次是后面的主体部分，利用横向阳台，处理得挺直而简练，而且它与下部裙房在线条的方向上相互垂直，很有变化与统一的美感。

如图 12-3 所示，是纽约的布朗克斯发展中心，由理查德 · 迈耶设计，1974 年建成。这座建筑在图中下部的 4 个单元体之间是间隔空间。这些空间的宽度，明显地小于建筑的宽度，如此虚实关系是很得当的。

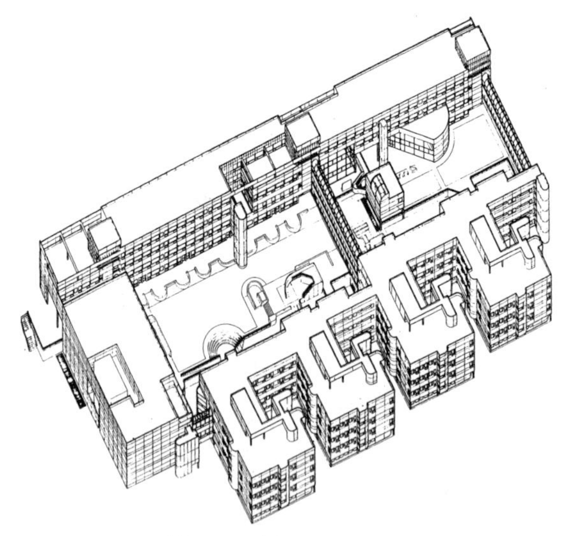

图 12-3　布朗克斯发展中心

三

建筑的虚实关系，不只是表层的纯形式（手法）上的，它还有深层次的文化和哲理内涵。如图 12-4 所示，是一个典型的中国传统建筑平面，这种建筑多为南北朝向，可谓冬暖夏凉，俗话说“七世修来朝南屋”。所以中国传统建筑的中轴线也往往是南北向的。除了物质功能以外，往往还有精神上或文化上的含义。从图中可知，这个平面，南北向为柱、门、窗等，均是通透的，即基本上是“虚”的面；东西向则为“实”的面，用实墙。若要开窗，也只开小窗，保持其“实”的面。这就是中国传统文化的表述。所以在汉语里，“物体”叫“东西”，即东和西是“实”、是“有”；南和北是“虚”、是“无”。

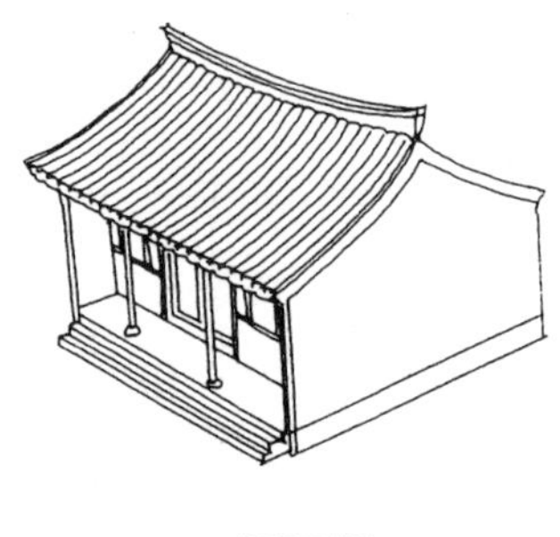

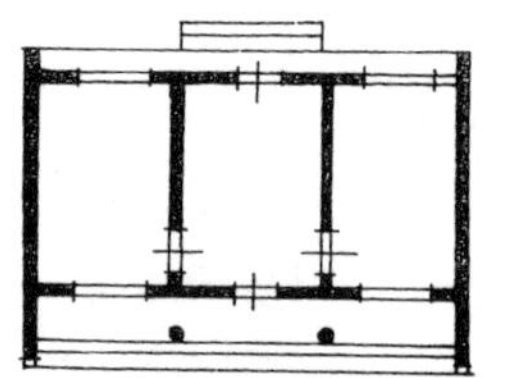

图 12-4　典型的中国传统建筑平面

推而广之，中国传统文化有“五行”之说（早在先秦时期就有“五行”之说，见《尚书 · 洪范》）。其中“金”和“木”对应“西”和“东”，是“有”，是物质的；“水”和“火”对应“北”和“南”，是“无”，是液体和气体，流动之物，是“虚”；“五行”中的“土”在中间，是人居之地。这就是中国文化。看起来有些玄，但其实体现了非常朴素的现实主义世界观。建筑的虚实关系，就遵循这样的关系，其他文化也有类似的情形。

四

这种虚实的意义在中国传统建筑中是很多的，如图 12-5 所示，这是扬州个园的总平面，从图中可以看出，园中几乎所有的建筑都是南北朝向的。园的前面（南面）是两条平行的南北向中轴线，两组多进住宅。前宅后园，园中大小建筑：桂花厅、抱山楼（即“壶天自春”）、透风漏月轩、丛书楼等，均为南北朝向，只是大小、疏密、前后等有变化，形成园中建筑错落有致的审美效果。

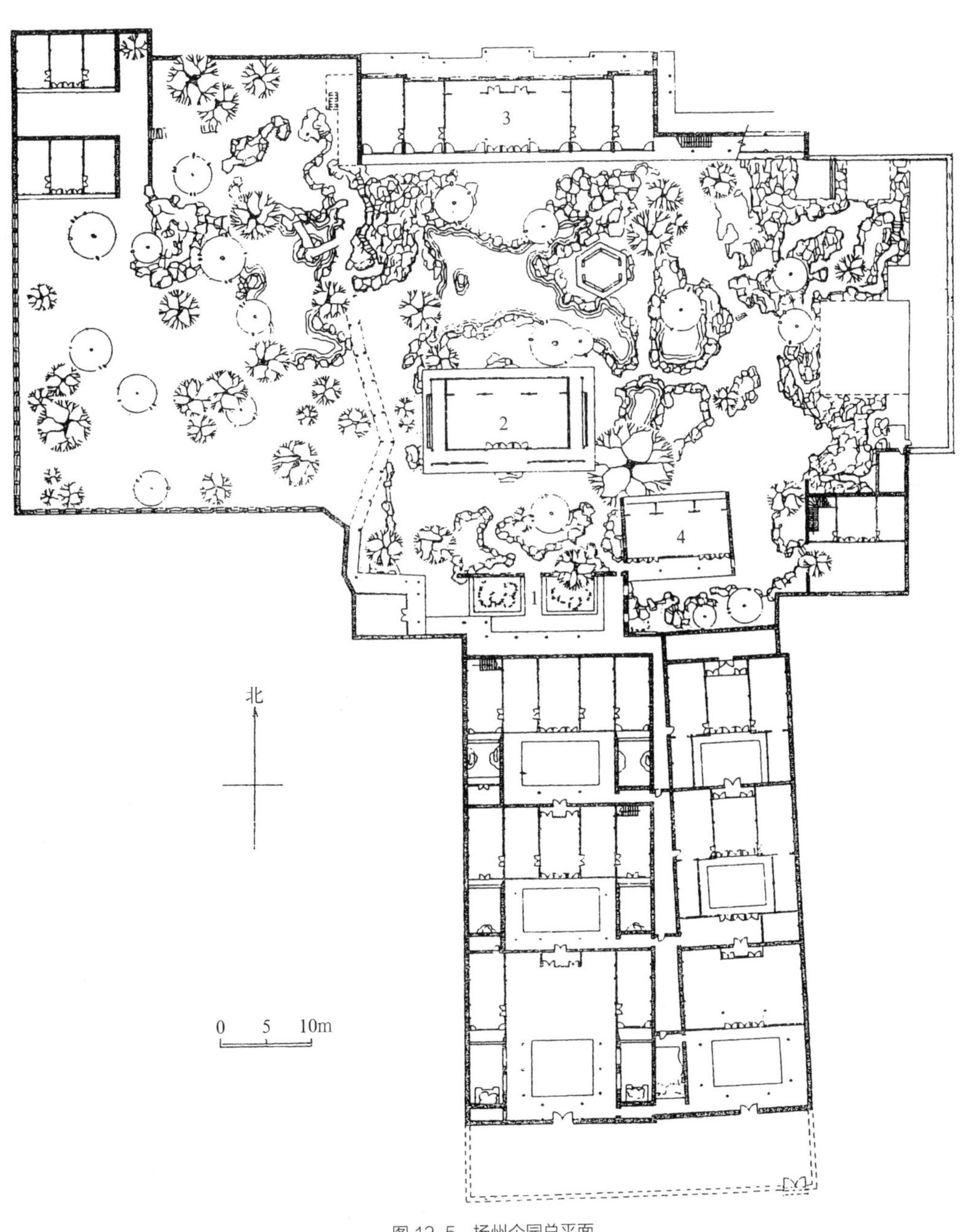

图 12-5　扬州个园总平面

1—园门；2—桂花厅；3—抱山楼；4—透风漏月轩

第二节　建筑群的虚实手法

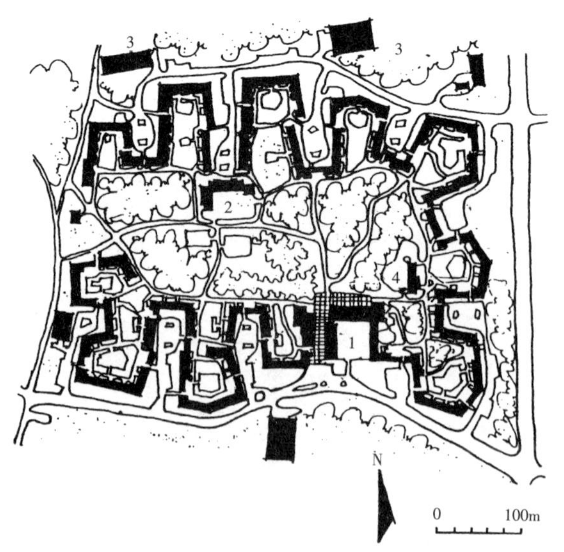

图 12-6　瑞典巴隆巴路纳居住区
1—商业中心；2—小学；3—汽车库；4—幼儿园

图 12-7　格式塔图示

一

居住小区的建筑群，往往组成组团的形式。这种组团式的建筑，要疏密相间才生动有趣。但这种组团，首先是从功能出发的，疏密是其形式。组团的空间组织，出于组团中人的居住生活的需要。之所以成为组团，就是在这里的公共空间在起作用。现代住宅往往有这么一个欠缺：无论是多层住宅还是高层住宅，每个楼里面除了楼梯间，几乎没有公共空间，人们上楼入室，各顾各的，相互几乎没有交往。有许多住宅，一个楼里面，人们住了好多年仍不知道几楼几室住的是什么人，姓什么叫什么都说不出，面孔也大都是陌生的。如果在楼前面有一些空地，他们就可以在这里逗留，休息、聊天、带孩子玩，老人们在这里就座，相互说说话就认得了，就不会觉得孤单。有的居住小区，在组团空间中还设有一些小品、雕塑之类，再加上树木、花草，人情味十足，很受人们喜爱。

如图 12-6 所示，是一个居住小区实例，这里可以发现，它有整个小区的大空间，也有各自的小的组团空间（这些空间都是“虚”的）。据笔者调查，居住小区内的居民，不太关心整个小区的大空间，对于组团空间几乎都喜欢。有人说，小区的那个大的空间有气派，表明他住在那么豪华的地方，可是他在这个豪华的空间里很少逗留。对于那个组团的空间他却很关心，喜欢在那里坐坐，与熟人说说话、聊聊天。从归属感的角度更容易理解，这些组团才是真正属于他们的。

二

建筑群的虚实关系，有人认为虚与实两者是辩证的，虚中有实，实中有虚。现代西方心理学有格式塔心理学（Gestalt Psychology），他们也认为虚与实是互补的。“在一个视野内，有些形象比较鲜明，构成图形，有些形象对图形起到烘托的作用，构成背景。例如烘云托月，或万绿丛中一点红。……”如图 12-7 所示，这两个图形都说明格式塔理论。“形”和“底”是互换的。黑是形，白是底；反之，则白是形，黑是底，这两者是等价的。有人研究中国园林建

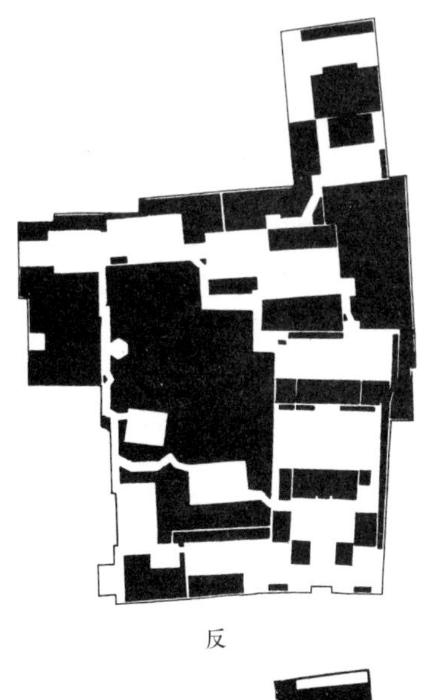
反

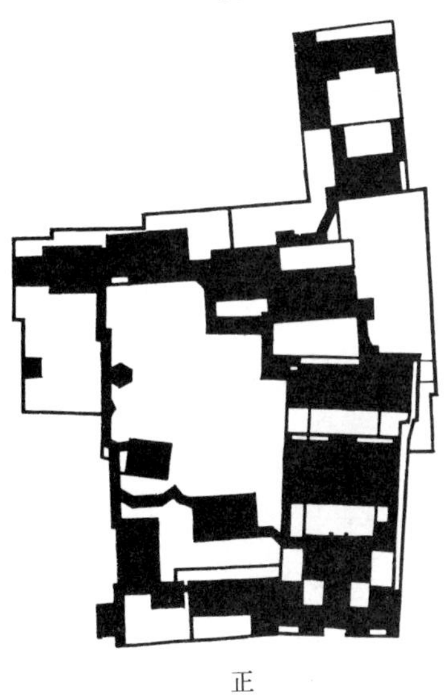
正
图 12-8　苏州网师园平面的形底互换

筑，也有这种“格式塔”效果（“格式塔”又译成“完形”，也比较恰当）。如图 12-8 所示，是苏州网师园建筑的虚与实，图中画的是一正一反的效果。“在建造建筑‘实’的部分的同时，也考虑到建筑所围绕起来的‘虚’的空间。从中国的一些典型的住宅建筑中，如果我们把建筑当作黑，把院落当作‘白’，它们所构成的平面图案，正类似汉字的结构，黑与白是相生的、互补的，有了‘黑’，才产生‘白’，有了‘白’，才衬出‘黑’。”（冯钟平 . 中国园林建筑 . 北京：清华大学出版社，1988.）

三

如图 12-9 所示，是苏州寒山寺总平面图。这个寺院内的建筑分布得比较松散，但又有疏有密，不是均匀分布的。入口处一个空间，西为照壁，东为山门和天王殿，左右两边是围墙，形成一个“序”空间。天王殿之后，是一个不大的、比较规则的空间，正前方就是大雄宝殿。院南为服务部，院北是罗汉堂。在东北角，是一条折线形的廊，将人们引向后面的钟楼（六角形平面），北有五观堂，东为藏经楼。这里的空间较疏，较虚。最后是普明塔，所谓寺的“大轴子”（即戏曲术语中的“压轴”之意）。此寺也就有了轴线。这个寺院建筑群在总体上虚实处理得比较理想，不但在形式上，而且在功能上也很合理。

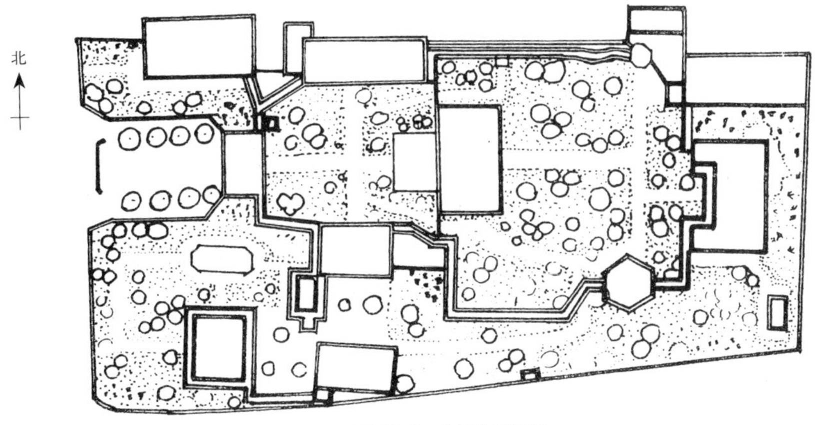

图 12-9　寒山寺总平面

如图 12-10 所示，是宁波天童禅寺总平面，这里的建筑比较密集，顺着山势自南至北一进一进地向上升高，采用中间疏（有院子）两边密的方式，使建筑群疏密有致，不是平铺直叙。

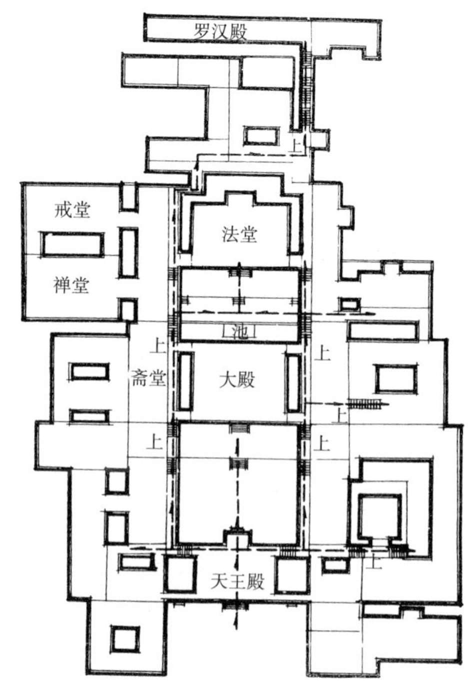

图 12-10　天童禅寺总平面

四

建筑群的布局，切忌等距离排列，否则不但在造型上显得平板、无生气，而且也影响使用功能。如图 12-11 所示，这个居住小区就是个典型的例子。小区内只有两种类型的房子，前后左右等距离排列，每家每户，几乎完全一样。这不但形式显得千篇一律，而且布置也没有什么变化，都是一排 6 幢，等距离排列。这么多房子，使人难以辨认，造成空间感与定位感的混乱。

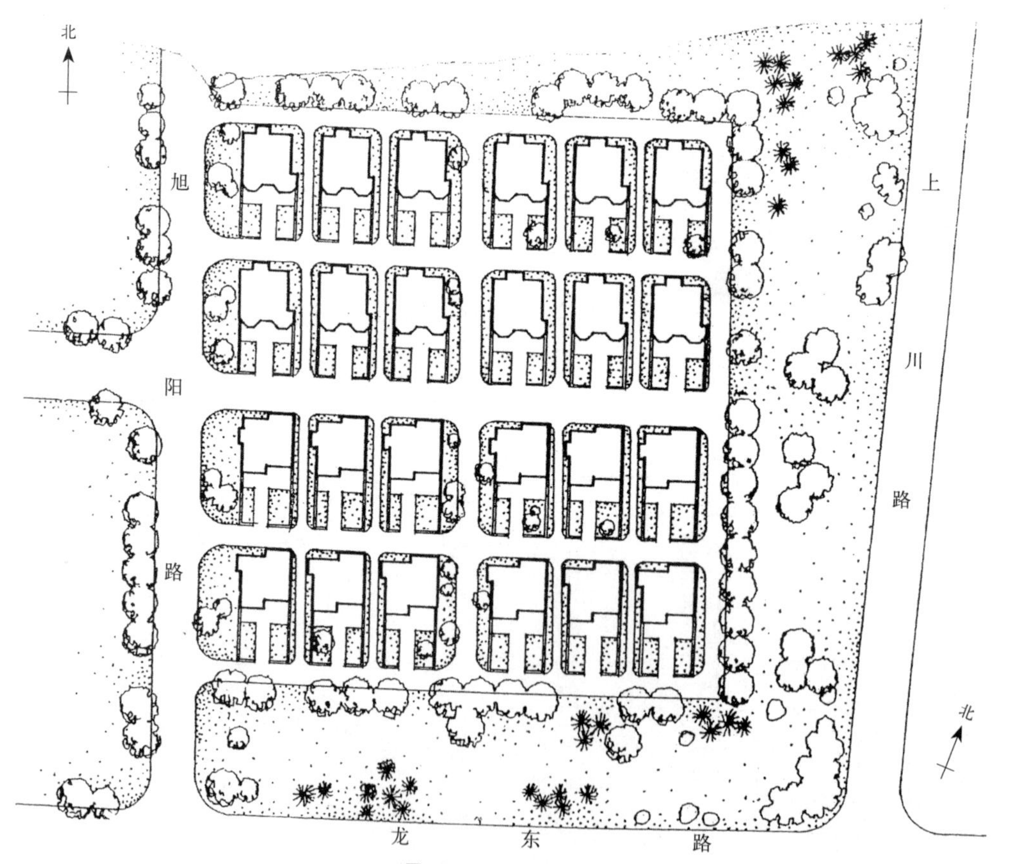

图 12-11　某居住小区

第三节　建筑的视觉层次

一

层次是许多艺术的一个共同的形式美法则。在绘画上，层次很重要。没有层次的画，缺乏深度感，缺乏艺术趣味。如图 12-12 所示，这是一幅山水画，前面的景遮去后面的景的下部，使景物层层推出，不但使画面有深度感，而且也就产生了绘画美。前景与后景的交接处用虚实关系表达，这就是艺术手法。在小说中，人物也有层次，如：《水浒》中，一百单八将不是平铺直叙，均匀地进行描写，而是有层次地处理。有的是主要人物，如：宋江、武松、林冲、吴用等，在小说中多用篇幅；有的是次要人物，如：段景柱、蔡福、王定六等，表述就相对从略。小说里的人物写得有层次，结构就厚实，容易表达主题和情节。建筑有层次，空间有变化，就灵活有趣，而且对实用也有好处，什么地方遮挡一下，就起到私密性的作用。诗词中往往也有空间层次。北宋诗人欧阳修有《蝶恋花》：“庭院深深深几许，杨柳堆烟，帘幕无重数。……”便体现出景的层次，园林的层次。

图 12-12　山水画

建筑的层次可以分两大类，一类是视觉层次，一眼就能看到空间的层次。直觉的，如上面所说的《蝶恋花》里所描写的景，就属视觉层次。又如图 12-13 所示，这是苏州拙政园里的枇杷园月洞门向外看的景观，景致层层叠叠，很有诗意，有美感。

图 12-13　拙政园枇杷园月洞门之景

另一类是非视觉层次。例如：展览、陈列空间，里面分一间间的陈列室，每个陈列室里面有视觉层次（通过展品所隔）；但一间一间的展室，相互之间的关系，就是非视觉层次了。因为它们之间相互看不到。这种层次，要靠人的记忆、印象、理解等来感受。

如图 12-14 所示，列出 5 种视觉层次手法。（a）是只有一个房间（平面图，S 是视点）或可称“元空间”；（b）是利用两边墙上伸出一点点墙，就形成两个空间的感觉。有的空间在墙上有壁柱，如果要使这个“元空间”做得有层次，就可以利用这些壁柱；（c）是用不同的地面材料，分出不

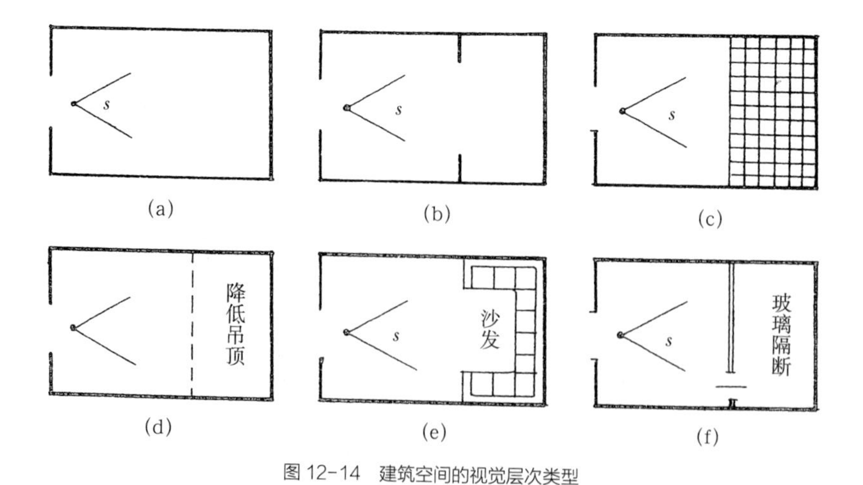

图 12-14　建筑空间的视觉层次类型

同的空间层次；若地面本身有高低差（有台级），那也就分出层次了；（d）是利用不同高度的吊顶来分层次，或者空间本身就是不一样高的，则高和低两者的空间也就显示出层次效果；（e）是利用家具布置分出空间层次，图中画的是沙发，也可以用其他家具，如：桌子、矮柜等。但这些都需从功能出发才是；（f）是利用玻璃隔断，可以看见里面的空间，但又明显地分出内外。如果不用玻璃，用的是博古架式的隔断，同样起到丰富视觉层次的效果。

二

如图 12-15 所示，是苏州怡园平面图，池水用曲桥来分隔，使池水分成两半，景也分成两半。园林之景，贵在层次。为什么园林里多用廊？因为廊自身是景，同时也起到分景的作用。这种例子是很多的。

如图 12-16 所示，又是一种视觉层次实例，这是苏州留院中的揖峰轩（平面）。你若站在揖峰轩处看石林小屋，或站在石林小屋处看揖峰轩，在园林景观艺术上叫“对景”。对景是指此处看彼处是景，彼处看此处也是景。对景与借景不同，借景是此处看彼处是景，彼处看此处是无法看到(景)的。如：无锡的寄畅园，借锡山和山上的龙光塔为景，但若站在锡山龙光塔处，很难找到寄畅园。对景是有讲究的，若对景的两者相距较近，赏景缺乏一定的距离，就会觉得别扭。这在园林手法上叫“硬对景”，不妥。这个揖峰轩小院，设计者处理得很巧妙，在院子的中间置假山石，使视觉有所遮掩，院子空间变成 2 个。假山石使景遮去一部分，很含蓄，所谓“犹抱琵琶半遮面”，非常抒情。这也正是园林艺术的独特所在。

三

在现代建筑中，视觉层次也被空间设计所利用，如图 12-17 所示，这是广州白云宾馆入口处一景。人们进入大厅（图之左），正面有服务台，由此通向电梯间，可到主楼各层。左边是小商店，右边是个小院。这个小院的视觉层次是很有意思的：门厅与小院之间有大玻璃窗相隔，但视线可透。一眼望去，院子中的廊、桥、水池以及山石、树木等景赏心悦目。南北两廊之间用一小平桥相连，不仅解决了交通，更重要的是把水池一隔为二，增加了水池的层次。还需注意的是桥所分隔的水池是有大小的，小池方正，大池相对比较曲折多变，而且配有山石、树木等，十分动人。

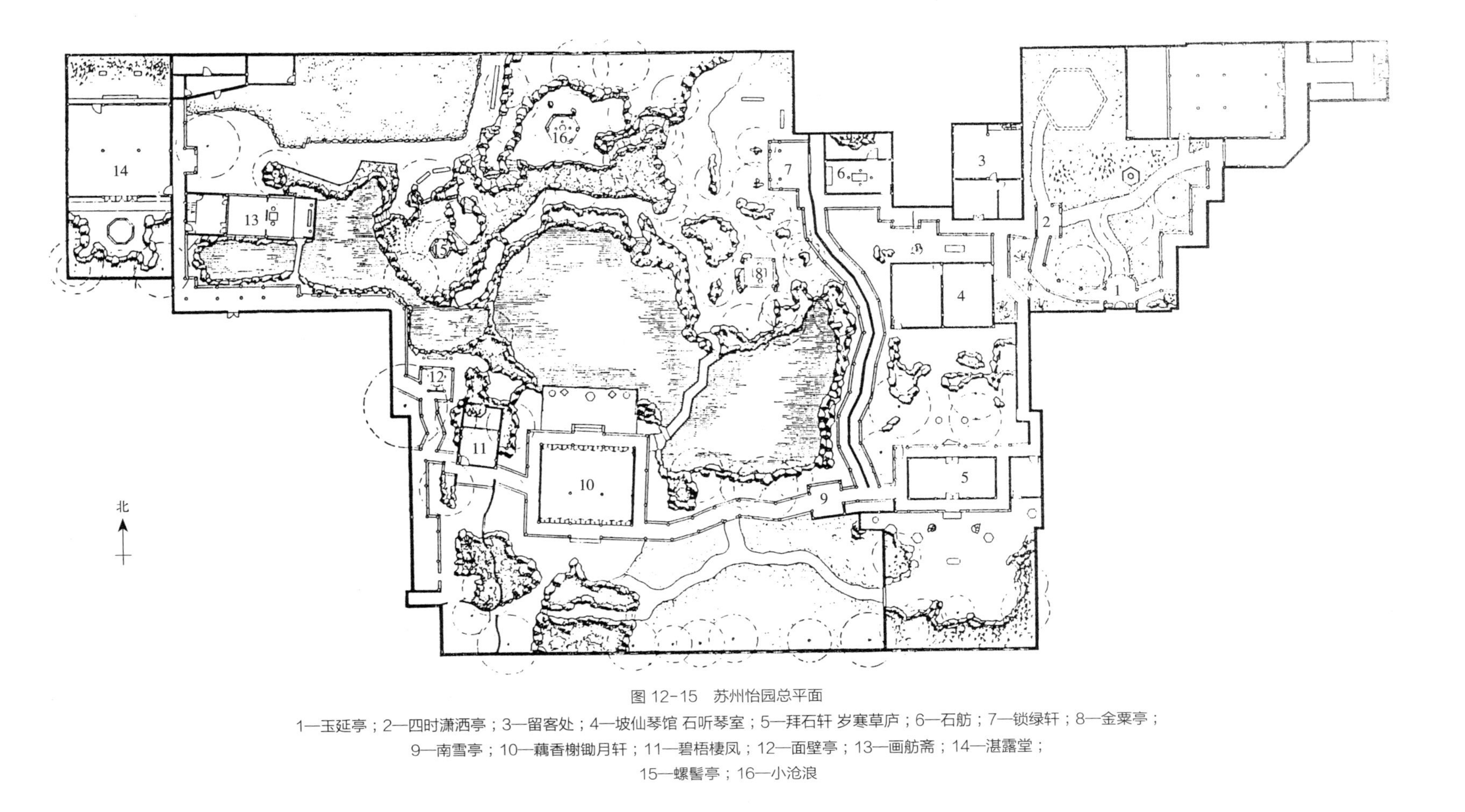

图 12-15　苏州怡园总平面

1—玉延亭；2—四时潇洒亭；3—留客处；4—坡仙琴馆 石听琴室；5—拜石轩 岁寒草庐；6—石舫；7—锁绿轩；8—金粟亭；9—南雪亭；10—藕香榭锄月轩；11—碧梧栖凤；12—面壁亭；13—画舫斋；14—湛露堂；15—螺髻亭；16—小沧浪

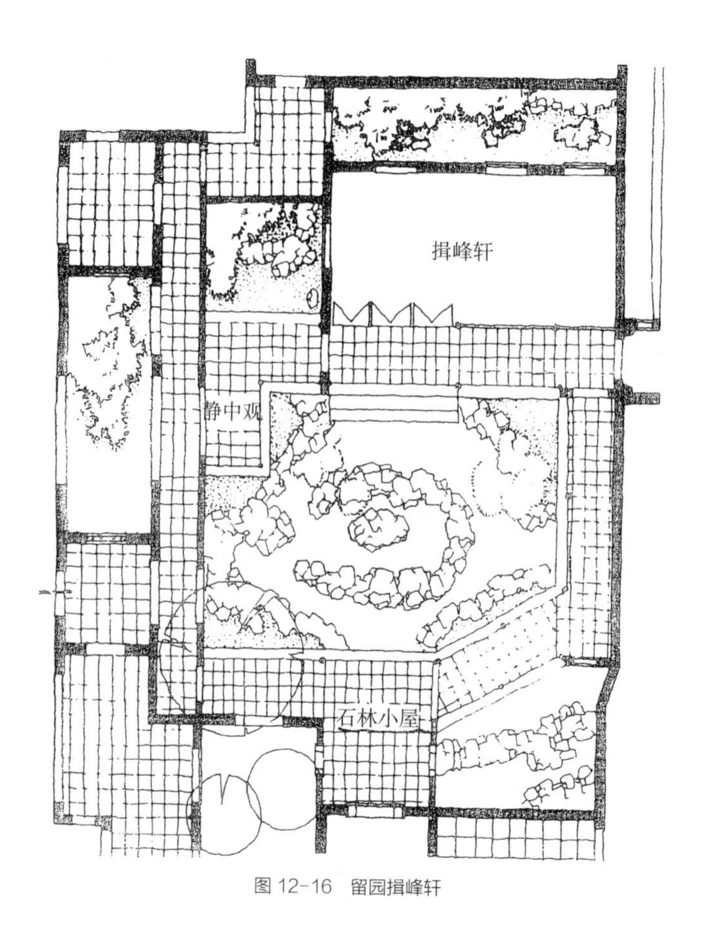

图 12-16　留园揖峰轩

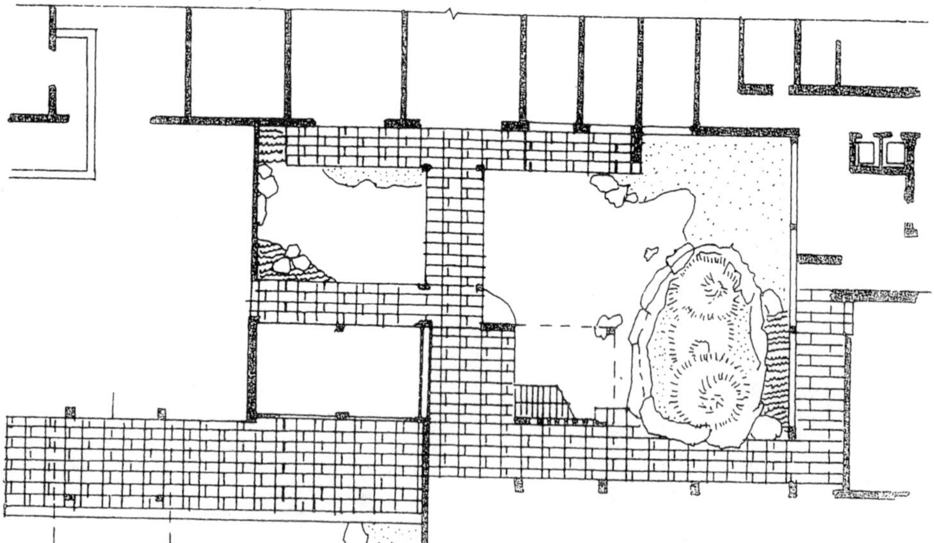

图 12-17　白云宾馆入口处

四

如图 12-18 所示，是上海万宝大厦底层舞厅平面。门厅（门之下）外一个大雨篷。这不只是功能上的需要，同时也是空间层次上的需要。入门以后，中间有大型自动扶梯可直通二楼。在两边，则可进入舞厅。舞厅空间也有层次：中间是舞池，正面还有小舞台。人站在门厅处，这些空间都能直接看见，甚至视线还可以深入到更里面，能隐约看到里面的酒吧间。这就使空间层次丰富而厚实。在手法上，分隔空间用了许多种方法，如：柱廊、地面高差、玻璃隔断等，甚为丰富。

第四节　建筑的非视觉层次

一

建筑的非视觉层次，指的是建筑空间的层次性不是直接的，而是靠人感受的，依靠人的记忆得到的。如图 12-19 所示，是非视觉层次的"图解"。这是一个陈列馆的平面图，参观者从入口（图中的箭头方向）进去，一间一间地参观，最后从出口走出。里面有 4 个陈列室，连同入口空间和出口空间，这 6 个空间的内容和形式，参观者能凭记忆回忆出它的"全貌"。因此这个空间的布局，包括单体和总体，设计者要注意使用者的诸多空间心理上的问题。

非视觉层次也可以称为多视场层次（视觉层次也可以称为单视场层次）。从心理学来说，人对这一组空间的层次感受，是以记忆的形象为主，再辅以逻辑思维而获得。对于建筑，特别是风景园林，这种设计手法值得重视。建筑的多视场层次，一定要让每个空间都有较强的特点，能让人记住；有些空间，只需记住流线、顺序，形象不甚重要。如图 12-20 所示，是苏州环秀山庄的平面流线，即游览路线。这里有 3 大空间：一是室内空间；二是

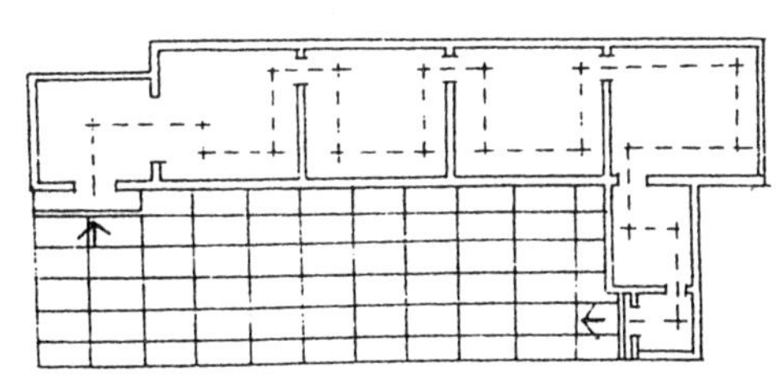
图 12-19　非视觉层次示意

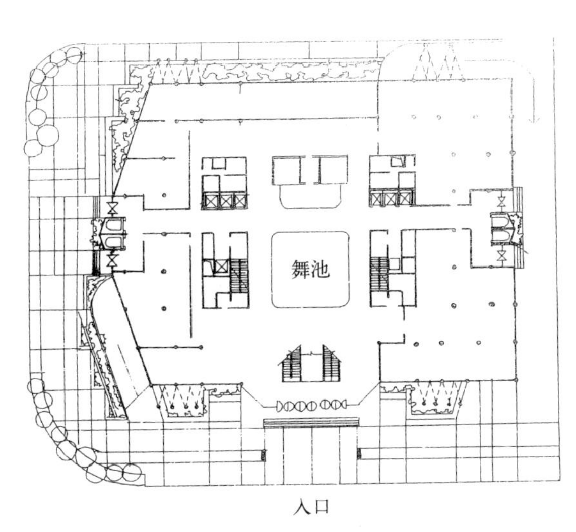

图 12-18　万宝大厦底层平面

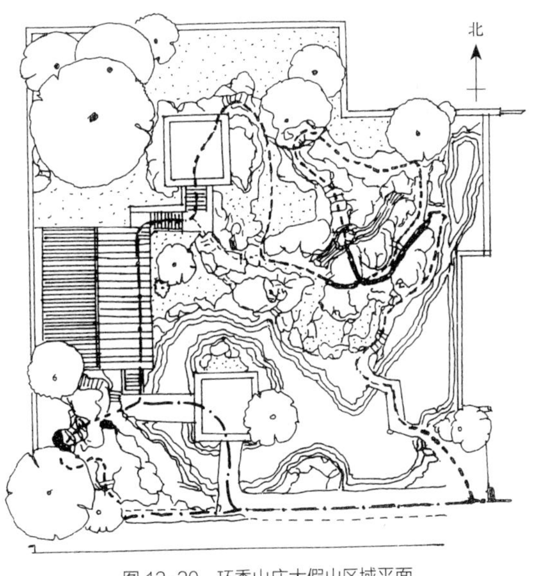

图 12-20　环秀山庄大假山区域平面

室外空间；三是山体空间。人们从头至尾游览一遍，对环秀山庄空间布局及造型特征基本上有所了解。这里有好多层次。除了单视场的层次（如有曲桥将水池分割，问泉亭和补秋山房两处的室内及它们相间隔的室外等），大量的却是非单一视场的层次关系。

二

非视觉层次，关键在“关系”，如图 12-21 所示苏州留园入口空间序列的处理，这是一组层次性空间，各空间的特征各异，则容易被记住。如图 12-22 所示，是上海鲁迅陈列馆（这是未改扩建时的形式），这一连串的空间（包括上、下 2 层），形式相近，但由于室内陈列的内容不同，布置的形式也不同，所以容易被记住。

三

并不是所有的非视觉层次的空间都需是序列的，有的非视觉层次的空间内，有好多视觉空间，但相互并无序列关系。如图 12-23 所示，这是广州文化公园中的园中院（茶室），这是层次空间中做得比较好的一个实例。这个建筑虽是改建的（原来这里是个俱乐部，后改为茶室），但改成庭院形式，空间层次效果很理想，也很有人情味。建筑美始终要与功能相结合。

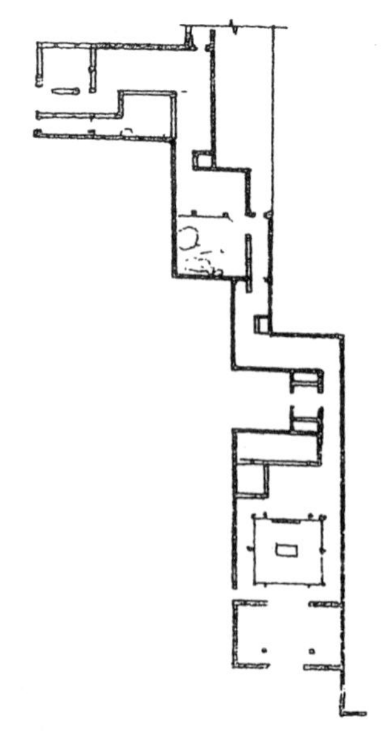

图 12-21　层次空间的不同造型

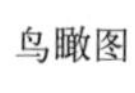

鸟瞰图

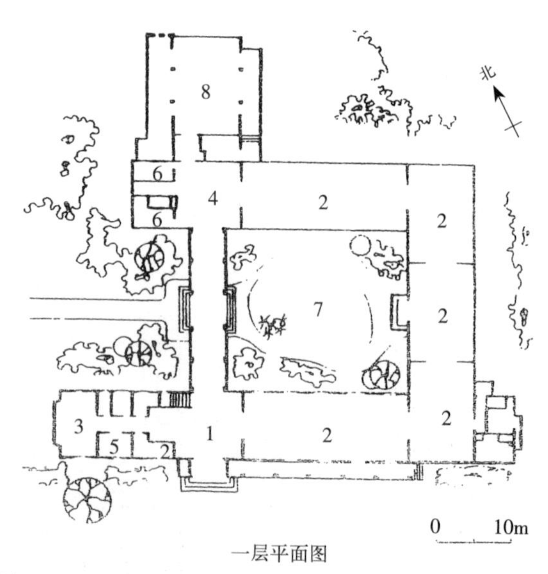

一层平面图

图 12-22　上海鲁迅陈列馆

1—门厅；2—陈列厅；3—接待；4—休息；5—办公；6—厕所；7—内院；8—报告厅

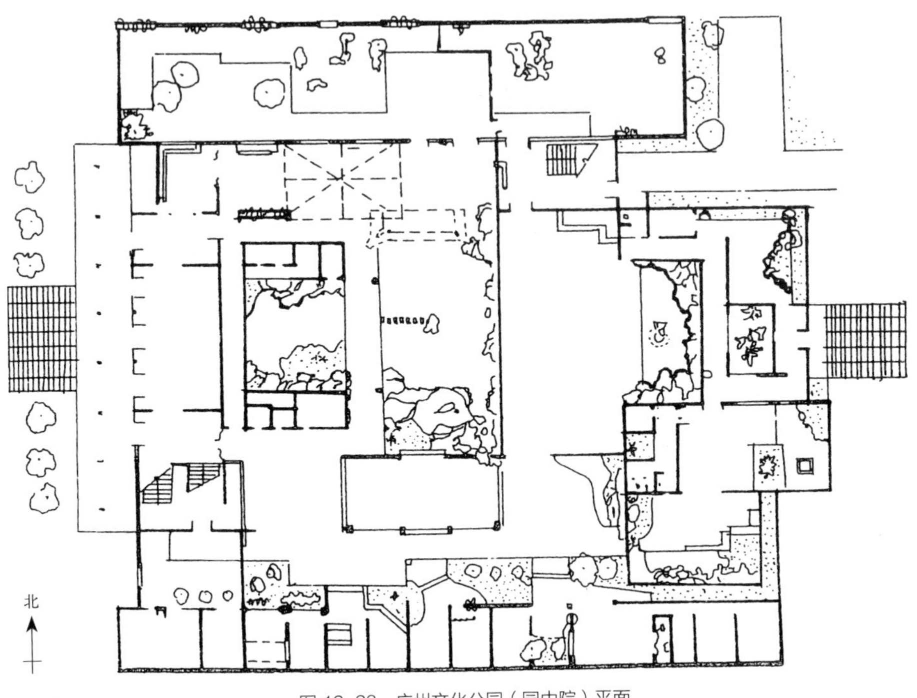

图 12-23 广州文化公园（园中院）平面

四

茶室的空间宜做成非视觉、非序列的空间为宜，人们到这里来喝茶、聊天，或者有什么事要商谈，就边喝茶、边说话，所以空间既要流通，但也要有一定的私密性。如图 12-24 所示，是一个茶室的设计方案。这个设计在中间是个方形的水池，沿池一圈通廊，四周则为大小诸茶室，楼上、楼下一样。这种布局给人的感觉就是有交往性，又有私密性，空间既分又合。

如图 12-25 所示，是某机关办公楼（底层平面），这是结合地形又结合传统建筑分进布局的做法。前面（图的下面部分）是办公用房，共 6 层；楼的北面有小花园，中间部分的楼上是会堂，楼下是餐厅，厅内设柱子；因为楼上是会堂，所以不设柱子，功能合理，结构也合理。最后部分是杂用房屋。这座建筑分工明确，空间布局紧凑，层次也合理。

非视觉空间层次在建筑设计中所遇到的机会要比视觉层次多，因此如何把握这种层次是很重要的。但反过来说，建筑美学往往是一种手段，其目的在于为功能服务，特别是现代建筑中更是如此。因此我们不能为层次而层次，或者“为艺术而艺术”。围绕其目的（物质功能和精神功能）精心设计，才能设计出好作品，令人喜闻乐见。

五

建筑层次方面，我们要向古典园林学习。中国古代园林，由于它功能简单（游赏），但形式美的要求较高，所以很注意造型。园林中建筑形象的造型，多为亭台楼阁、厅堂斋轩，造型做法往往讲究传统；但难就难在空间层次（手法），妙也就妙在空间。在这里用 2 个实例进行分析。

首先是南京的瞻园。此园原是明代魏国公徐达的后代徐鹏举的西圃，建于嘉靖年间。到了清代，此地改为藩署（相当于现在的领事馆），但园亭仍

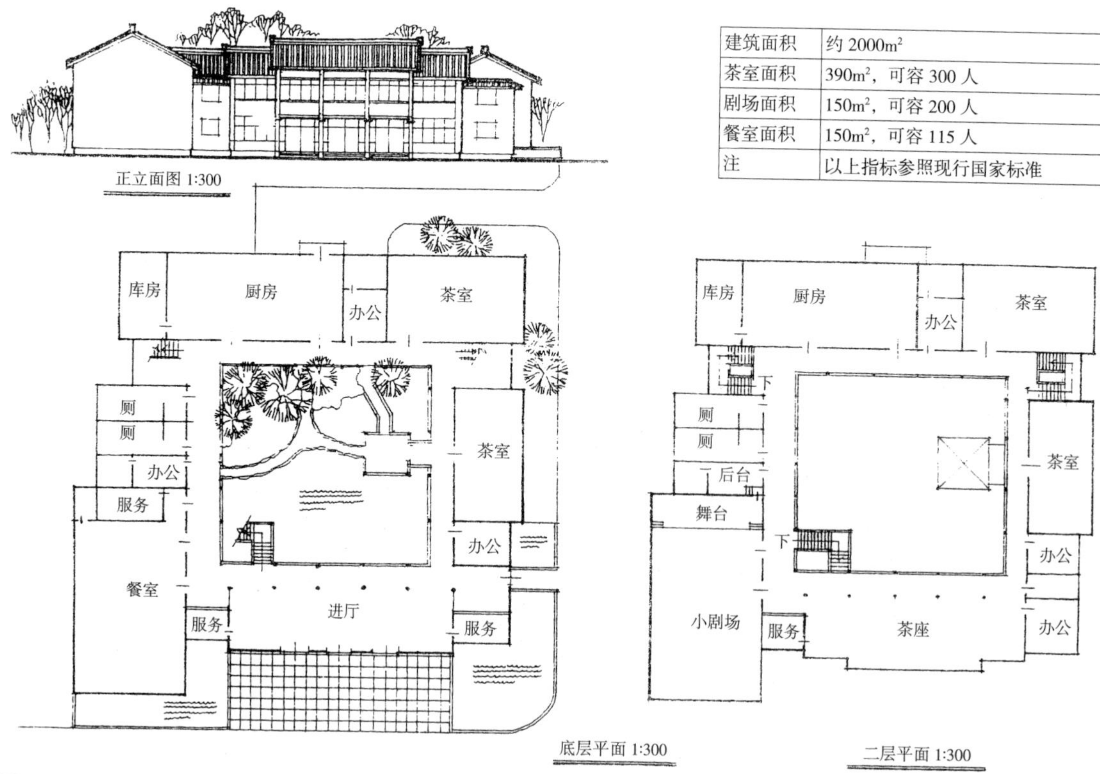

建筑面积	约 2000m²
茶室面积	390m²，可容 300 人
剧场面积	150m²，可容 200 人
餐室面积	150m²，可容 115 人
注	以上指标参照现行国家标准

图 12-24　某茶室设计

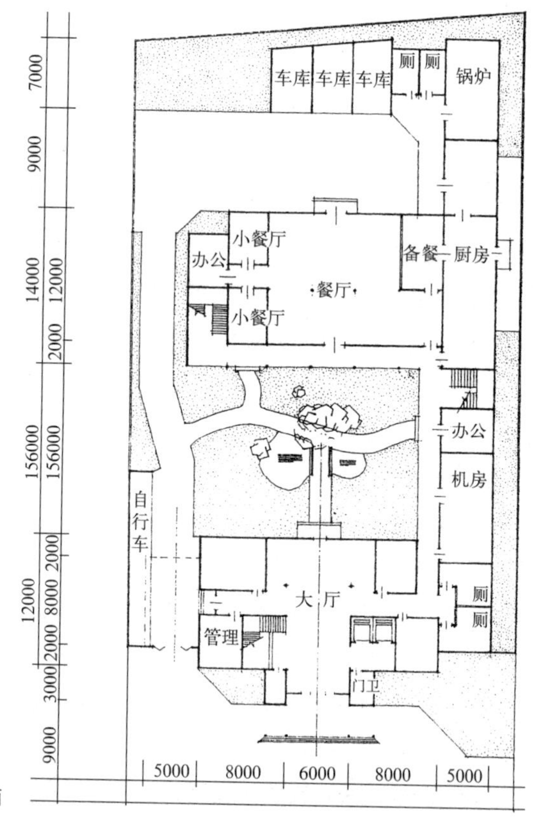

图 12-25　某办公楼底层平面

依旧，并易名为瞻园，直至今。太平天国时曾改为王府。到了清末，利用旧基复建瞻园。据童寯《江南园林志》所记，抗日战争前园内尚有临水湖山假山一区，山顶草亭一座，静妙堂三间，南临扇形水池，园西是岗阜土坡，园东一墙建有长廊。一代名园所剩仅此（杨永生 . 中外名建筑鉴赏 . 上海：同济大学出版社，1997.）。今此园南北向狭长，如图 12-26 所示，空间疏朗，但也曲折多变，以水池、水渠为引导，山水相依，空间层次分明，既是视觉层次，又是非视觉层次，南北两组景用廊子连起来，成为序列，但又很自由，符合游园之情致。

其次是扬州的小盘谷。此园原为清末两广、两江总督周馥的宅园。入园有月洞门，上书“小盘谷”，南有假山，其北有花厅。后廊临池，然后其西北为一水阁，隔岸假山高踞。假山东北有石级可登其顶。下有壁洞，临池置步石，可通山峰洞室。园的东半部入桃形门，内设花厅三间，旁有回廊，院内有山石池水，小中见大，布置得体。如图 12-27 所示。从层次来说，做得十分紧凑，利用山石、房屋、墙垣、水池等来组织空间。此园虽不大，但空间层次处理得非常得当。

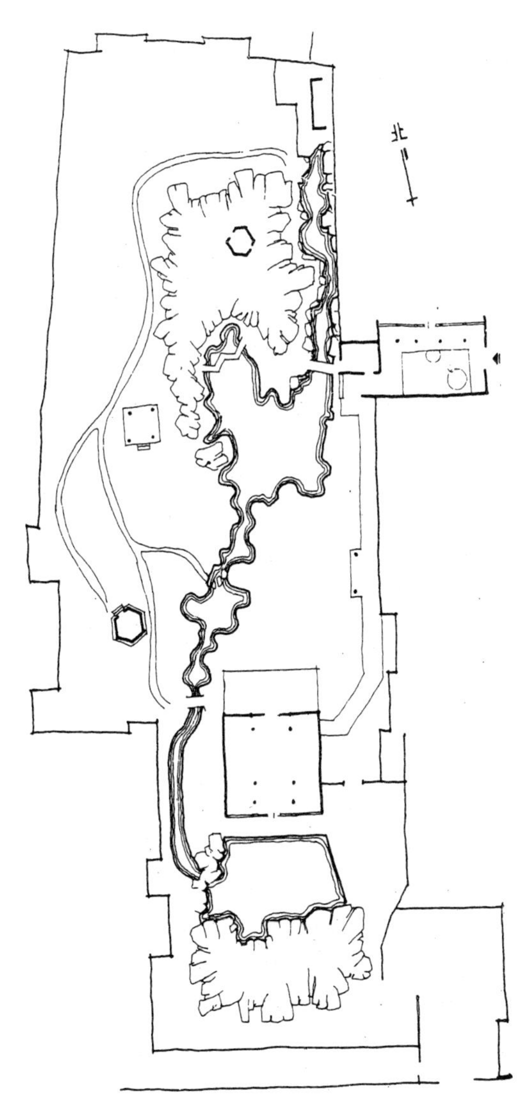

图 12-26　瞻园平面

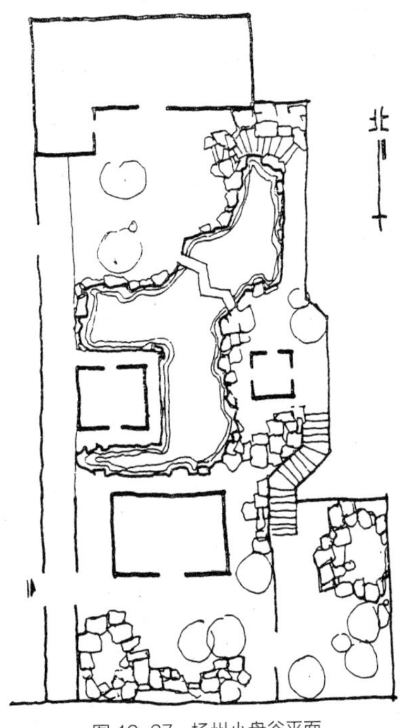

图 12-27　扬州小盘谷平面

第十三章 The Endings and Joints in Architecture 建筑形象的起止和交接

第一节 建筑形象的“收头”

一

建筑形象的起止和交接，又称“收头”。什么叫收头？一个形象的边缘处，起始或终止，或者两个形象的交接，对这些部分的处理，使它有比较完美的交代，就是“收头”。例如：我国传统的家具八仙桌，它的桌面四条边都要做护木，护木的交接处做成 45°，如图 13-1 所示。这种做法就是让容易损坏又不美观的边藏起来，则桌面又牢固又好看。

收头，在建筑中是很重要的。有的建筑师认为，建筑的细部设计主要是收头处理。看一个建筑师的设计水平，从他的收头功夫中可窥见一斑。

建筑中的收头处理的地方是很多的，如：外立面上的遮阳板、屋顶与墙面的交接、墙的不同材料的转换、建筑的转角处理等等。处理的好与坏，直接影响到建筑的设计品质。特别是室内设计，由于形象的视距近，历时性长，更要注意细部处理。

二

中国传统建筑的屋顶，有两处地方要特别注意其收头处理：一是屋檐处，椽子的端部露在外面，就要进行收头处理，否则不但不好看，而且还会被野蜂蛀蚀，损坏椽子。这种收头的做法是用一块封檐板将整条檐口的椽子端部钉住，如图 13-2 所示，是檐部封檐板做法的剖面图。封檐板又称檐口板或遮檐板，设在挑檐端部椽子的头上，是一条通长的木条板。一般做法是用钉子固定在椽子头上，其宽度按建筑的形象比例来确定，考究的大型建筑用得宽一点，一般建筑的封檐板宽度为 200~300mm，其厚度大约为 23~30mm。

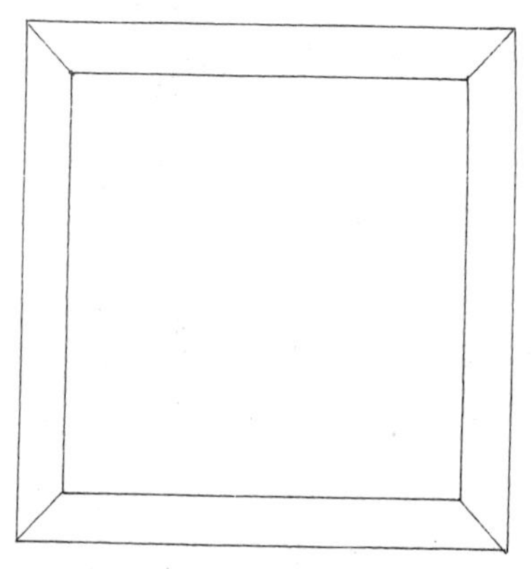

图 13-1　八仙桌的桌面收头示意

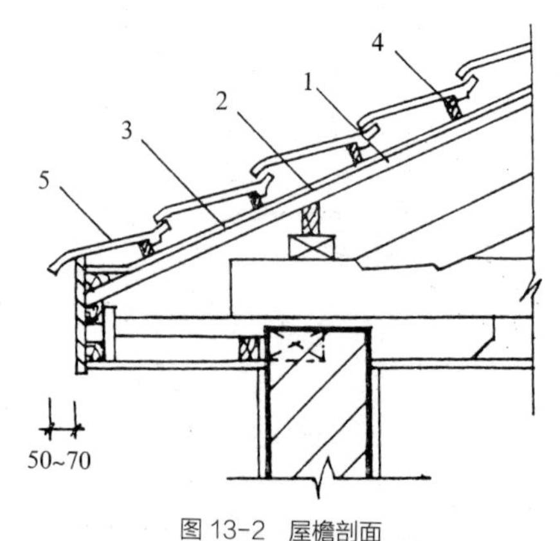

图 13-2　屋檐剖面

1—木基层；2—干铺油毡；3—顺水条；4—挂瓦条；5—平瓦

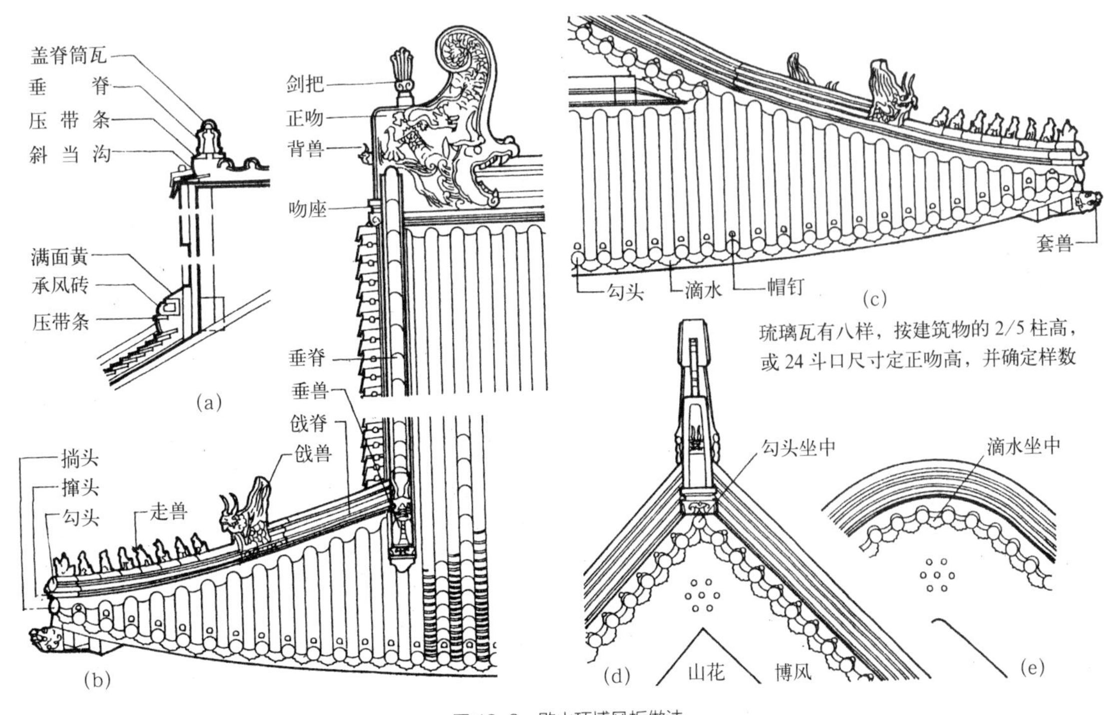

图 13-3　歇山顶博风板做法

（a）剖面；（b）立面；（c）山面立面；（d）调脊（jǐ）排山勾滴；（e）卷棚排山勾滴

二是悬山或歇山端部的博风板，又称搏缝板。为了保护悬山或歇山屋顶处跳出山墙外面的桁条端部，沿屋面的坡度钉在桁条端头上的板即博风板。在清式建筑中，博风板上的钉头用金色半球形的饰物，做梅花形组合，一般中间 1 粒，周围 6 粒，很有装饰性。博风板一般做法是板宽为桁条直径的 2 倍，宽度为 1/3 的桁条直径。宋式悬山屋顶在山墙的顶端还要做装饰，如悬鱼、惹草等，以示吉祥。图 13-3 是歇山顶博风板做法（引自：梁思成 . 清式营造则例 . 北京：中国建筑工业出版社，1985.）。

图 13-4　山墙顶端悬鱼装饰

三

栏杆也有收头处理。如图 13-5 所示，这是建筑中常见的楼梯扶手栏杆的做法，在木扶手的下部置一条通长的扁铁，以固定扶手与栏杆，这条扁铁虽在下端，被木扶手遮住，看不见了；但当人在楼梯下部时，抬起头来还是看得见的。因此要作处理。图中的做法是将这扁铁凹入木扶手底部。要注意的是，凡是裸露在外面，有可能被人看见的形象，都要进行适当的收头处理。

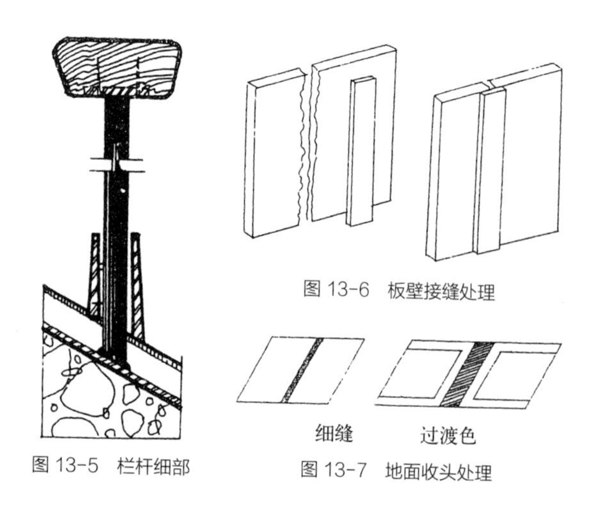

图 13-5　栏杆细部

图 13-6　板壁接缝处理

图 13-7　地面收头处理

如图 13-6 所示，是板壁的木板接缝做法。板与板之间平接时接缝往往难以整齐，所以在外面设一条木，使线条挺直，并且又具有装饰效果。

如果是地面（木地板），就不能做凸起的贴木，所以要用其他办法。企口板的做法，除去构造交接牢固之外也是为了使接缝好看。如果不是木地板，则又是另外的做法了。如：材质、色彩不同等。如图 13-7 所示，是 2 种不同的地面收头处理（不同的空间要求），用的是磨石子或地砖等。包括：色彩、肌理等的不同来区分。考究的还要做过渡，图中列举了 2 种处理手法。

四

如图 13-8 所示，是门框的收头处理。门框与墙的交接处较难做得好。这是 2 种不同的材料，又是 2 个不同的工种完成的，所以交接处的缝会做得很不好看。要将这个接缝做得好，就须用一根压缝条收头，一半钉在门框上，另一半压在墙上，将缝盖住。压缝条又叫盖缝条，也叫“贴脸”。“贴脸”一词来自京剧演员的化妆用语。京剧里的旦角多为男演员扮演，如：梅兰芳、程砚秋、荀慧生、尚小云，称“四大名旦”，他们的唱腔和演技都相当的好，但人太胖，不像一位窈窕淑女。所以化妆时要将脸上的两块腮帮子用假发贴去一部分，这假发就叫“贴脸”。建筑上便借用此词，以示高雅。

室内地面与墙面的交接，也有收头问题。如图 13-9 所示，是地面的 3 种踢脚做法，其中（a）是

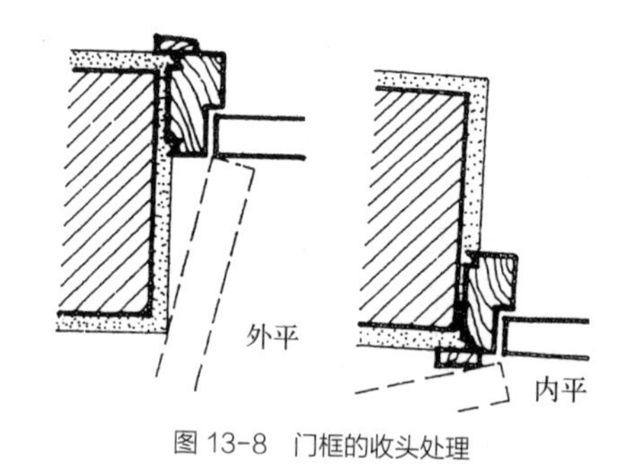

图 13-8　门框的收头处理

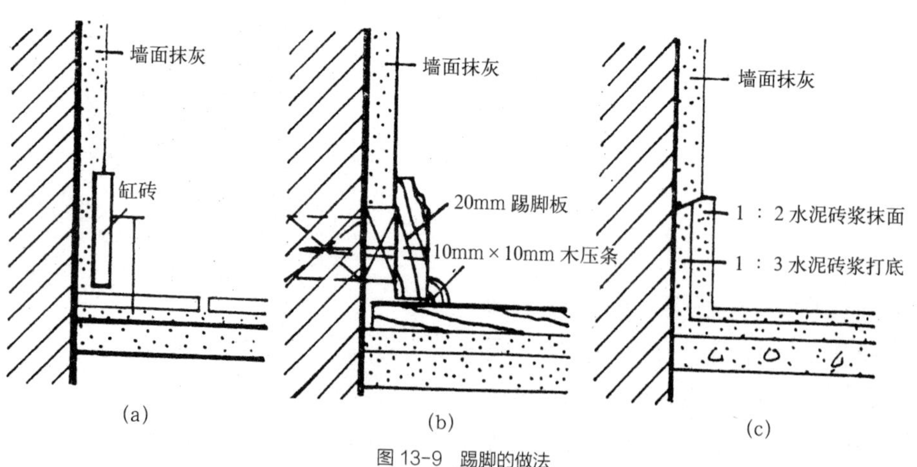

图 13-9　踢脚的做法
（a）缸砖踢脚线；（b）木踢脚线；（c）水泥踢脚线

缸砖地面；（b）是木地面；（c）是水泥地面。从图中可以看出，踢脚板所用的材料应与地面相同，这也就意味着构造逻辑上踢脚是地面的延伸部分，而且地面在清洗时拖把也同时清洗了踢脚。（b）中画有木压条，它的作用与上面说的压缝条相同。

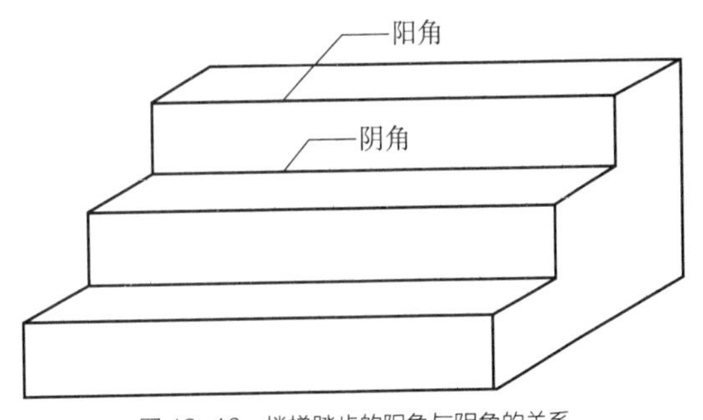

图 13-10　楼梯踏步的阳角与阴角的关系

第二节　阳角和阴角

一

什么叫阴角？什么叫阳角？顾名思义，两个面交接，凹进的叫阴角，凸出的叫阳角。例如，楼梯踏步，踏步面（水平面）与垂直的踢板面构成 2 种角：踏步面与向下的踢板所交的叫阳角，与向上的踢板所交的叫阴角，如图 13-10 所示。

凡是阴角，构成阴角的两个面可以是同一种材料（包括材料和颜色），也可以是不同的材料。凡是阳角，这两个面宜是同一种材料，否则形象不好看，也显得虚假，好像另一个面是用纸糊上去的。无论是古典建筑还是现代建筑，这是一条通行的规则。

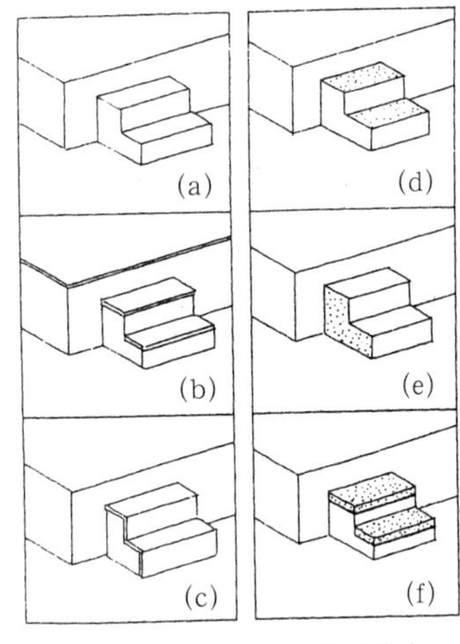

图 13-11　踏步面与踢板的做法

还有，图 13-11 中的（d）和（e）的意思是材料一样，但颜色不同。（f）图则是将踏面的“面”自身进行体量化处理。

二

要追求特定的视觉体验，设计者就要在细部设计时精心处理。如图 13-11 所示，这种踏步有 6 种情况：（a）是原型；（b）是踏步面的做法，所有水平面用的是一种材料，所有垂直面用的是另一种材料，此时就要将水平面略挑出垂直面，也就是说要化阳角关系为阴角关系；（c）是踏步面与踢板是同一种材料，侧面则是另一种材料。为了避免阳角的两个面两种材料交接，同样也可以用（c）图的方法。

三

阴角与阳角的交接关系在建筑中经常会遇到，如窗台的做法，如图 13-12 所示，窗台需伸出墙外一些，这当然不是为了收头，而是为了滴水。窗台挑出墙外的部分，下面做滴水（槽），起到保护墙面的作用。但如今外墙面一般已不用粉刷，用的多是贴面材料。这种材料一般不怕水淋，所以也就省去了窗台滴水的做法。但这样做不太好看，好像少了什么似的，所以有的设计者就将本来应当是窗台的位置，用不同墙面颜色的面砖来暗示这是窗台。

前述室内地面的踢脚，其材料多与地面材料相同，它与墙面也就有交代性的收头关系了。墙裙，台度等的收头做法也同样如此。

四

如果我们把交接关系进一步扩大，则一座建筑的各个部分，在形式上也同样有阴角与阳角的交接关系，如图 13-13 所示，这两个部分如果是用同一种外墙材料，则阴角、阳角都无所谓。若两者外墙面的材料不同，则应遵循阴角、阳角的原则。如图上的做法，其中（a）是同一种材料，（b）是两种不同的材料。

阴角、阳角的交接，不管建筑造型如何复杂其交接的原则是相同的，这也就是建筑细部的美。总之，还是应了本章开头的那句话，看一个建筑师的设计水平，固然须看他的方案总体上做得怎么样，但同样要看他的“收头”功夫如何。

第三节　建筑体量的交接

一

知道“收头”及其重要性，便不难理解建筑体量交接的意义，因为建筑体量的交接，其实就是“收头”理念的扩大。

如图 13-14 所示，这个建筑分两部分，两者如何交接？（a）这种接法不妥，这两者“毫无关系”，或者叫“不合逻辑”。（b）的两者“关系密切”，“符合逻辑”。如果在功能关系上（a）这种形式是合理的，那就要在造型上来进一步调整，使它“合乎逻辑”，使它美。其实这也是“收头”。如图 13-15 所示，其中（a）的情形是在低与高的两部分之间作一个连接体，这就解决了“收头”的问题。（b）的情形比（a）更好，这个连接体对两边的建筑都更符合逻辑。

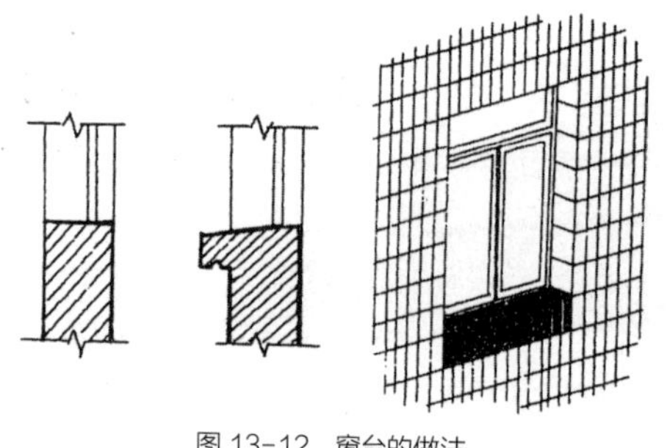

图 13-12　窗台的做法

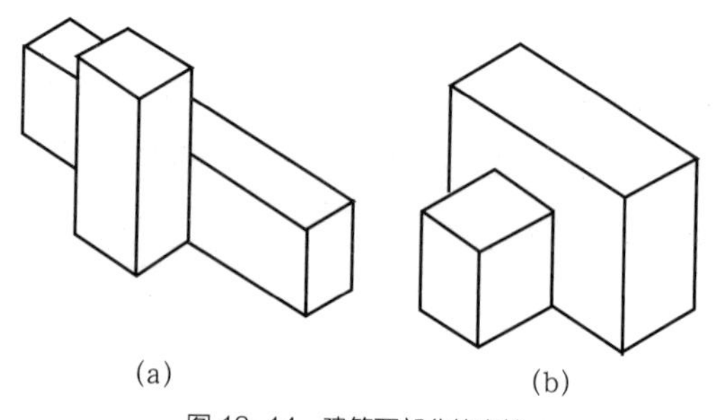

图 13-14　建筑两部分的交接

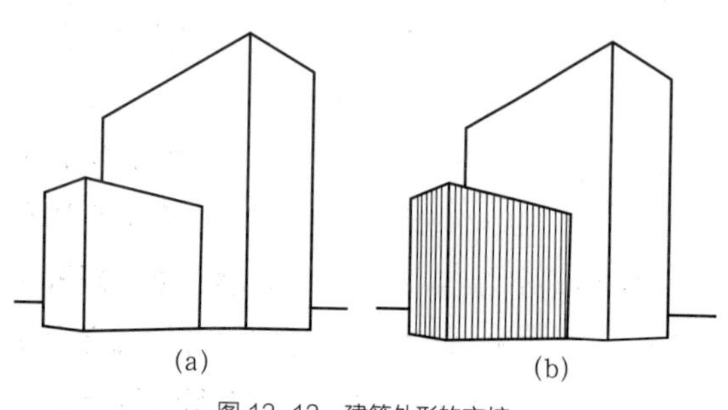

图 13-13　建筑外形的交接

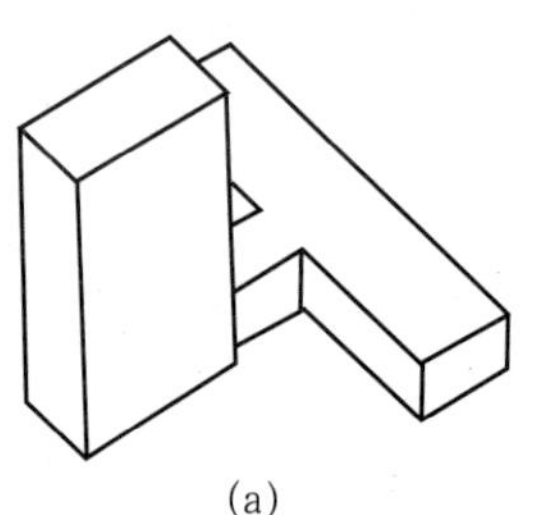

(b)

图 13-15　建筑两部分交接手法

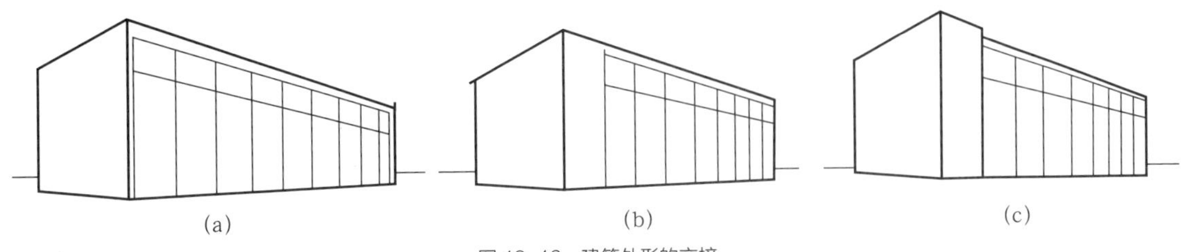

图 13-16　建筑外形的交接

二

建筑的外形有许多交接问题，如图 13-16 所示。其中（a）墙与门窗的交接关系不清楚。（b）墙和门窗的交接处不在转角处，而是在转过转角一点，则比较自然。（c）也同样合理，左边略升高一点，效果也较好。

其实建筑立面上开窗，如图 13-17 所示，将窗开在建筑的转角处转过去一点，也合乎逻辑。当然，这样做在结构上也要相应地配合，如：把框架柱缩进里面，或者用挑梁等。具体做法不在此赘述。

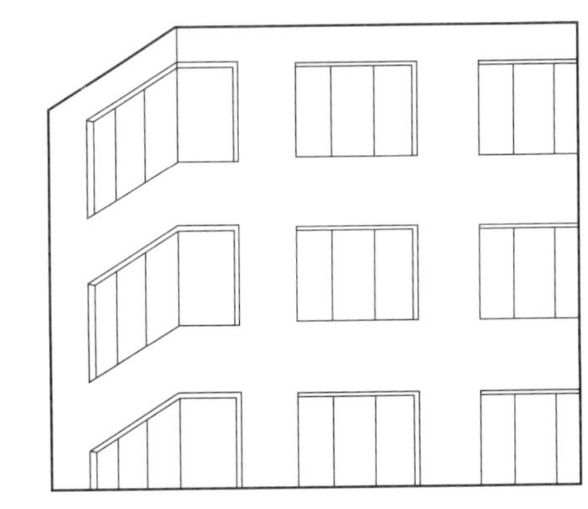

图 13-17　窗的转角

三

再来看一些细部的交接手法，如图 13-18 所示，是一些细部的交接手法。这是委内瑞拉的莫里诺斯购物中心，这座建筑于 1979 年建成，坐落在首都加拉加斯市。它不仅是个商业中心，同时也是为居民提供综合服务和娱乐的场所。门口的角上，墙面用的是圆弧面，为的是引导人们入内。圆弧面要比直角平面更有动感。值得注意的是这圆弧墙面上端的一条水平线，将墙面的上部与下部用缝分开，解决了平的墙面与曲的墙面之间的交接关系。

图 13-18　莫里诺斯购物中心入口

如图 13-19 所示，是某商场里的柱子，它的上部和下部，与顶棚和地面的交接关系做得很好。这也是从传统建筑中的柱与顶棚及地面的交接关系中脱胎出来的。又是传统，又有新意。当然这种处理可以有多种做法，但原则只有一个，即要做好柱的首尾两端处的交接。

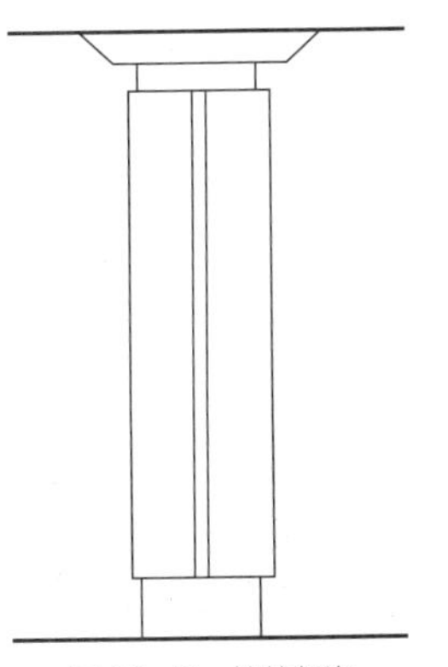

图 13-19　柱的起讫

四

美国艺术心理学家鲁道夫·阿恩海姆著有《建筑形式动力学》（*Dynamics of Architectural Form*）一书，书中对意大利比萨大教堂前面的洗礼堂作这样的分析：如图 13-20 所示，他认为这座建筑给人的感觉是它正在往下沉（事实上并没有往下沉，只是由形式引起的感觉）。是什么原因会产生这种视觉效果呢？正是这座建筑与地面的交接处没有做收头。如果在此处做一个基座，这种错觉就会消失。

五

现代建筑中交接做得比较好的例子是很多的。在此举 3 个实例：费城宾夕法尼亚大学理查医学研究楼，如图 13-21 所示。此建筑由美国著名建筑师路易斯·康设计，他将此楼设计成几个独立的塔楼，用廊连起来，做得相当成功。不仅伺服与被伺服空间逻辑清晰，从形式美来说，几个连接体（廊）亦是很成功的交接手法。

其次是芬兰帕米欧结核病疗养院，如图 13-22 所示。此建筑由芬兰著名建筑师阿尔瓦·阿尔托

图 13-20　比萨大教堂建筑群（注意近处礼堂与地面的交接）

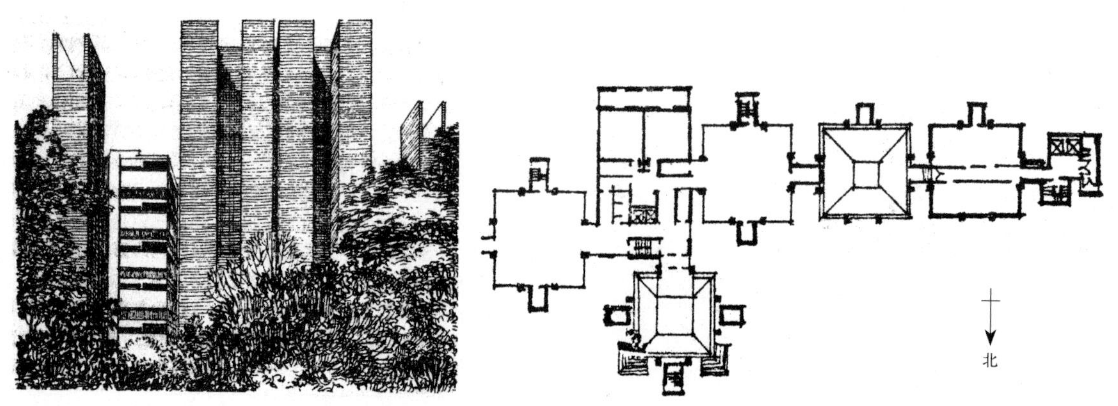

图 13-21　费城宾夕法尼亚大学理查医学研究楼外观及其平面

设计，建成于 1933 年。这座建筑的最成功之处就是出于对病人的关怀。此建筑在平面上展开为几部分，这样布置一方面是结合地形，另一方面则是建筑与自然充分结合，阳光和空气都能得到最大限度的享受。我们在这里要注意的是它几个大体量之间的交接，都做得很自然，又符合逻辑。

第三是日本横滨桐荫女子中学校舍，如图 13-23 所示。这座建筑位于一个不规则的山地，设计者将它布置得很妥帖，不但功能得当，结合地形，而且造型更有独特之处。形体不但高低错落、有节奏感，而且相互穿插，其交接也做得很有逻辑性。

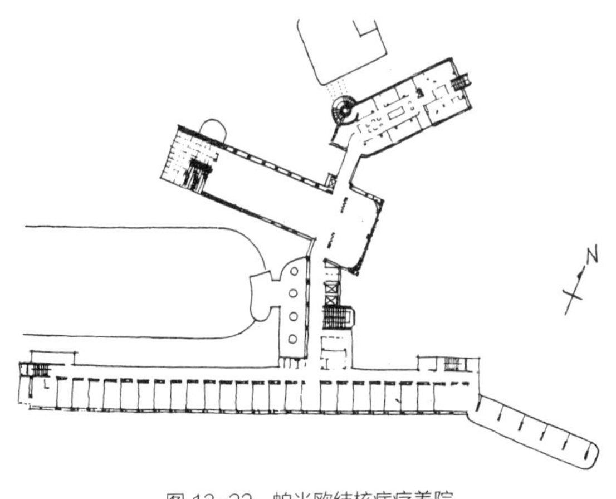

图 13-22　帕米欧结核病疗养院

第四节　坡屋顶的交接手法

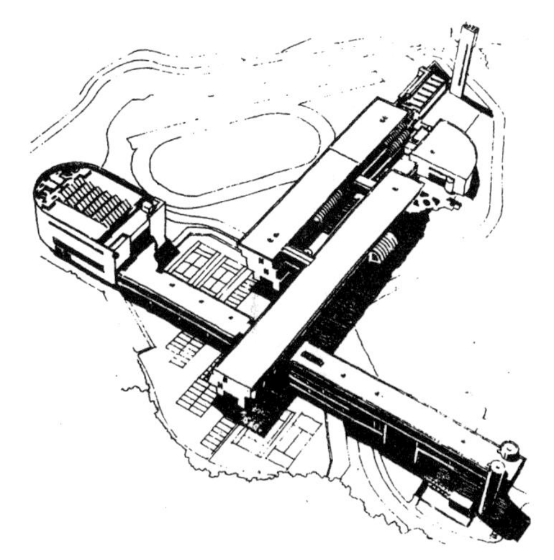
图 13-23　日本横滨桐荫女子中学校舍鸟瞰

一

坡屋顶的交接也有许多有关收头的问题。坡屋顶的类型很多，有单坡顶、两坡顶、四坡顶、歇山顶、攒尖顶，还有重檐顶、盝顶等。有时遇到屋檐或屋脊的高度不同时，建筑的屋顶变化更多，交接也更复杂。这里列举几种常见的坡屋顶交接方法。

如图 13-24 所示，这是两坡顶的交接形式。屋脊的高度不同，右边的屋脊在左面的屋面上。它们的屋檐高度也不同，左边的屋檐高，右边的屋檐低，因此左边的屋檐与右边的屋檐不可能交合。右边较低的屋檐终止于左边的山墙处。问题在于右边的在何处终止？显然，不可能在左边房子山墙的头上（墙的端头），否则屋顶如同一个切面戛然而止，非常突兀。所以必须将右边的屋面下部出挑处（屋檐）向左方伸过去（见图 13-24）。伸多远？这是收头做法的关键。

一般的坡屋顶，挑檐的出挑深度多为 600~800mm，因此向左伸过去也是这一距离比较合理，因为山墙处的出挑也与水平檐出挑距离相等，符合逻辑。

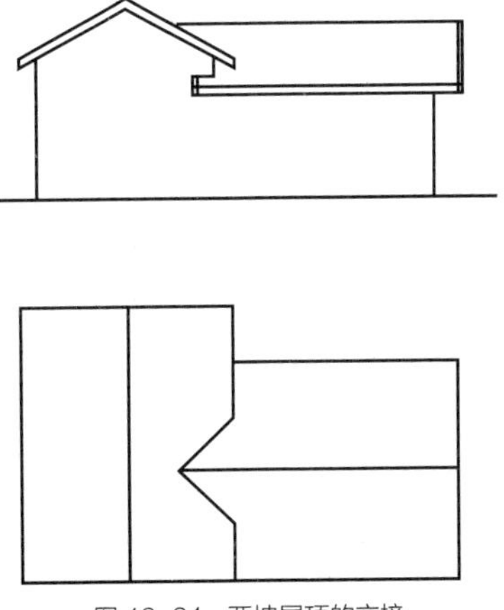
图 13-24　两坡屋顶的交接

二

四坡屋顶的交接，如图 13-25 所示。与上图中的建筑形式比较，两者的平面是相同的，左、右两处的建筑高度也一样，所不同的就是屋顶的形式。因此它们的交接有相同之处，也有不同之处。这个交接处应当也是四坡屋顶的做法。

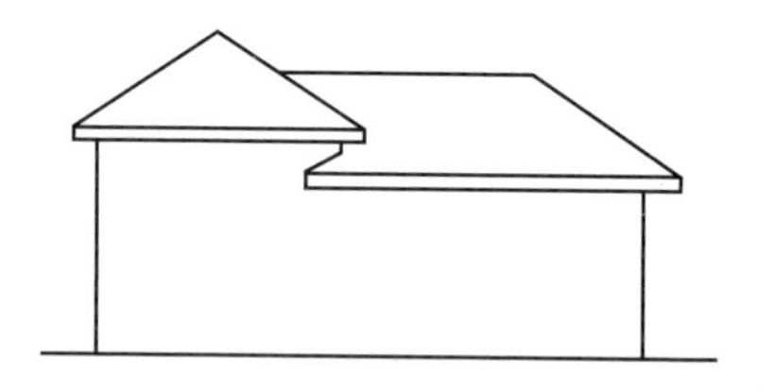

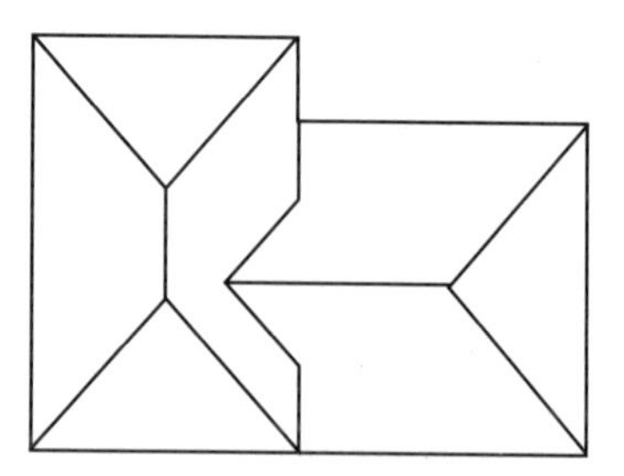

图 13-25　四坡屋顶的交接

如今有好多居住小区有别墅式的建筑，坡屋顶，这些建筑看起来很豪华，但其细部做法多有不当之处，除了用材不当，空间处理马虎外，最关键的也许要属这些收头处理的潦草了。类似上面说的坡顶交接做得不合逻辑之处很多。如果不按照符合美学与逻辑的交接做法处理，不但不好看，更会因构造上的不合理而导致雨天漏水，从而致使建筑损坏。这更进一步显示了，美学并非只是出自视觉或形式，而要符合功能逻辑，美观与实用往往是互为表里的。

三

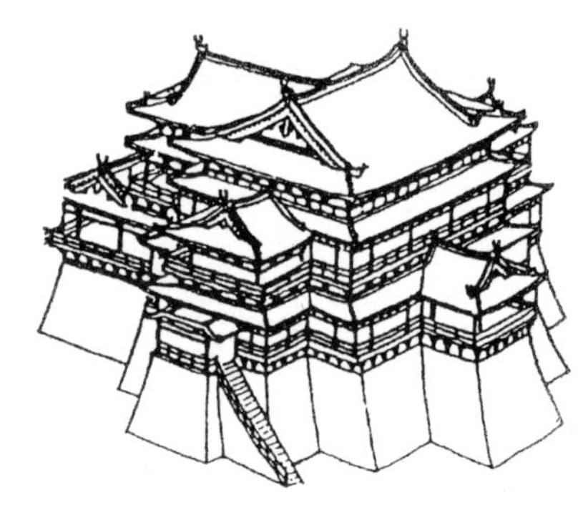

图 13-26　宋画中的滕王阁

坡屋顶是建筑中很普遍的形式，这种屋顶形式做得好与坏，与屋顶的交接做得好不好有很大的关系。近年来，坡屋顶又多起来了，如何做好坡屋顶？一方面在其整体造型；另一方面就在于交接等处理。在此分析几个比较典型的坡屋顶做法。如图 13-26 所示，是宋画中的滕王阁形象。其单个屋顶基本上都是歇山顶，但组合异常复杂，有的大、有的小；有的低、有的高；有的纵、有的横；有的单檐、有的重檐。真可谓“各抱地势，勾心斗角”。建筑的屋顶做法如此复杂，其目的是增加其辉煌效果，也是匠人为了表现其技艺。

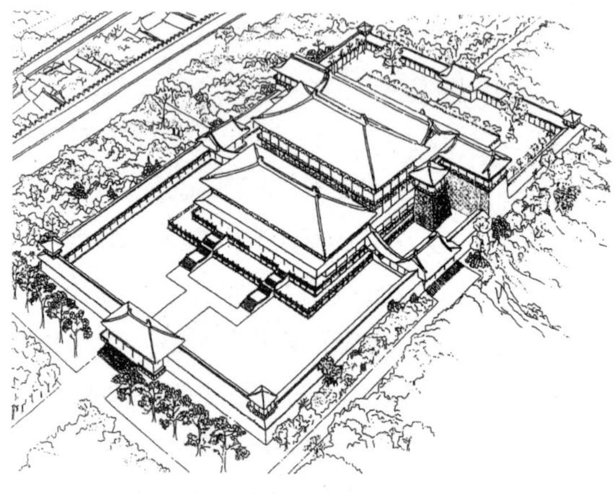

图 13-27　大明宫麟德殿

如图 13-27 所示，是唐代长安大明宫中的麟德殿形象（臆测复原样式），3 个建筑合并起来，用 2 个庑殿屋顶和 1 个歇山顶为主体，加上一些小顶组合而成。但这 3 个大顶在连接上做得简单化了些，它以 3 个大建筑拉开，以免产生天沟，雨水则排落到下面。这种做法在构造技术上没有什么难度。其建筑造型不在巧，而在“大”，据测（基地遗址）是北京故宫太和殿的 3 倍。是我国古代宫殿中的最大者。

四

复杂的坡屋顶形式，不但交接巧妙，还表现出匠人的技艺功夫，而且又派生出种种文化内涵。最典型的就是北京故宫紫禁城角楼的屋顶，如图 13-28 所示。这个建筑不但造型美，而且后来还给它编出一个有趣动人的故事。

相传明成祖朱棣一天夜里做了一个梦，梦见一座动人的建筑，美妙无比，由“九梁十八柱，七十二条脊”组成。第 2 天，他就命匠人照他梦中所见到的建筑建造，而且须在 9 天内完工。若做不出来，就处决。那匠人心急如焚。正值他一筹莫展，欲寻短见之时，忽然遇见一位卖蝈蝈笼子的老人，他走到这位匠人面前便问：“要不要买这个笼子？”那匠人叹了口气说：“脑袋也快掉了，还有心思玩这个！”老人又说：“这个笼子与众不同呀，包你喜欢。”说着，便将笼子往匠人眼前一举。那匠人毕竟是个有经验的匠人，他看看这个笼子，就看出几分名堂，于是就买了下来。回到家里仔细一看，数了数，正好是“九梁十八柱，七十二条脊”！建筑形式也很好看。他猛然想起：“这莫非是鲁班师父显灵，来救我了！”于是二话没说，便立即召集工匠们打造，终于建成了这个美丽的角楼。

我国历史上这种变化多端的屋顶不少，还可以举出许多例子。位于山西万荣县解店镇的飞云楼，如图 13-29 所示，就是其中一例。此楼创建于唐代，今之楼为清乾隆十一年（1746 年）重建之物。飞云楼结构精巧，形态端庄。其平面为正方形，边长 12m 余，楼之下有一方形台基。此楼高达 22m 余。飞云楼用 4 根经拼接成的、直径达 70cm 的通天井口柱通贯上下，所以建筑的整体性相当好。这座建筑可以用曲折玲珑来形容，而特别精彩的也就是它的屋顶。屋顶的各部分交接得相当合理，也相当美。它与万荣县的另一座楼秋风楼，以及云南昆明的大观楼合称我国古代的“三大奇楼”。

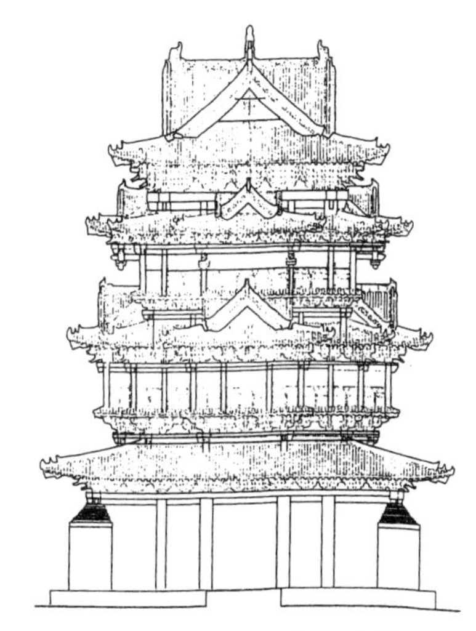

图 13-29　山西万荣县飞云楼

图 13-28　紫禁城角楼

第十四章 Spatial Arrangement 空间布局

第一节　空间的组织

一

德国著名建筑师格罗皮乌斯曾说：“建筑，意味着把握空间。”现代建筑要比古代建筑更重视空间，因为现代建筑的功能关系比古代建筑的来得复杂。古代建筑，无论庙宇、神殿、教堂或者住宅、府邸等，它们的功能关系并不复杂；现代建筑则不然，学校有教室、办公室、大礼堂、实验室、图书馆、教师和学生宿舍、饭厅、厨房等等。现代医院的空间也很复杂，而且为了避免相互感染，更要对这些空间作一番精心的安排。空间的组织，称得上是现代建筑设计的命脉。

如图 14-1 所示，是火车站的各种空间之间的关系图。箭头所指的是空间之间的关系和行进的顺序。这类交通建筑（还有汽车站、飞机场、轮船码头等），使用者来去匆匆，更要注意空间的关系。“顺”，是此一类空间组织的基本原则。这个图是功能关系图，一个个的框子代表其用途、性质，不代表其大小。有了这种关系，做方案就有依据，就“顺”。建筑美学不应当只是纯形式美，也应当包括建筑的功能、结构等方面，不合理的建筑也难以称得上美。

检票
检票
补票
行李托取
贵宾
母子
候车
签票
售票
大厅
广　场

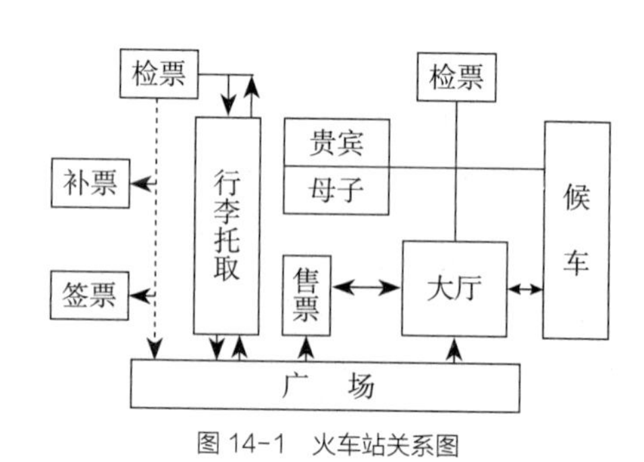

图 14-1　火车站关系图

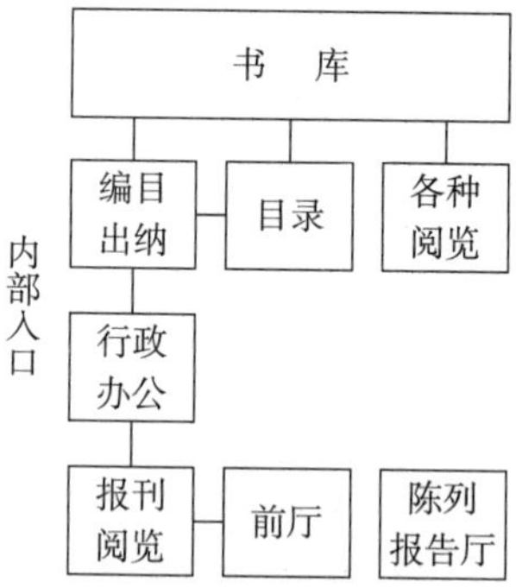

书　库
编目出纳
目录
各种阅览
内部入口
行政办公
报刊阅览
前厅
陈列报告厅

图 14-2　图书馆关系图

图 14-2 是图书馆的功能关系图。图书馆的主要功能有两方面：一是借书和阅览，二是藏书和研究。因此一般的图书馆就设有如图中所列的这些房间。这些空间的关系，用线条连起来，没有什么关系的，或关系甚少的，就不画连线。图中“陈列报告厅”与图书馆的其他房间关系不甚密切，所以不画连线，它一般是直接对外的。对图书馆来说只是管理。如前所述，这些房间的大小与图中所画的方框大小无关，这些就是建筑空间的功能关系组合。

二

建筑设计，方法之一是先从平面的设计开始。但做平面，应当想到空间。手在画平面图，眼在看平面图，但脑子里应当想象与思考空间。有经验的

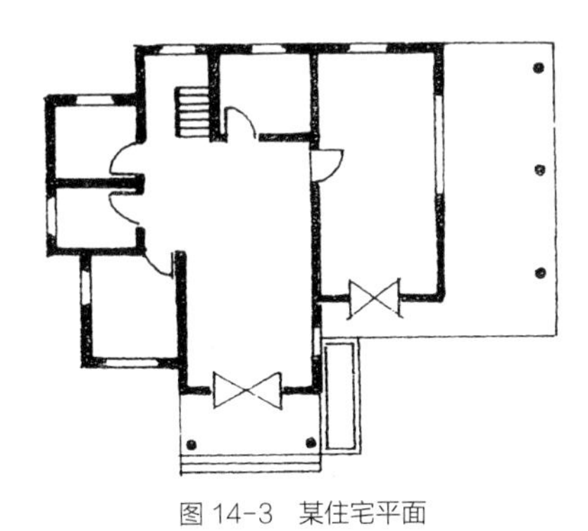

图 14-3　某住宅平面

建筑师总是这样工作的。在此，我们以住宅为例来分析其空间关系。

如图 14-3 所示，空间的组织以功能为主，什么房间与什么房间关系密切，就紧挨着放置，什么房间与什么房间关系疏远，就离得远一点。图中画的是 2 层的独立式住宅，各房间之间的布置比较合理。如表 14-1 所示，列出了住宅的各个房间之间的关系。设计住宅应当抓住这种关系。

三

建筑空间的布局，抓住空间之间的关系，可以比作作诗。诗有“诗眼”，抓住此“眼”，全诗就活。如：宋代诗人王安石有诗《泊船瓜洲》：“京口瓜洲一水间，钟山只隔数重山。春风又绿江南岸，明月何时照我还？”其中第三句的“绿”字是诗眼（一般多为动词，此“绿”字在这里也作为动词），此字使整首诗就鲜活了。相传王安石作此诗时，这个字本来用的是“到”，后来觉得平淡无味，于是便改用“过”，但也觉得不妥，又改用“来”“入”“满”等，最终才改为“绿”，据说他一共改了 17 个字。这在诗歌创作上叫“炼字”。这种精神值得我们学习。在建筑中，空间也有“眼”，同样也须精心设计。

如图 14-4 所示，是同济工会俱乐部的一个局部平面图，该建筑由李德华、王吉螽设计。图中所绘为俱乐部的进厅，这个空间称得上是空间的“眼”。

家庭生活活动及住宅各个房间之间的关系表　　表 14-1

家庭生活		活动特征						适宜活动空间		
分类	项目	集中	分散	活跃	安静	隐蔽	开放	分类	普通标准住宅	较高标准住宅
休息	睡眠		○		○	○			居室	卧室
	小憩		○		○	○			居室	卧室
	养病		○		○	○			居室	卧室
	更衣		○		○	○			居室	起居室
起居	团聚	○		○			○		大居室、过厅	起居室
	会客	○		○			○		大居室、过厅	起居室
	音像	○		○			○		大居室、过厅	起居室、庭院
	娱乐	○		○			○		居室、过厅、阳台	起居室、庭院
	运动		○	○			○		居室、过厅、阳台	书房
学习	阅读		○		○	○			居室	书房
	工作		○		○	○		居住部分	居室	餐室、起居室
饮食	进餐	○		○			○		大居室、过厅	餐室、起居室
	宴请	○		○			○		大居室、过厅	起居室、儿童室
家务	育儿		○	○					大居室、过厅	起居室、杂务室
	缝纫		○	○					大居室、过厅	起居室、杂务室
	炊事		○	○					厨房	厨房
	洗晒		○	○				辅助部分	厨、卫、阳台	厨、卫、阳台
	修理		○	○					厨房、过厅	杂务室
	贮藏		○	○					贮藏室	贮藏室
卫生	洗浴		○	○		○			厨房、卫生间	卫生间
	便溺		○	○		○			厕所、卫生间	厕所、卫生间
交通	通行		○	○			○	交通部分	过厅、过道	过厅、过道
	出入		○	○			○		过厅、过道	过厅、过道

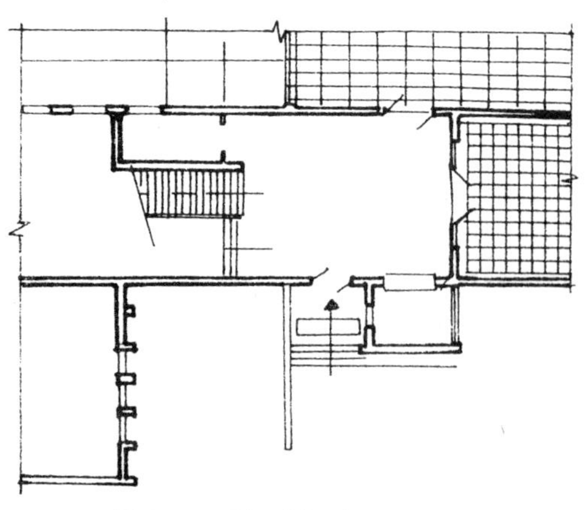

图 14-4 同济工会俱乐部的局部平面

人在进厅，可以贯通 4 个方向：向右是休息厅，交谈或举行小型茶话会也可在此。正前方是舞厅、会场；向左有 2 个分支：楼下有过厅、咖啡馆、台球室；楼上是报告厅、阅览室、接待室、办公室等。为了使这 4 个方向的力度有均衡性，设计者通过一些手法进行处理：将入口的方向与对面舞厅的门不在一条轴线上，否则这条轴线就成了主轴，其他方向都是附属性的了；另外，又将楼梯的踢板取消，每级都只有踏板，为的是视线通透，增强了这个方向的底层的方向力度——这个“眼”做得很成功。

四

住宅设计，对于各个房间的位置关系很重要。如图 14-5 所示，是住宅的分析图。显然，起居室是这组空间的“眼”。

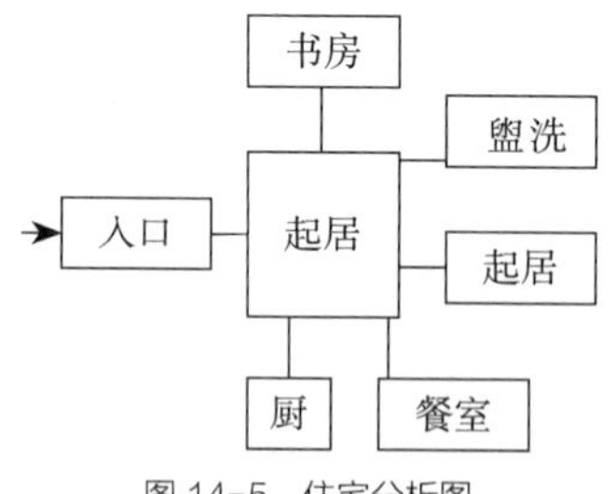

图 14-5 住宅分析图

如图 14-6 所示，是拙政园里的“海棠春坞”（小院）。这是个十分小巧、幽静的空间。这一组建筑空间（包括院子）若从“眼”来分析，廊就是它的“眼”。这条廊起到组织这一组空间的作用。这些室内和室外的空间，游廊缠绕起来，成为一个有机的整体。这条廊也点出了这组空间的审美意境。原来“海棠春坞”一处，园主人是根据宋代诗人苏轼的《海棠》诗而做的：“东风袅袅泛崇光，香雾空蒙月转廊。只恐夜深花睡去，故烧高烛照红妆。”这里的“月

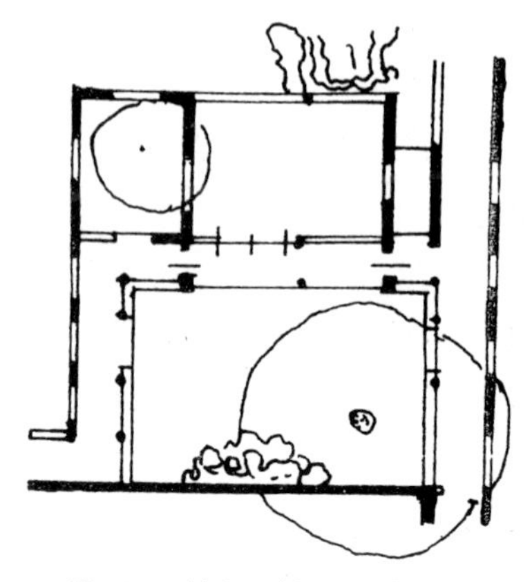

图 14-6 拙政园“海棠春坞”平面

转廊”三字，起到“诗眼”的作用。字义是夜深了，而转意就是深夜探花，爱花之心至深。此处空间以廊为“眼”，做得十分巧妙。

第二节 空间的关系

一

如果把建筑空间作为“语言系统”来看待，这里面就有许多“语法”关系。后现代主义建筑就是如此来分析建筑的。后现代主义建筑主张建筑是一种语言，建筑的设计与做作文（Composition）没有什么两样。或许后现代主义建筑的这种提法太过绝对，但将建筑空间视作语言系统，能使我们理清建筑空间及其形式中的许多关系。从语言来看，一

个个的空间，可以看作是一个个的单词。这些单词符合一定的逻辑关系，组合起来，就成为句子，表达某种语义。从语法中的句法来说，可以包括简单句和各种复合句。那么，空间也是如此，空间也可以有并列空间、重置空间、主从空间、宾主空间等。

并列空间又可称并置空间，相当于句法中一句句子中的并列词或复合句中的并列句。例如，教学楼中一连串的教室，宿舍楼中一连串的房间等，都属并列空间，这些房间相当于一个个的单词，其中的走廊相当于连接词。放大一层来看，居住小区中一幢幢的住宅，里面有许多房间，构成独立的“句子”；形式相同的这一幢幢的住宅，便形成“并列句”，户外的空间（包括道路）将它们连接起来，便形成“并列句”。

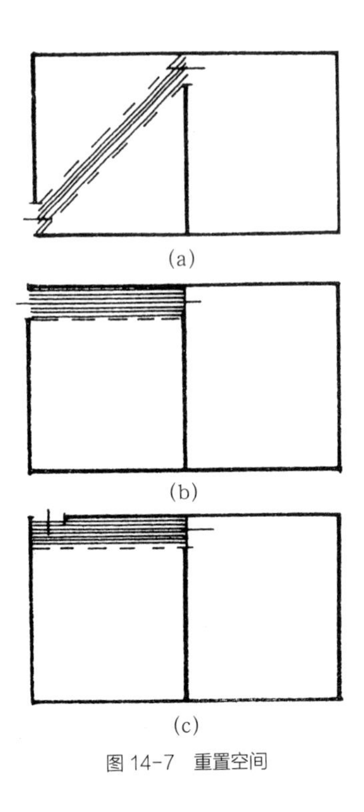

图 14-7　重置空间

二

重置空间。一个空间被另一个空间所叠套，就形成重置空间。也就相当于我们常说的套间。重置空间有内外之别。例如，外面的一间为普通的办公室，里面一间可能是经理的办公室；或者外面一间是接待室，里面一间是工作室；也或者在住宅中外面一间是起居室里面一间是卧室等等。

重置空间的布局，除了要求有一定的面积和层高外，还有一个很重要的问题是私密性。如图 14-7 所示，这是 2 个房间，其关系就是重置空间关系。其中（a）图的情况是 2 个门对角线设置。这就使外面一间失去尽端空间的作用，使用受到影响。（b）图的情况比（a）图好，留出一块尽端空间；但也有缺点，即内间的私密性问题。两个门对着开，人在外面，可以一直看到里面一间。如果能改成（c）的情形，就两全其美了。

其实，这也是个语法问题。语法中有修辞（Rhetoric）。如唐代诗人贾岛有诗《题李凝幽居》，其中第三、四两句：“鸟宿池边树，僧敲月下门。”据说他本来是“僧推月下门”，后来又改成“僧敲月下门”，但自己拿不定主意，用“推”还是“敲”，后来问当时的大文豪韩愈，韩愈说“敲”比“推”好，因为在月光皎洁，万籁俱寂的深夜，推门显得一般，敲门则有声，而且这声又惊动了树上的宿鸟，有一连串的想象空间。这就是“推敲”的来历。建筑设计也同样应提倡这种兢业精神。

三

主从空间。如图 14-8 所示，这是个实例，即上海虹桥国际展览中心。中间一个大展厅，旁边是附属性用房，展厅共 2 层，但旁边的小房间有 3 层。如图 14-9 所示，是它的剖面图。

在历史上，如东罗马君士坦丁堡的圣索菲亚大教堂、威尼斯圣马可教堂、柏林宫廷剧院等等，都在空间上呈现主从关系。如图 14-10 所示，是意大利维琴察的圆厅别墅平面。虽然四周的房间也都不小，但从关系来说，中间的圆厅还是个中心空间，它们仍属主从关系。

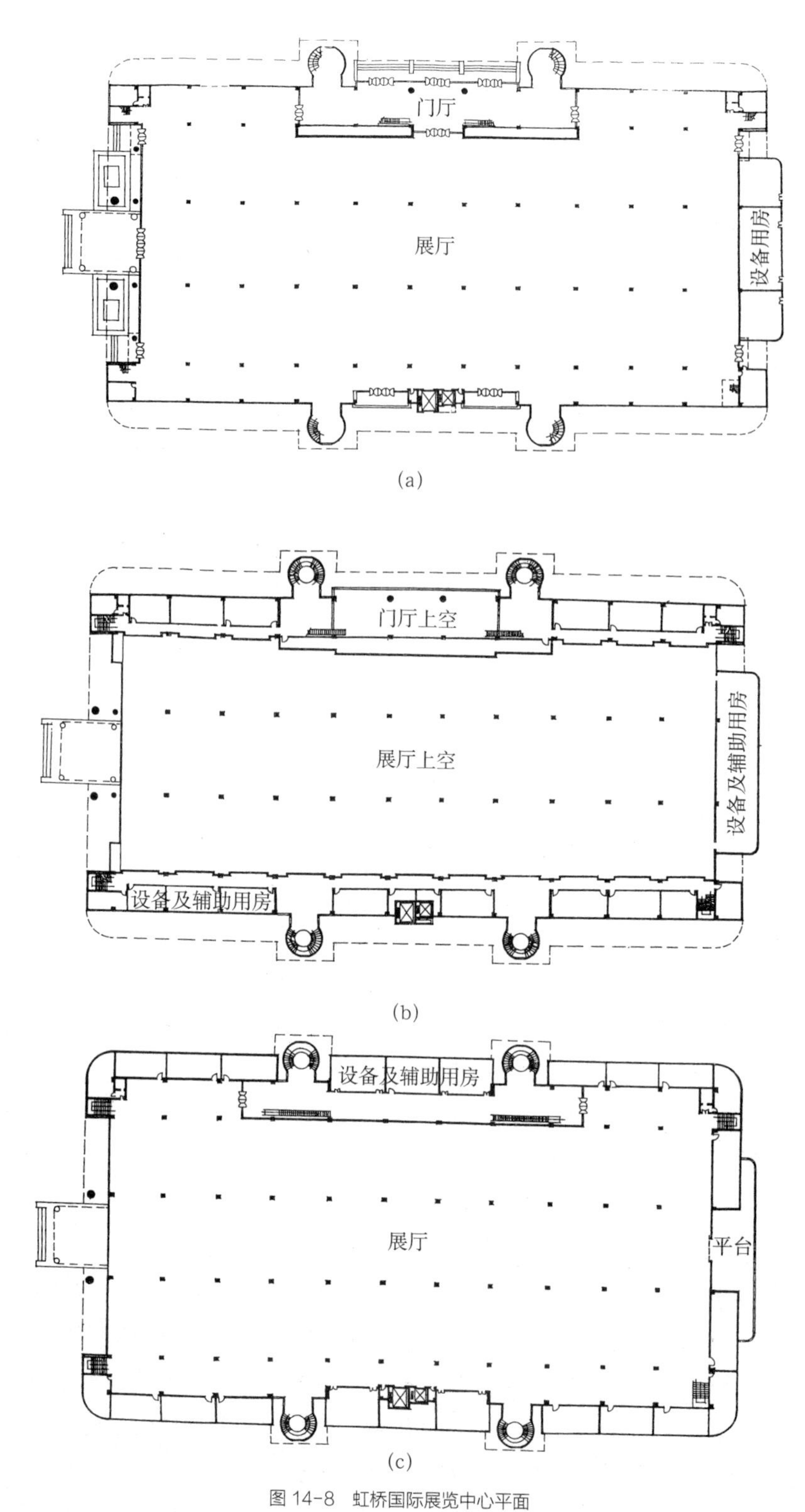

图 14-8 虹桥国际展览中心平面
（a）底层平面图；（b）夹层平面图；（c）二层平面图

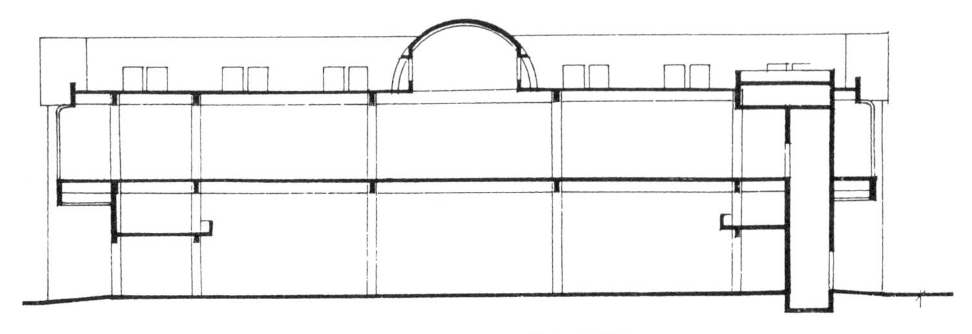

图 14-9　虹桥国际展览中心剖面

近现代建筑中有好多主从关系的实例。上海大世界里面有个中心广场，这里常演大型杂技、飞车走壁等节目，规模宏大，甚为轰动。这里是个圆形的露天剧场，设有观众席和舌形舞台。剧场四周架设的环状双层廊道，横空长跨、上下相通，是空间变化多端而又融为一体。这些廊道又与剧场主楼西北角的楼层相接，并与南面京剧场的屋顶相通。凡内庭广场演出上下和人来人往，在廊道时均能历历在目，正可谓妙不可言。从空间关系来说，这称得上是典型的主从空间了。

在现代建筑中，体育馆也是比较典型的主从空间关系。体育馆、体育场、游泳馆一类，都属主从空间关系。如图 14-11 所示，这是上海游泳馆的平面图。

四

宾主空间相当于语法中的复合句，主句与从句的关系。从句也是完整的句子，而且它与主句之间的关系往往用连接词，如：英语中的 that、and、so as to、in order to 等。如图 14-12 所示，是位于巴黎的联合国教科文组织总部，建于 1958 年。这座建筑由 2 部分组成：一是 8 层的秘书处，平面“Y”形。二是大、小两个会议厅及其他用房。除此之外，还有一个这两者之间的连接体。连接体中是许多辅助性用房，为秘书处和会议厅服务，同时也是入口。这一部分就是“宾”与“主”两者的连接体，是“连接词”。也好比是 2 个沙发，上面坐着宾主

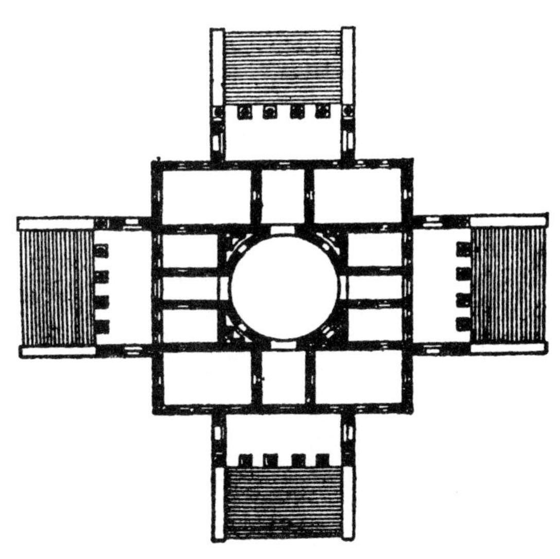

图 14-10　圆厅别墅

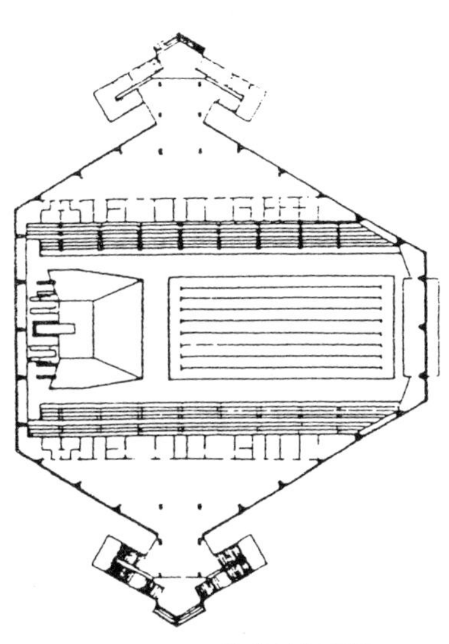

图 14-11　上海游泳馆平面图

二人，中间要放一个茶几，上面放鲜花、茶杯等，作为宾主之间的连接体。

五

序列空间在建筑空间组织类型中也是比较常见的一种空间组织形式。一般在纪念馆、陈列馆及医疗性建筑中均用这种形式。如图 14-13 所示，是序列空间的关系图，箭头所指的从入口向出口行进，这就有比较严格的顺序关系。如：某个伟人的纪念馆，一般总是顺着他的编年和事迹来布置展室的。

如图 14-14 所示，是纽约的古根海姆美术馆（由赖特设计），这个美术馆空间的布局是入口在底层，然后乘电梯到顶层，再顺着坡道一圈一圈地往下走，边走边参观，最后走到地面，看完后离馆。这是一个比较特别的顺序空间，其精彩之处就在参观路线是略有斜坡的，人们在微微下坡的地面上边走边看，不知不觉中参观完了，一点也不觉得累。这也是个很重要的使用上的功能，特别是对年老或行动不便的观众来说，这样做是将无障碍、流线、空间与形式完美地融为一体。

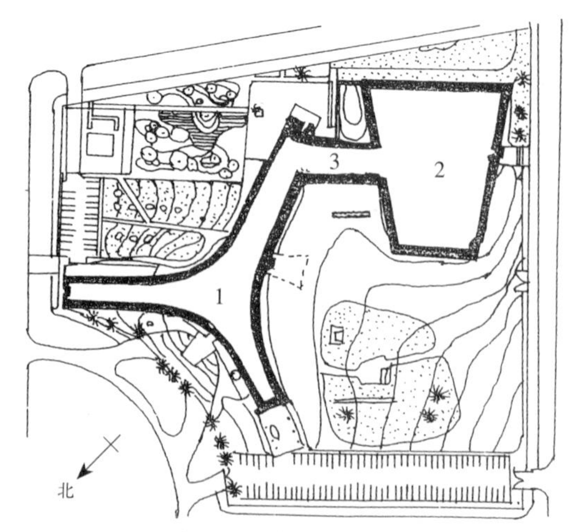

图 14-12 联合国教科文组织总部
1—秘书处办公楼；2—会议厅；3—门厅（连接体）

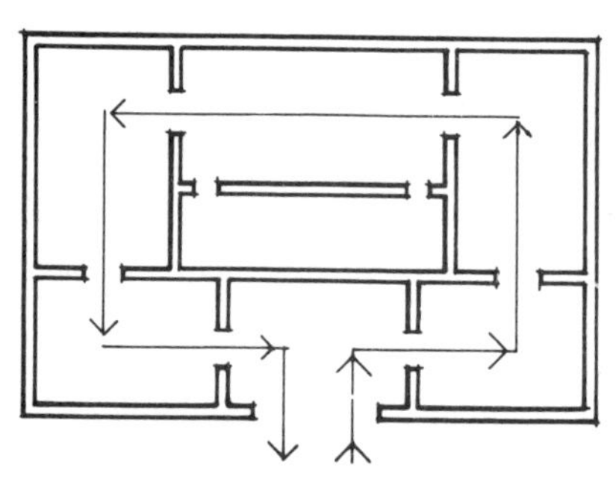

图 14-13 序列空间关系图

第三节 空间的流通

一

空间有两种相对的形式：一是封闭性的；一是流通性的。封闭性的空间，私密性好；流通性的空间，交往性好。孰优孰劣？这要看人的需要。如：卧室，要求私密性好，所以一般只开一个门。窗子的外面最好不要被外人看到卧室的里面。有的空间则要求人际交往，空间宜流通。20 世纪 80 年代，美国著名建筑师波特曼提出“共享空间”和“人看人”理念。所以之后的旅馆、饭店，都有一个中庭空间，而且

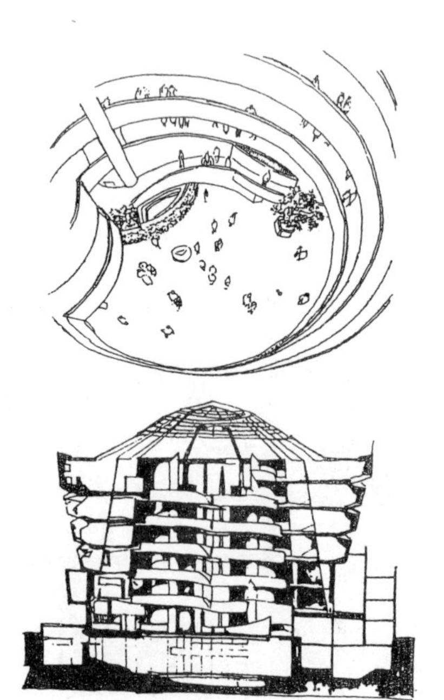

图 14-14 古根海姆美术馆

图 14-15　美国某饭店的中庭空间

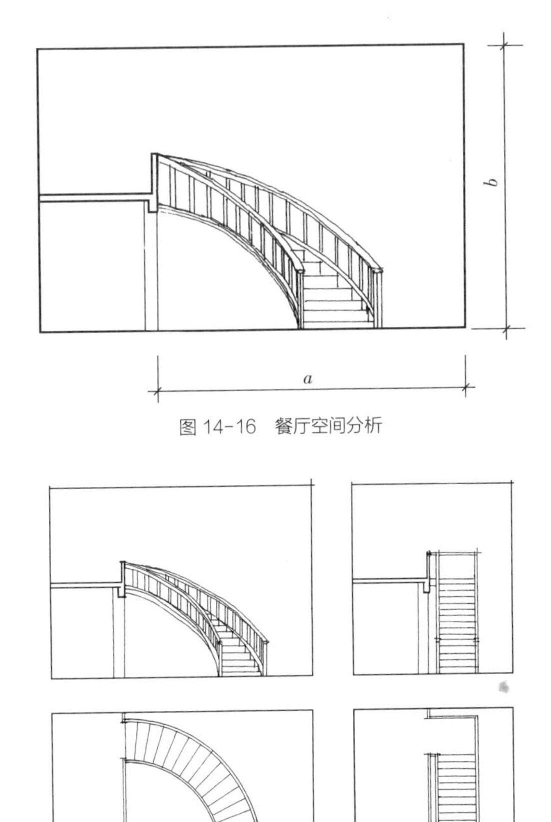

图 14-16　餐厅空间分析

图 14-17　空间流通分析

做得很考究、宽大，让人们在此逗留、交往。

空间的流通是指两个以上的空间，相互之间有交往性和流通性。如图 14-15 所示，这是美国某饭店的中庭空间，人们在这里得以共享这一巨大而丰富的空间，人看人，人际交往的效果甚好。

二

上下之间的流通，有些手法上的问题值得重视。如图 14-16 所示，是某宾馆的一个餐厅。其做法是将左边的空间分上、下两部分，楼上有栏杆。在上面可以看到下面的大部分空间（除了楼板下部的空间），上下空间有流动感。但是，图 14-17 的右图，就失去了上下空间的流动性。有的设计者不理解这种空间关系，便失去了空间的流动性（视线不畅通）。从经验分析，图 14-16 中的大厅部分，a 为宽度，b 为高，若要它们产生流通性（视觉的），则 a/b 须大于 2/3 才有效。另外，弧形的楼梯要比直线形的楼梯更起到视觉上的流通作用。

三

如上所说，弧线要比直线更容易产生流动感，其实面也是如此，曲面要比平面更容易产生流动感。如图 14-18 所示，这是一条弯曲的走廊，空间的运动感是很明显的，人们好像自然而然地沿着曲面前行。有人称这种空间为动态空间。著名的美籍华裔建筑师贝聿铭认为，弧线的动感来自线条的透视灭

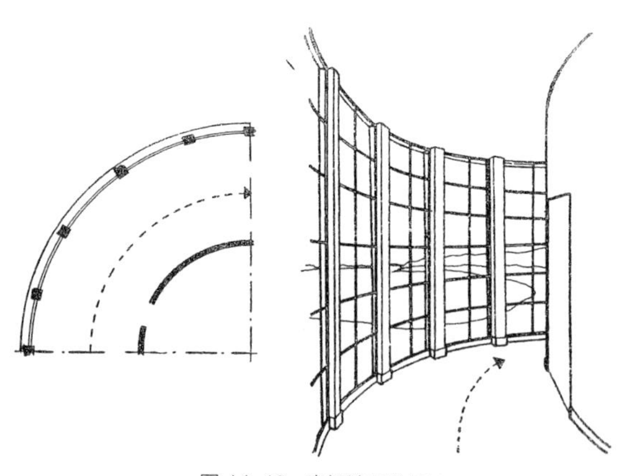
图 14-18 空间流通分析

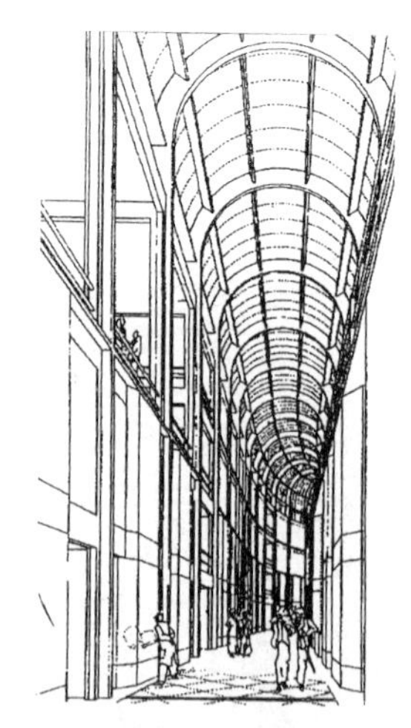
图 14-19 曲廊顶面的空间形态，增强流动感

点的不断改变，人们在视觉心理上也不断改变着此线的透视灭点，从而人的观念和行为也就被导向前方，如图 14-19 所示。

如图 14-20 所示，是北京颐和园里的长廊，全长达 728m，堪称“世界第一长廊”，具有皇家气派。若从建筑空间处理手法来说也是成功的。廊是游动性的空间，所以它做得弯弯曲曲。与上面的例子一样，廊子弯曲，增强了空间的动感，使视线得到连续。特别是对园林建筑来说，这种形态无疑是一种很好的艺术效果。

图 14-20 颐和园长廊

四

如图 14-21 所示是一个大型的独立式住宅的底层平面，住宅中有客厅、餐室、交往空间等，这些空间宜做得通透。这里用室内小庭来组织空间庭的上空有玻璃顶，四周有玻璃隔断，刮风下雨没有关系，又可以采光。有门、廊等可以通行。在图的左下方画虚线处，表示上面是空的。这里的空间为 2 层，所以在此处还能上、下交往（视觉的）。在这种大型的独立式住宅中，卧室、书房等做成私密性较强的空间，而起居室、会客室等空间，要做成交往性空间。

如图 14-22 所示，是一个大型别墅底层平面实例（引自：张绮曼、郑曙旸．室内设计资料集．北京：中国建筑工业出版社，1991.）。

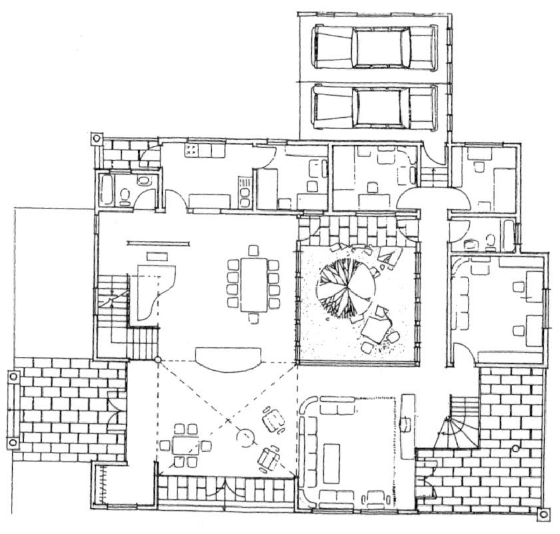
图 14-21 某独立式住宅平面

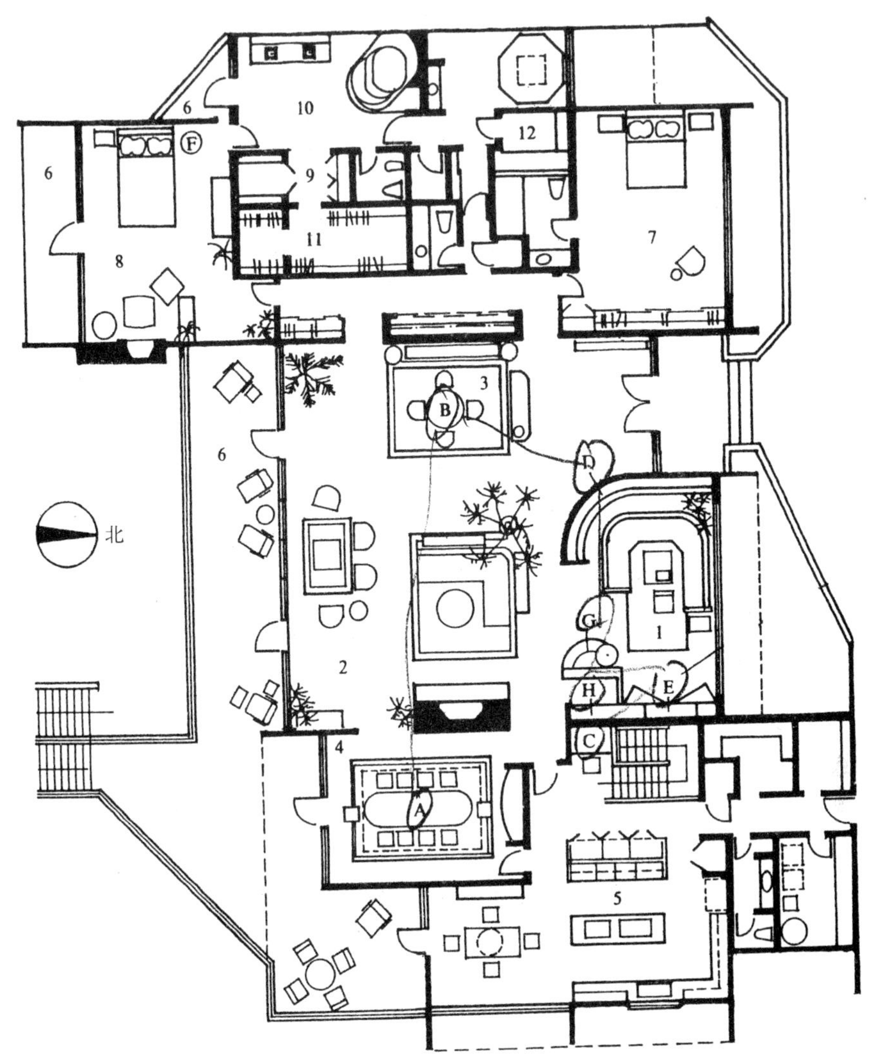

图 14-22　某别墅底层平面图

1—视听娱乐室；2—起居室；3—游戏娱乐区；4—餐厅；5—厨房；6—阳台；7—客人卧室；8—主人卧室；9—化妆室；10—浴室；11—衣橱；12—蒸汽浴室；A—餐桌；B—游戏娱乐桌；C—带滚帘的桌；D—音响综合柜；E—屏幕；F—安全监视系统；G—酒吧台；H—酒吧柜

第四节　空间的方向性

一

从建筑美学来说，空间的方向性也是空间形态的一个重要方面。如图 14-23 所示，这里画出了 3 个平面（空间）形式：（a）图中，人站在这个空间内，前后、左右的方向感是等强度的。（在这种空间中，人的心态有停止不动的感觉。）这种空间的优劣，就要看空间的用途。一般说这种空间在心态上显得凝重、严肃，所以在应用性上适宜于纪念性建筑一类，如：北京的毛主席纪念堂，淮安的周恩来纪念馆，以及巴黎的拿破仑墓（恩瓦立德教堂）等，都是方形平面。

毛主席纪念堂平面，其长和宽均为 105m，高 33.6m，形态庄重，如图 14-24 所示。

淮安的周恩来纪念馆，也用正方形平面，效果甚好。这座建筑用正方锥形屋顶，正方形台基。用材和色调也很有简洁庄重的纪念性效果。

其实，如果是实体，正方形平面的形体也有同样的庄重感，如：埃及的金字塔、墨西哥的太阳神和月亮神金字塔等。

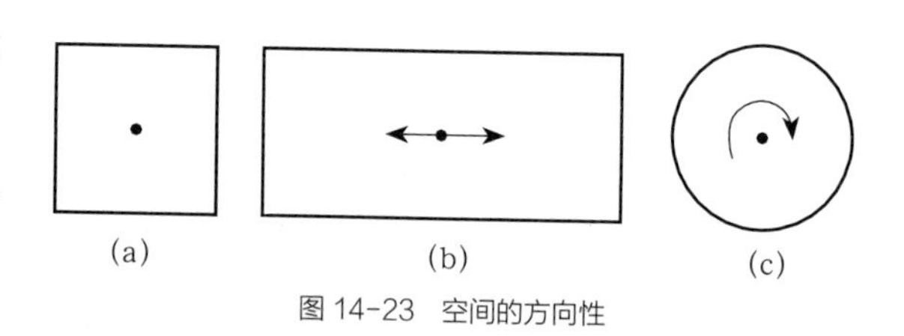

图 14-23 空间的方向性

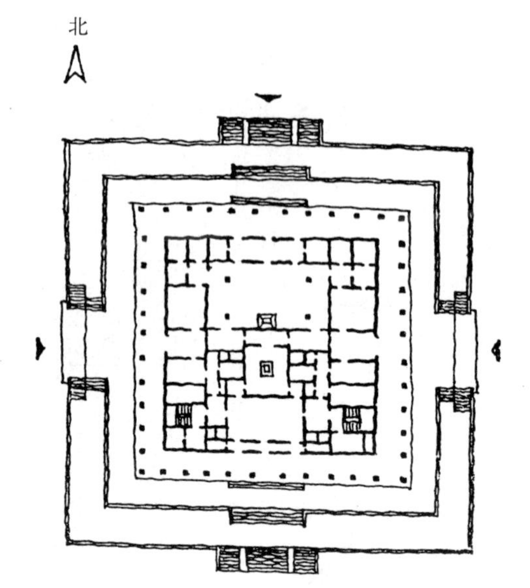

图 14-24 毛主席纪念堂平面

二

如图 14-23（b）中的形式最常见，如：教堂的大厅、办公室、会议室、活动室、卧室等，它们要有一定的方向性，但不宜太狭长，否则不但不实用，而且方向性太强，有停不住、坐不安稳之感，好似过道。一般说这种平面（空间）的长与宽之比在 1.5 ：1 左右为宜。有人以为最好是“黄金比”（1 ：0.618），但这未免太过教条，用不着那么精确。如：一般的教室，长 × 宽在 9.3m×7.9m 左右为宜（教室平面的大小形状是有规范的）；又如，卧室的长度 × 宽度，在 5.4m×3.9m 左右为宜。

三

20 世纪 80 年代，从国外引进三角形平面形式。有人不知道其中的缘故，只知道“国外流行”就是好，显然过于盲目了。其实三角形平面（空间），说到底是求取空间的方向感。如图 14-25 所示，由于人对每一个界面都会产生 2 个方向，一个是垂直于界面，另一个与界面平行，所以在三角形空间中就会有 6 个方向。

如果是直角三角形，如图 14-25 所示，这个空间就会在感觉上产生 4 个向度（方向），因为两直角边的两个界面，方向感是重叠的。但如果这个平面不是直角三角形，则三个界面会产生 6 个向度（方向）。

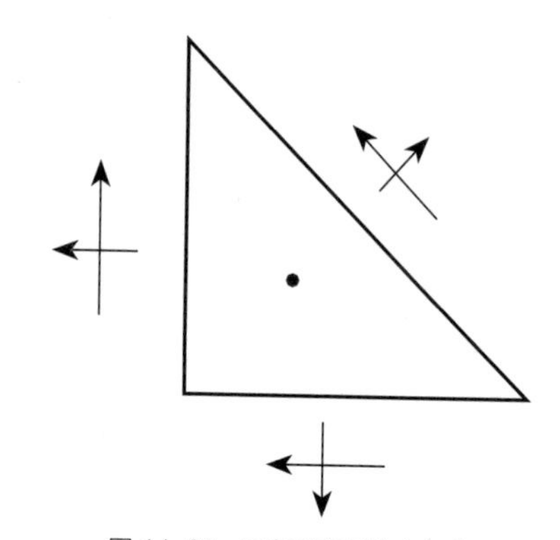
图 14-25 三角形空间的方向感

四

空间的方向性不但是空间形象的性质，同时也受空间中的实体的影响。实体也是有方向感的，如柱列，6 根到 8 根柱，排成一列，就产生方向感。如果是圆柱，则柱列的方向感很明确，如图 14-26 中的（a）所示。图中的（b），其方向感要比圆柱

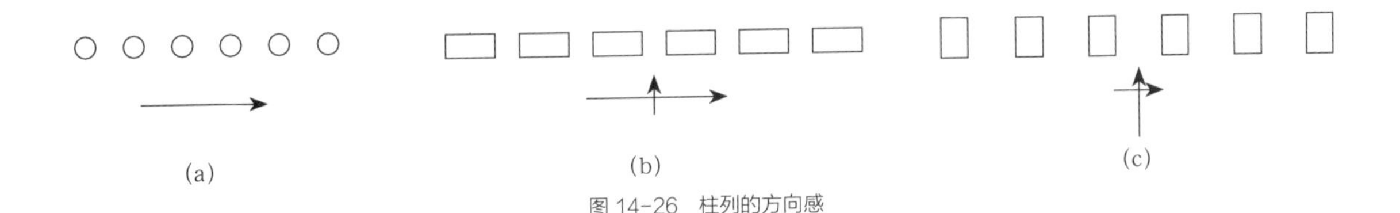

图 14-26　柱列的方向感

列更强烈。图中的（c），则产生两个方向感，如有的学校、公司、机关的大门，会采用这种形式，效果当然要比（b）的形式好，它把街道的方向引向学校、公司、机关的方向。

如图 14-27 所示，是实体的方向性效果的实例，这是 1937 年在巴黎举行的国际博览会苏联展览馆前的标志性雕塑。这个形象具有强烈的方向感，包括基座和上面的雕像（由著名的苏联女雕塑家穆欣娜所作），不但有向前的动势，而且有欣欣向上之感，做得很成功。

图 14-27　巴黎博览会苏联馆前的雕塑

第十五章 Architecture and Color 建筑与色彩

第一节 色彩与建筑的色彩美

一

色彩，近年来越来越被人们所重视。服饰要注意色彩搭配，园林和城市环境要注意色调，饮食也讲究菜肴的颜色，所谓“色、香、味”，日常生活用品，乃至汽车的颜色等也被重视起来了。建筑的色调也为人们所关注，甚至对于城市的色调也有所注意。

色彩由视觉产生。视觉包括形觉、光觉和色觉3大部分。我们谈建筑美学，其实以上说的都是形和光的视觉内容，轻视了色觉的。建筑的色调也关系到建筑的美。有的建筑，其形尚可，但它的色调却令人难以接受。

建筑的色调，有一个最根本的问题：建筑与人，孰主孰从？如果人是主，建筑是从、是环境，则将建筑设色作为环境色的原则来配色；但若建筑是主，人却成了“环境”，就像建筑效果图中的人，是配景。纪念性建筑，似乎人就成了“环境”。因此建筑的色调如何配置，要从建筑美学的角度整体地去分析，并建立起一个完整的建筑色彩体系。

二

研究建筑的色彩问题，首先要熟悉色彩的基本内容。人对色彩的感觉，是由视网膜里的色觉细胞感光而引起的。色觉细胞有3类，即红、绿、蓝，好像彩色电视里的3种光原色一样。人对黄色（黄光）的感觉是由红光和绿光共同作用而产生的。红光和蓝光共同作用则变紫光，蓝光和绿光共同作用则变蓝绿光。客观世界千千万万种颜色，都是由这3种光源色产生的，随着它们之间的比例的多少变化，就产生各种不同的颜色。

在这里不说纯色彩学上的问题，只是对与建筑色彩有关的一些基本概念进行论述。除了纯色彩学外，对色彩的研究，可以分艺术色彩学、工业造型色彩学2大类。我们这里说的是后者。从工业造型色彩来说，着重色彩的体系问题。目前世界上工业造型色彩理论体系繁多：有蒙塞尔色系（Munsell）、潘通色系（Pantone）奥斯瓦尔特色系（Ostwald）、日本的工业色标等。我国传统上多用蒙塞尔色系，在这里对其略加展开。

三

蒙塞尔（1859—1918年）所建立的色彩体系，是根据色觉三要素原理构成的，即色相、明度和纯度。色相，即色的调子，是红的还是黄的、绿的、蓝的、紫的等；明度，即色的明亮程度；纯度又称饱和度，如红色，是纯红还是灰红，纯度最低就是灰色。

根据这个关系，我们可以建立一个“模型”，称“色立体”。由以上说的这3个要素，组成三度空间，就形成“模型”（即色立体），如图 15-1 所示。

由色立体可知，它像个斜置的橄榄球，中间的垂直轴就是明度轴（又叫无彩轴，因为在此轴上什么颜色也没有，只是黑、灰、白）下面暗、上面亮。最下面是“黑点”，最上面是“白点”。在轴的中间做一个横切面，此面的最外周，色彩的纯度最高（严格地说这不是一个正圆平面而是一个非正圆而又翘面的面），把这个切面理想地认为是个圆面，则圆心是灰点，无色；圆周处色彩最鲜艳，称色环。也就是说色的纯度最高。按照蒙塞尔色系理论，色环分为 5 组颜色：红（R）、黄（Y）、绿（G）、蓝（B）、紫（P），如图 15-2 所示。这 5 组称基本色（与原色的意义不同），两个相邻的基本色的中点又产生一种颜色，即 RY、YG、BG、BP、PR。这 5 种色称间色。然后基本色和间色之间再各作 10 等分，因此在色环上就有 100 种颜色。然后，每一种色再向中心分出不同纯度的色，从色环向内，越变越灰。于是就有图 15-3 的情形。图中的色相，右边最鲜艳的红色 5R，标为 4/14，左边 5BG 为 6/6~3/6。各种色相的最鲜艳的颜色，明度是不同的，故如前所说，这个横切面不是平的也不是圆的，而是翘曲的，可以参见表 15-1。

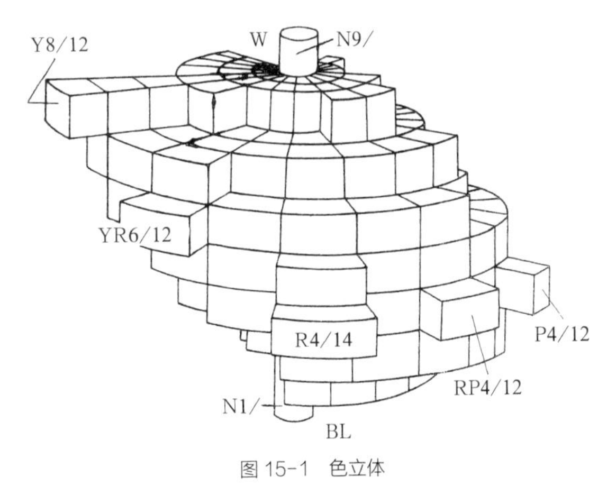

图 15-1　色立体

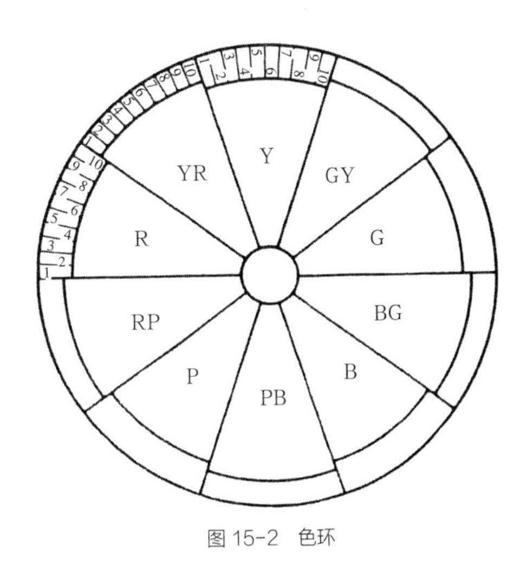

图 15-2　色环

色系表（色立体最外侧的色）　　表 15-1

H_V	2/	3/	4/	5/	6/	7/	8
5R	6	10	14	12	10	8	4
5YR	2	4	8	10	12	10	4
5Y	2	2	4	6	8	10	12
5GY	2	4	6	8	8	10	8
5G	2	4	4	8	6	6	6
5BG	2	6	6	6	6	4	2
5B	2	6	8	6	6	6	4
5PB	6	12	10	10	8	4	2
5P	6	10	12	10	8	6	4
5RP	6	10	12	10	10	8	6

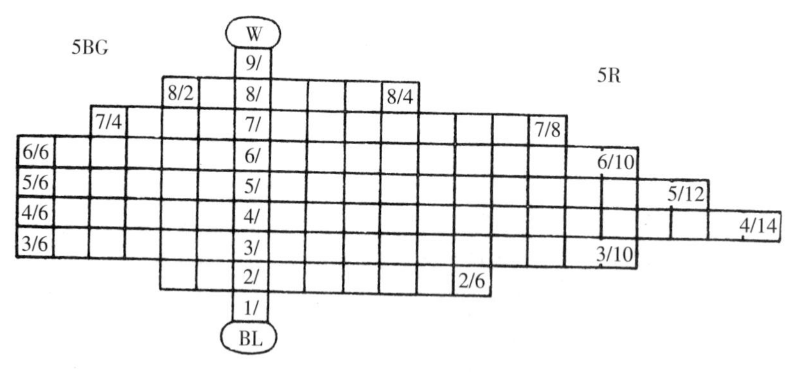

图 15-3　5BG/5R 断面

四

根据实验结果，各种色相的明度和纯度的关系，可以组成一个表，即表 15-1。每种色相的明度和纯度都在表中表示出来。如 5R 这个切面，当明度为 2 时，它的纯度为 6（图 15-3 中 5R 在明度 2 时，其明度为 6 个小方格）；当明度为 3 时，纯度为 10；明度为 4 时，纯度为 14；然后，明度为 5、6、7、8 时，纯度分别为 12、10、8、4；明度为 1 时，我们用眼睛已分不出它与黑的差异了，所以没有画格子；明度为 9 时，同样分辨不出它与白的差异，表中也没有画格子。

第二节　建筑的外形色

一

建筑外形的设色，可以归纳为几个原则：

一是受环境的影响，要与环境协调。如前所说的云南大理的白族民居，多用黑、白、灰、蓝 4 种颜色，它与当地的苍山、洱海的风景协调，所以景致显得很和谐。江南一带，青山绿水，所以这里的

图 15-4　墨西哥建筑上的壁画

传统建筑，色调上称之为“粉墙黛瓦”，显得很有淡雅气质。

现代建筑的外形色，讲究的也是以素雅为上。建筑外形多用白色或其他浅的灰色，如：灰红、灰黄、灰蓝等。这种建筑色彩容易与周围环境协调，它的明暗效果多用阳光、阴影来表现，不靠建筑自身的颜色来表现。

二是面积效果。面积大的，如大片的墙面，色宜简、浅、灰。但也有例外，如：墨西哥的建筑，喜用传统风格，在墙上画壁画，形和色都很丰富，这只能说是特例。如图 15-4 所示，是墨西哥的一所高等学校里的图书馆，外墙面用马赛克镶嵌成一幅大型壁画，形象复杂，色彩斑斓，反映出墨西哥建筑上的文化传统，它能使我们联想到古老的玛雅文明。

三是色与质的配合。建筑外墙上可以用黑色吗？黑色也许让人觉得可怕、郁闷；但如果建筑的外墙上用磨光的黑色花岗石，感觉就两样了，会让人觉得高雅、精致，很有气度。上海外滩的交通银行（今为上海市总工会所在），其底层外墙用的就是磨光的黑色花岗石，看起来庄重大方。又如，上海南京西路的国际饭店外墙下部墙面，也用磨光的黑色花岗石，其效果也很好。因此，建筑的颜色，必须与其材质联系起来。

另外，在黑色的墙面上，若配上黄色或白色油漆，有点令人难以接受；但如果这黑色是磨光的大理石或花岗石，这黄色或白色是金色或银色，那就会显得神气十足。有些珠宝商店，店门口的横额招牌就是这样配色的，可谓富丽而又大方。金色不等于黄色，银色不等于白色，其质地非常明显。

四是肌理。颜色与质地有关，也与表面的肌理有关。上海外滩的海关大楼，建筑外墙面基本上都是水泥的颜色，即灰米黄色。但这座建筑在表面肌理上的变化是很明显的。此建筑的下部基座部分，外墙面上用毛石（花岗石）贴面，表面凹凸很强烈，石质特性表现得淋漓尽致。建筑的上部抹得比较平整。这就使建筑产生坚固、稳重的感觉。意大利文艺复兴时期建造的佛罗伦萨的美第奇府邸，共 3 层，其外墙面同样是自上而下由光到毛（见第三章第二节）。

现当代建筑，由于建筑材料发展很快，不断又有许多新的贴面材料问世，色彩多样、质感强烈。所以，设计者必须把握这些材料，色、质都要注意。最好是见到真实材料，感受其视觉效果如何。因为用文字描述说不清具体感受，用照片或摄像等也不完全能反映真实效果。

二

色彩关系有许多概念，一般都用对比与调和的关系来表述。色彩三要素，就有 3 种对比关系，即色相对比、明度对比、纯度对比。另外还有冷暖对比、面积对比以及综合对比等等。建筑色彩的对比，较多的是综合对比，即几个对比一起运用。例如，在一个建筑立面上，墙面与门窗之间就有明度对比和面积对比。

色相对比，即红色与蓝绿色，紫色与黄绿色等，也就是蒙塞尔色系色环中的对角线关系。相邻的颜色是调和的关系，如：红与橙、绿与蓝、蓝与紫等。如果在色环中 2 种颜色位于直角关系时（如红与黄绿、蓝与紫红等等），则呈弱对比，对角线关系则是强对比。这些关系无所谓优劣，看需要而择取。

明度对比比较简单，就是色彩的明与暗的对比关系。按照蒙塞尔色系，明度对比可以用明度中的“度”来理解。明度对比强烈，明度差别在 4 度以上，如“2”与“6”，“4”与“8”等等；明度对比弱，其差别在 2 度以下，如“2”与“4”，“5”与“7”等等（参见蒙塞尔色系的“无彩轴”）。

纯度对比就是纯色与灰色的对比。其强对比就是鲜艳的颜色与灰的颜色的对比。如：黄色，最鲜艳的黄色的纯度为“12”（明度在“8”处），它与纯度只有“2”的黄色（明度相同；若明度也有不同，则是双重对比了。）形成强对比。对比的强弱概念与明度对比的强弱概念相同。

冷暖对比，是指冷色调与暖色调的对比。在蒙塞尔色系的色环中，如图 15-5 所示，将左上角至右下角进行分切，右上半部为暖色调，如：红、黄等色；左下半部为冷色调，如：蓝、紫等色。凡靠

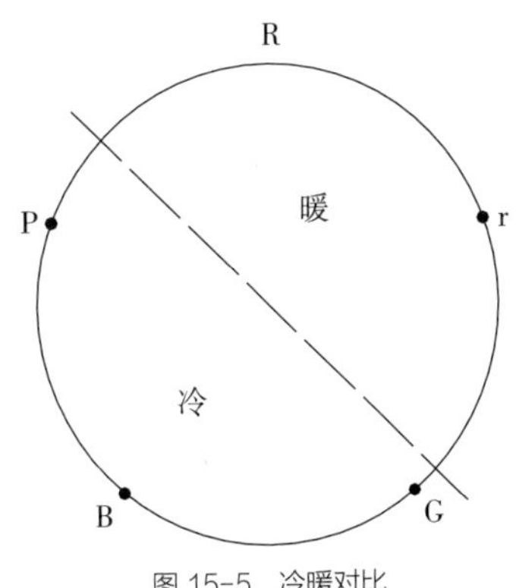

图 15-5　冷暖对比

近分界线处，则不冷不热，如：绿、紫等色。

在色彩对比关系中，还有时间对比，或叫连续对比。我们可以做一个试验：如果你长时间观看红色，然后你的视线移向白墙（或者其他白色的物体），就会在白墙上产生一块蓝绿色，它正是红色的补色（色环上处于对角线的颜色称补色，或称互补色。）。

图 15-6　意大利广场

三

建筑的外形色，我们在这里还要举一些现当代建筑中的实例。

首先说波士顿的约翰 · F · 肯尼迪总统图书馆和博物馆。此建筑由著名美籍华裔建筑师贝聿铭设计，1979 年建成。此图书馆分 2 部分：一是，保存肯尼迪在任期间的历史文件、档案。二是，向团体和个人提供研究、展览、参观的场所。此建筑的外形很简洁，这也是建筑师的一贯手法，用几何体块来表现建筑。从外形色来说，这座建筑也表现出很简练的特点，白色的墙面，深色的玻璃幕墙作对比，产生明暗对比的强烈效果。有的建筑评论家认为它具有戏剧性的效果。

其次是悉尼歌剧院，此建筑外形用浅米黄色的陶块作为帆形屋顶材料，远远望去，整座建筑具有白帆似的审美效果。更值得一说的是它的色彩，会随着天光的变化而变化：早晨，当阳光射到这些屋顶上时，呈现的是玫瑰色；当正午时，阳光强烈，屋顶变得洁白无瑕，如同一片片巨大的贝壳；当夕阳西下时，它又被金色的霞光照射得通体金光灿灿。

第三是亚特兰大高级艺术博物馆。此建筑于 1983 年建成。整座建筑由 4 个立方体和一个 1/4 圆柱体形组成。1/4 圆柱体是中心展厅，内设一个天然采光的多层中庭。此建筑由著名的“白色派”建筑大师理查德 · 迈耶设计。建筑的外墙面饰以白色搪瓷板，在不断变化中，它的外形色也起着变化。这种材料，一方面是它的固有色（白色）；另一方面由于搪瓷表面的光洁，所以对天光起着映射的作用，这就使它形成“半透明”的效果。

最后是美国新奥尔良市的意大利广场。这是一个典型的后现代建筑作品。从建筑色彩来说，它的特点就在于大胆地运用鲜艳的颜色。如图 15-6 所示，广场中的 5 座沿着周边并同心圆弧布置的弧形柱廊，用不同种类的材料建造并漆成鲜艳的铁红、黄红、橙红等，不但形式奇特（用 5 种罗马柱式），而且色彩大胆地变幻。“后现代”表现得淋漓尽致。在夜间，各色灯光照耀其上，使这些形象显示出既古典又现代，按照后现代建筑理论的说法，这正是它的“文脉”之所在。

第三节　建筑的室内色

一

相传有一位外科医生，在给病人动手术时，好几个小时全神贯注地工作，两眼一直盯着血色物体。等他做完手术，已筋疲力尽，这是他无意中把视线移到手术室内的白墙上，忽然看到一个蓝绿色的东西在晃动，而且他看到哪儿，这东西也跟到哪儿。导致他神经很紧张，于是就病倒了。后来别的医生给他治疗，那位外科医生总算痊愈了。这个“蓝绿色的怪物”其实就是由于那医生长时间看血色所引起的，他患的是视觉疲劳症。在他的视网膜里，红色视觉细胞由于长时间全神贯注地看，用得过量了，所以视线移到白墙上，所见到的就不是白色，正是红色的补色——蓝绿色。从此以后，国际医学界认为，手术室内不宜用白色的墙面，应当用蓝绿色调的浅灰色。所以如今大部分手术室都用这种色调，从而有效解决了这种怪现象。由此可见室内设色很重要。

二

建筑的室内色彩问题，首先要了解室内的视觉特征。大体说，视觉特征有以下 4 点：

（1）室内空间的照度低于室外。由于空间被物质遮拦，天然光线只能通过门、窗、天窗等射入室内。这种较低的照度对人来说却是有益的，人若一直在户外强光下活动，眼的机能就容易衰退。但这种低照度以人不感到不适为好。

（2）光源定向。室外之光，由于太阳方位从早到晚改变着，光源方向不定；而且阴晴雨雪，照度相差很大。室内光源则基本定向，总是从门、窗或天窗透光处射入室内，而且光量也能根据人的需要来调节。

（3）室内视距短于室外。室内空间的视距一般不会大于 100m，当然也可以透过窗子向外观望，但这时视觉性质已不属室内了。

（4）人在室内活动的时间长，视野也比较固定。有些人一天中大部分时间都在室内工作、学习或休息，有时甚至在一处长达几个小时。室外活动的情况就不一样，通常更丰富多样一些。因此，对室内的光和色也就更有讲究了。

处理室内色彩，必须认识室内光和色的下列 3 种关系：

（1）室内色彩受到外界的影响比室外少。古典主义画派、学院派的作品大多是室内完成的，如法国画家安格尔、大卫等，画中光线柔和、光源明确、固有色强烈、红就是红、绿就是绿。相反，印象派的作品多为户外写生，如：法国画家莫奈、雷诺阿等，画中的形象五光十色，特别是画中的暗部，受其他光色的影响较大，色彩甚为丰富。正是由于室内光和色的定型性，所以反过来也就容易塑造空间的色调。

（2）自然光与人工光结合。室内环境对人来说不但要满足物质功能，更有精神功能。室内空间的人工光（照明），不仅仅是为了补充室内照度之不足，而更多是为了组织某种氛围、文化气质。由于室内本来照度不高，所以其效果更容易显露出来。

（3）人工色彩。与室外不同的是他几乎都用人工色，由人选定、处理，即使是室内绿化，也是经人选择的。室外光和色的自然成分要比室内多，如：天空、山峦、树木等等。这样，室内设色的内涵就相当丰富了。例如，室内的顶面，室外显然是不存在的（只是天空）。

三

室内空间色彩处理与颜色视觉，大体有下列这几方面注意：

（1）色彩的冷暖：这是色相的重要的视觉特征。有的画家甚至强调，色相的问题就是颜色的冷暖问题。室内设色时，把握冷暖调子是相当重要的，而且也有实用意义。如：房子在夏季炎热时，则室内适当配以冷色调，可以增添凉意；在冬季比较寒冷时，则在室内多加些暖色调，给人有温暖之感。

（2）色彩的进退感：一般说暖色调有“进色”感，即感觉的距离要比实际的距离近些；冷色调有“褪色”感，即感觉的距离要比实际距离远些。如果要使房间增加深度感，可以在深度方向的壁面上设冷色（蓝、绿等）。有些公共性建筑，特别是纪念性建筑，这种效果很起作用；对于娱乐性的空间，如：投镖、打气枪一类的玩耍性场所，此种方式能给射手或投手在感觉上增大视距感。

（3）利用色彩的明度要素：色彩的明度要素也

能得到比较理想的效果。明度对比强烈之处，引人注目。室内空间明度增加，会引起人的兴奋感；相反，则就会使人沉静下来。晚上睡觉要熄灯，也就是这个道理。

据有的专家分析，如果人的视野内经常保持有1/4的视野是绿色，对人的健康是有益的。如果人处在一个充满各种鲜艳色彩的空间中，也是和谐的（心态），这种和谐属兴奋型，充满活力。对人体的健康有影响的是长时间处于纯度很高的单色相的环境中。因此，一些给人优雅感的空间，总是用大面积的纯度很低的颜色，如：米黄、淡绿灰、淡青灰等等。由于这些颜色都不纯，含有相当多的其他颜色，这不但给人有舒适感，而且对人的生理方面也是有益的。

室内色彩有时还有指意作用，指引你的心情向着设想要达到的境界展开。例如，一个与航海有关的场所，可以在色调处理上隐约地表示出“海”的意象，用深蓝与白较妥（横向的）；但也不要太像大海，太像则俗。似与不似之间的抽象意境，这是设计中应当追求的价值与品质。

四

室内空间的处理方法有多种多样，其中最主要的是以功能进行分类。以建筑室内功能分类来研究设色手法，其优点首先是具有实用性，其次是科学性。在此，我们对各类建筑的室内色彩作一简要分析。

（1）居住类。包括：家庭中的卧室、起居室、餐室，还包括旅馆中的客房，各种机关、公司中的集体宿舍房间等。我们不能说居住类空间色调用红的好还是绿的好，用暖色调好还是冷色调好，用高明度好还是低明度好，而是应当从风格和文化层面寻找判断的原点，即强调的是活泼愉快还是文静秀美。卧室与客厅、餐室、书房等也是有区别的。

客厅的色调一般应当热烈些，因为这里是家人共聚、共享之地，也是迎宾接客的场所。一般的做法，已在大面积低纯度颜色中，适当地插入一些高纯度的颜色，使之不产生沉郁之感。

卧室则重在安卧，所以宜比客厅来得文静，色不宜多变。特别要指出的是，有的人喜欢在墙面上挂大幅色彩斑斓的画，这其实不妥，这是个尺度的问题，墙上所放的画，所占面积不宜大于总墙面的1/4。至于画的内容和风格，则可以各人各喜欢，风景、静物、花鸟等等，各取所需。

住宅中的餐室一般不大，也不太高。从明度来说，也不宜太高。总之，以格调高雅为上。这种餐室在色调上以暖色调浅灰色为好，而且宜简洁。节日，或者有贵客到来时，可以添加饰物以助兴。食物上的照明，忌用色光，须用无色光。

（2）学习、研究类的建筑。读书、写字研究等活动，要求安静，所以色彩更要文静。从手法来说，学习、研究一类的室内环境色，可以从这几个原则着手进行设色：一是结合空间功能，是写作还是研究文、史、哲一类？是读书学习还是自然科学研究？写作的环境，希望有某种灵感上的启示，所以色彩中宜带启发性的效果，如在墙上做小块的装饰色，面积宜小，宜放在视线经常可以落到之处；对于科学研究，在视线所及之处最好不要有什么强烈的色彩出现，但应当注意休息时的视觉环境，能有消除大脑疲劳的色调（如淡绿灰，上有隐约的图案等等）。二是结合使用者的个性，是联想型的还是抽象思考型的等，据此来布置室内环境色。三是这种室内环境色应当随着使用者需求的改变而改变，不是一成不变的。四是注意表面材料的高雅，不宜太铺张奢华。

（3）医疗保健类。如前所说，医院室内并不都要用白色。如手术是一类，就应当用浅蓝绿的颜色。疗养性的建筑，室内也不宜用纯白色（墙面），因为，疗养者一般都没有什么疾病，他们来自机关、工厂、学校等，所以房间的色调希望同家里的卧室或宾馆里的客房相近，并适当设一些略有区分的灰色调，如：淡青灰、纯度很低的粉绿、浅米黄等，以此来进行色调的区分。

（4）商店、展销类。这种建筑的室内墙面，其实不必做得太精美、昂贵，因为大多数的墙面留给商品、展览品摆放。设计这任务在于设计商品、展览品的陈列，室内的形象和色调就是商品和陈列品的形象和色调。所以，这种空间着重要考虑的只是顶棚和地面。它们要什么材料、什么质地、什么颜色。一般说商品、陈列品本身就有丰富多彩的颜色，如：玩具（商品），五颜六色；服装，颜色也很多样。因此，壁面的色彩不必作更多地考虑（壁面几乎被商品占满）。

（5）文娱体育类。这类建筑的室内设色，要注意运动、比赛、娱乐时的心理效果。激情，是这类建筑的色彩主题。如排球比赛的场地用橘红色。体育馆内的观众席座位也用鲜艳的颜色，红的、黄的、绿的、蓝的等等。这种设色有 2 个好处：一是便于分区，使观众容易认定自己的座位（有的还与门票的颜色一致）。二是万一观众少，为避免场面冷清，影响运动员的情绪，所以那些空着的座位，由于颜色的醒目，也使场内的气氛保持一定的热烈、活跃。2020 东京奥运会主体育场便是运用了这一设计原理。

（6）纪念、陈列类。这类建筑往往要有庄重、严肃的环境要求。这类建筑，室内的设色方法首先要确定调子。从色彩三要素来说，色相的对比度不宜太强烈。最好侧重于某一色相，然后在这中间利用微差变化，如：用蓝（5B），再配以 2B、8B（低明度或高明度）或适当加蓝绿、蓝紫等色。同时，明度要注意方向性，即要明确走向，不宜混乱无方向感。例如，纪念性空间中，纪念对象的周围明度较低，纪念物（主体）明度较高；或者利用背景色的明度对比，背景暗，主体亮；或者背景亮，主体暗，均可。主体与背景在明度上应当拉开档次，使形象突出。另外，从顶部照下来的光，具有沉静、庄重、神奇之感，如：古罗马的万神庙、哥特式教堂中的大厅等，室内光都是由上而下，效果很好。纯度对比的作用是由不同纯度的颜色使纪念物产生庄重感，即周围与中心产生差异而强调中心感。纪念、陈列类的空间环境设色，在“观念”的层次要求上是比较高的，也要运用一些色彩文化符号，把每种所设之色都赋予某种文化概念。好比红色，有比德、博爱的意义；绿色有和平、生态的意义；蓝色有自由、理想的意义。

第四节　室内色调设计手法

一

有这么一个故事：好几年以前，日本某城市有一家肉铺子，肉店老板经营有方、生意兴隆，赚了一大笔钱。于是他计划要改造肉铺子的面貌，将店里店外好好装修一番，以使生意更红火。他要使这店铺神气十足，档次更高，因此他选用橘红色调，说这种颜色“热情”“大方”“富丽堂皇”。经过数日装修，门面和店堂装点得焕然一新，于是则吉日良辰开业。开业这天，倒也十分兴旺。大家图个新鲜，前来买肉的人甚多，可谓摩肩接踵，热闹非凡。可是，如此四五天后，生意就一天比一天冷清，后来竟很少有人光顾。一连数周，每况愈下。老板甚为纳闷，于是便去请懂行者，说个道理。其中有一位室内设计专家，一语道破个中缘故。他说：“顾客看了你殿堂里的许多鲜红的颜色，再来看你柜台上的肉，都觉得那些肉是冷灰色的，一点新鲜感也没有了。”老板听了，恍然大悟，并立即再次装修。按照专家的建议，以白色和浅灰色调为主。装修好以后再次开张，生意果然又兴隆起来了。这就是色彩的对比作用。

二

室内色调的设计，与人的心理关系很密切。作为视觉环境，室内的色调如何确定？首先要确定主体和环境。例如，一个餐厅，用餐者当然是主体；但作为餐厅，还不只是用餐者，同样也应包括餐桌上面的食物等，形成一个主体组合体，俗称“筵席”。这种室内环境指的是室内的诸建筑部件：墙、柱、门、窗、顶棚及其他饰物等。着重要考虑的也就是这些部件的色调。在此我们要分析下面一些问题。

（1）室内环境色的功能性与社会文化性。

首先，室内环境色的功能性。这里说的功能，不是指派什么用场，而是指塑造氛围的属性。如餐厅一类，其环境宜热烈，但又不要太强烈，要恰到好处。具体地说，色相偏暖、明度适中。纯度原则仍是大面积偏低，局部、小面积偏高为好。同时，应当做出自己功能上的色彩特点。如若这个餐馆是粤菜馆，在色调上做出带有南国风味的色调较好；若是个上海菜馆，则以海派风格为上，做到多元杂糅的效果，而且杂而不乱。不过，餐厅一类的室内空间，则起到烘托饮宴的作用。此外，从整个大厅的空间明度来说，不宜太高，也不宜太表露人的形象为好。重点在于表露餐桌上的菜肴，一定要让人看得清楚。俗话说“吃明不吃暗”，同时这也能充分发挥美食之“色、香、味”的特征。

剧场的室内环境色又有不同，因为人的注意力在戏，往往会全神贯注地看戏；不看戏时也不会长时间逗留在观众厅里，一般是去休息廊等地走走、坐坐。所以在剧场内的色调不宜突出，甚至形式也宜简不宜繁，最好让人们几乎想不到那个观众厅是什么色调，一心注意剧情。这就真正满足功能的要求。剧场，无论是形还是色，应当在门厅、休息厅（廊）等处多用功夫。

其次，室内环境色的社会文化性。这个层次要比功能层次含义更深，也要比功能层次更难处理。有些地方人很嘈杂，各种文化层次的人都有，如：宾馆中的中庭，车站中的候车室，还有商场等。从空间的意义来说，宾馆里的中庭，是须全面开放的，任何人都可以进去的。既然它对任何人开放，因此在空间色调、饰面材料等方面，就要在“大众”二字上着眼，即要雅俗共赏。在这种空间中，色调要处理成中间调子，但建筑的格调不能降低。

住房的室内环境色的社会性，关系到住房主人的文化素养。文化层次较高，能领悟艺术的意义，一般总想把自己的家设计得文雅秀美，藏而不露。有些人虽很富，但品位较低，室内环境往往处理得较俗，色彩可谓五颜六色，甚不协调。还要指出，习俗与民俗（Folklore），它与“俗气”完全不同。

（2）环境定势和色彩的情态导向。

唐代诗人韦应物有《赋得暮雨送李曹》：“楚江微雨里，建业暮钟时。漠漠帆来重，冥冥鸟去迟。海门深不见，浦树远含滋。相送情无限，沾襟比散丝。”而几乎在同一个地方，同样是分手场景，另一位诗人李白，却用了春暖花开，阳光灿烂的环境：“故人西辞黄鹤楼，烟花三月下扬州。孤帆远影碧空尽，唯见长江天际流。”这两首诗都是送别诗，但“环境色”不同，受不同的景的影响，它们所产生的是两种不同的情。这正如两句意义相反的成语：“情随境迁”和“景随情迁”。室内色彩设计要重视的正是环境色调对人的心理影响，也就是环境定势或感情导向。

医院病房设计成淡雅的色调，为的是使环境洁净，也为了使病人心情平和，不会因环境的五光十色而使病人不得安宁。当然在更高的层次上看也是心理上的，这种色调对病人来说能得到一种慰藉，感到自己的生命或健康有了保障。

舞厅的色调要强烈，要有动感，而且要有节奏和韵律感，也要有令人不知不觉地翩翩起舞之感，色彩宜有跳跃性，也可以配合灯光的闪烁。

三

随着时代的发展，当代的室内设计早已从整个建筑设计中独立出来，成为一门专业。因为，一是室内设计的要求越来越高，建筑无法“顺便”兼顾。二是建筑造好以后，最有变化的就是一些主要房间的室内形态，要不断地重新设计、装修（如：餐馆、饭店、歌舞厅等），因此室内设计事业兴旺发达也是势所必然。但建筑设计对于室内空间（设计）来说，也并非无事可做，要完成的工作是为室内设计创造条件，在室内空间设计（包括形态和色彩）时，多少已考虑到这几个方面：空间形态的可容功能有多大？室内饰面的变化可能性有多大？色彩问题怎样考虑等。其实也和空间造型有同样的性质。这就是说在室内色彩设计时，必须把使用年限预先估计进去，这其实是一种经济的设计法则。否则，上好的材料，三五年后都被敲掉，岂不可惜！但价钱便宜的材料并不意味着空间格调的降低，这就要求设计者运用设计的技巧与手法了。

从广义来说，功能合理也是美，或者叫功能美，以上说的色彩美，主要是说功能美。纯建筑色彩的美，即建筑色彩上的色相、明度、纯度上的变化与统一，对比与调和，节奏和韵律等，这些方面其实和形式美具有相通之处。

第十六章 Architectural Aesthetics among Art Forms 建筑美学与其他美学的比较

第一节　建筑美学与门类美学

一

建筑美学是一种门类美学。门类美学种类很多，有一种艺术文化就有一种美学。除了建筑美学，还有绘画美学、音乐美学、文学美学、戏曲美学、舞蹈美学等等；还有非艺术文化的美学，如：科学美学、技术美学、服饰美学等等。门类美学产生于第二次世界大战以后，兴盛于 20 世纪 80 年代。这也是出于人们对美的需要，人们希望有某种更深入的更切合某门类的美的理论，对这一门类的发展有益。后来甚至出现居住美学、交际美学等。

建筑美学是什么？我们在本书的绪论里曾谈到，建筑美学不同于建筑艺术，建筑艺术是建筑的形式美；建筑美学所包含的内容除了形式美，还包括文化、哲学，甚至也包括建筑的功能和技术等的美。同时，建筑美学更是哲理性的、深层次的。建筑美学所研究的是“为什么”，而不是“怎么做”。例如，一座建筑，在立面上用多立克柱，建筑美学的命题是为什么用多立克柱，而不是多立克柱是如何样子的。又如，西方中世纪教堂形式是哥特式，建筑美学的命题不仅仅是哥特式建筑有哪些特征，或某个哥特式教堂的历史等（那些是建筑历史的命题），而是要研究这种建筑形式产生的原因，给人产生什么感觉，起什么作用等等。天津蓟县独乐寺观音阁是辽代的建筑原物（建于公元 984 年），1976 年唐山大地震时没有被震倒，这可谓中国木构建筑的奇迹。但从建筑美学的层面来分析，这就是中国传统文化的一个重要的、深层次的特征，即“儒”的意义所在。所谓“儒”，《说文解字》里说：“儒，柔也。”以柔克刚，这正是中国文化的一种特质。

二

建筑美学作为一个门类美学，它的内容可以包含两个方面：一是在建筑史实中分析美之所在，从外国古代建筑、中国古代建筑和近现代（包括中国和外国）等几个类别中来分析建筑的美。应当注意的是中国古代建筑是一个独立的系统，它完整统一，年代久远，内容丰富，辐射的范围也很广（影响到日、朝、韩以及东南亚诸地）。二是通过建筑形式来分析建筑的美，从形式的变化与统一、均衡与稳定、比例与尺度、节奏与韵律、层次与虚实等方面来分析，也就是说通过建筑艺术来分析其美。这一部分看起来似乎等同于建筑艺术，但它在研究层次上要比建筑艺术更深一层。德国哲学家黑格尔说：“美学是艺术哲学。”所以我们也可以说，建筑美学是建筑艺术的哲学。但中国古代的艺术哲学是不独立的，它总是与其功能结合在一起的，或者说功能在其深层的意义上说本身就是美。关于这些纯美学上的内容我们在此不再展开了。

三

门类美学的一个特点是它直接与应用发生联系，不空谈美是什么、审美是什么等等。服饰美学与人们的穿着打扮直接有关，布料如何选用？色彩如何选用？款式如何？还有时尚问题等等。建筑美学其实也同样。所以建筑美学直接联系到建筑设计，其中有许多涉及设计手法、建筑造型、建筑材质及细部处理等，但它是美学，它并不具体涉及住宅怎么设计、学校怎么设计、医院怎么设计等等。在这一点上，建筑美学又接近于建筑理论。但理论（Theory）不同于原理（Principle），对这一点必须有所认识。

四

包括建筑美学在内，门类美学毕竟是一门年轻的学科，如何来研究？如何进行教学？其发展方向又如何等等，这一系列的问题都有待我们去思考、研究。但不能只是坐在案头苦思，最好是去实践。设计实践是最好的研究方式，在建筑的创作、设计中用建筑美学理论去指导，反过来实践经验又修正这种理论，相辅相成，这才是一个良性循环。另外，在教学中实践也是很有作用的。说建筑美学年轻，其实建筑美学作为建筑学专业教学中的一门课程来说更年轻，算起来还仅仅 20 年左右的时间，而且所开设的几乎都是选修课。也没有很好地总结、研讨。因此，笔者建议，要重视这门课，它不能如同在烧好的菜上面撒点葱花那样来对待。建筑美学应当发展成一门名正言顺的建筑理论课，甚至有必要成为一门必修课。

我们往往抱怨我们中国的建筑师的设计水平不及国外名师，真正优秀的作品甚少云云。这其实有关教育的质量问题，如果我们在专业教学的课程中只注重原来的体系和教学方法，那么教学质量的提高是困难的，建筑创作、设计质量的提高也是困难的。唯有我们重视建筑理论、建筑历史和建筑美学等这些课程的经营建设，才会有不断提高的可能。

第二节　建筑美学与绘画美学

一

建筑美学与绘画美学有 3 层关系：一是结构上的关系，如画面的构图，两者有共同的艺术追求。例如构图上的均衡问题、比例问题、节奏感、变化与统一、虚实与层次等。二是装饰性的，如：中国古代建筑上的彩画，特别是苏式彩画，如图 16-1 所示，在建筑的顶棚、梁、柱、斗栱上，画出许多风景、花卉等，五颜六色，起到装饰的作用。西方建筑也有许多绘画装饰，特别是洛可可建筑，总喜欢用画来装点建筑，如：大型壁画、装饰图案等。三是建筑画，就是用绘画的形式来表现设计意图，如今称“效果图”。但反过来说，“效果图”不是美术作品。在绘画上，有风景画（中国画称山水画）、人物画、花鸟画等；还可分油画、水粉画、钢笔画等，但不把“效果图”列为一个画种。“效果图”，从绘画美学来说没有它的地位。事实上“效果图”除了技法以外，没有自己的主题、观念，它的观念与主题从属于建筑，“效果图”说到底只是一张设计图。从绘画美学与建筑美学的关系来说，“效果图”不能说成是“建筑画”，它与中国古建筑上的彩画概念完全不同。古建筑上的彩画，建筑美学与绘画美学在这里得到了结合。

二

西方绘画到了巴洛克时代（17 世纪）发生了明显的变化，追求形的动态和色彩的强烈性。对于建筑来说也具有相似特征。巴洛克建筑除了强调对称、

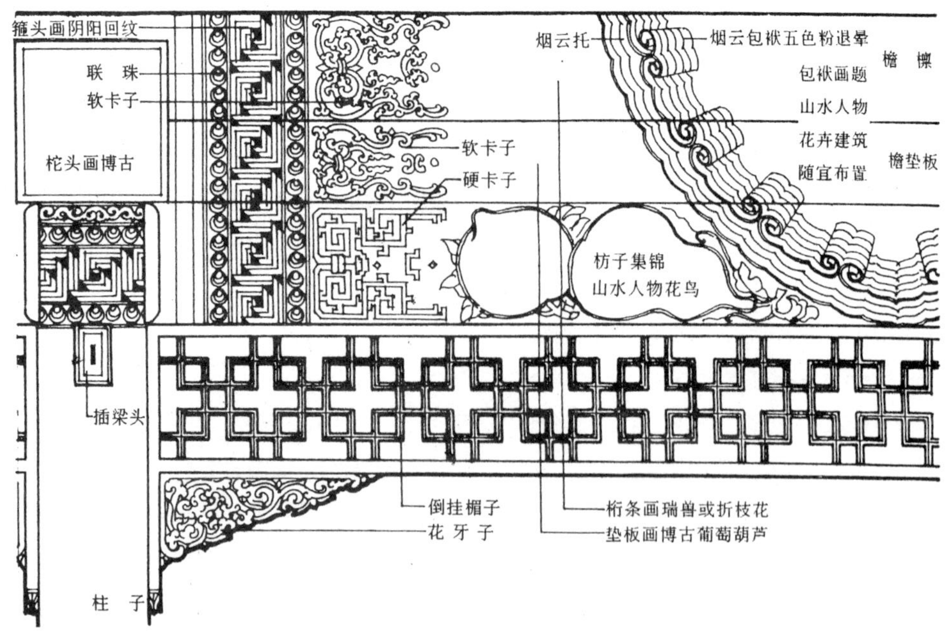

图 16-1 苏式彩画

庄重外，还追求形态的强烈性（多利用光影效果），如：意大利的坎皮泰利圣玛利亚教堂等。在绘画上，最有代表性的要算佛兰德著名画家鲁本斯（1577—1640 年）的《掠夺琉西波斯的女儿们》。这幅画描绘的是古罗马神话中的一个情节：宙斯与勒达的一对孪生儿子：卡斯托和波吕杜克斯正在抢劫迈锡尼王的两个女儿。作品中的 4 个人物与 2 匹高头大马扭结在一起，组成一幅独特的构图，突出了“抢劫”与“挣扎”两种强烈的动作。画面充满了热情的运动和生命力，在雄壮的造型中歌颂了人的生命力之美。

图 16-2 西斯廷圣母

三

绘画的构图是绘画美学的一个重要内容，历史上许多优秀的绘画作品，其构图都经得起美学上的推敲。如：意大利文艺复兴时期的名作拉斐尔的《西斯廷圣母》，其构图是用画上的 6 个人头，连成一个拉丁十字，如图 16-2 所示，这就是此画的思想性，表现出对宗教的虔诚。但它是隐含着的，不是显露出来的。隐含的效果更胜于说教，并且更着重于艺术性，彰显美学价值。

法国著名画家籍里柯（1791—1824 年）的代表作之一《梅杜莎之筏》，从构图上说形成两个不等腰的三角形，如图 16-3 所示。这个构图显示出一个生死搏斗的主题。这幅画的构图，须从他的主题说起。籍里柯当时去意大利，想在那里学习著名的艺术大师米开朗琪罗的作品，后来他回到巴黎，正当那时候巴黎的人们在纷纷议论一只船在海上遇难的事。船上的 2 个生还者的叙述登在报上，成为话题。但籍里柯从梅杜莎的沉没产生不断的想象。他不惜花费时间收集材料，找到这只船上的木匠，让他做个同样的木筏。他又用了好几天的时间在医院里观察病人的痛苦表情，并要求那 2 位生还者让他画像……这幅画耗时 16 个月，画中所有的人都是照真人写生的。画家德拉克洛瓦也为他当模特儿。这样的作画，在当时是创新，观念上也是新的。德拉克洛瓦深受感动，后来他的画《但丁和维吉尔》在很大程度上受《梅杜萨之筏》的启示。

建筑的思想性没有绘画来得具体、显露，往往是隐含着的。用黑格尔的说法，就是“朦胧的”“象征的”。德拉克洛瓦的另一幅作品《自由领导人民》，如图 16-4 所示，利用人物组合的轮廓线，峰尖式的构图达到一种力量，一种激情，看了令人热血奔腾。

四

中国画从美学上说，其主题表达看起来似乎不及上面说的那些西方绘画那样直白、明显，但它的主题更含蓄，更强调以人为本。北宋大画家范宽（？—1026 年）的作品《溪山行旅图》，在美丽的环境中，蕴含着人的悠然自得的情趣；人与景和谐统一。同时，还有层次之美。五代以降，山水画的思想境界其实在于表现人的本质问题、价值问题。

北宋著名画家兼绘画理论家郭熙（约 1023—1085 年）的著作《林泉高致 · 山水训》中这样描述山水风景：“春山淡冶而如笑，夏山苍翠而如滴，秋山明净而如妆，冬山惨淡而如睡。”，完全把自然山水人性化了。他还说，山水画要画出“可行、可望、可游、可居”才是妙品。

联想到建筑，则中国的园林建筑正是绘画的意境。苏州的怡园，其入口的意境充满画意，如图 16-5 所示，这是入口处的一块粉墙，看起来就像一幅画。同时，怡园里的许多景，也都具有画意，小品式的景，好像是一幅幅的花卉画小册页。整座园林，可以比作一本花鸟画集，堪称妙趣横生。

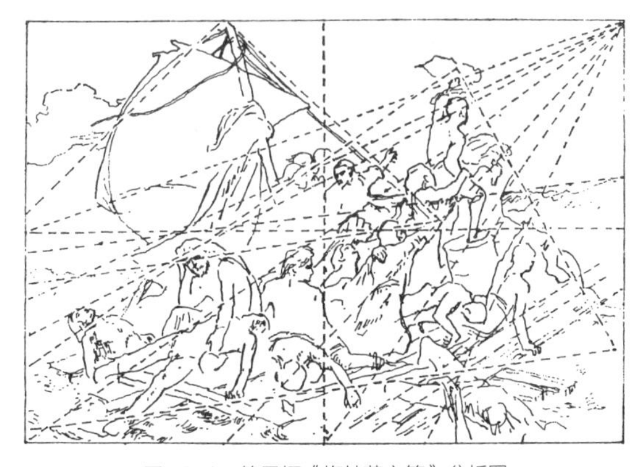

图 16-3　籍里柯《梅杜莎之筏》分析图

图 16-4　德拉克洛瓦《自由领导人民》分析图

图 16-5　怡园入口小院

五

现代艺术文化与古代的有明显的区别。现代建筑与现代绘画也有许多联系。这种联系，对分析、研究建筑美学无疑是有裨益的。

从语言学（Linguistics）来说，现代建筑与古代建筑的根本性区别就在于语言系统的不同；绘画也同样如此（当然，中国古代建筑与西方古代建筑的本质上的不同也可以用语言系统的不同来进行分析）。

现代绘画的审美准则并不在于表现所描绘的事物是否像。如画一盆水果，画得好像可以吃，画得像真的一样；画一幅山水画，如同一张彩色照片。现代绘画的审美标准，不是画得像什么东西，而是在于追求某种观念或体验。如：康定斯基（1866—1944 年）的作品《巴伐利亚的秋天》，抽象地画出金色的秋天之意，却只画了几块颜色。这幅抽象画若一经点破，观者会越看越像秋天。有的画，又如，荷兰著名画家蒙德里安（1872—1944 年）的作品《红、黄、蓝三色构图》，是典型的抽象画（风格派）。有人问建筑师勒·柯布西耶，如何看待表现线条、色彩和构图的抽象画，他说：“如果人一天劳累，回到家休息一下是一种享受。那么，也让视觉休息一下，看看墙上的那些抽象画，不要去想更多的事，这就达到目的了。”事实上，建筑也同样如此，现代建筑从艺术上说，总是通过门、窗、柱、墙、屋顶等部件来表现它的美。这些东西像什么？其实什么也不表现。

野兽派画家马蒂斯（1869—1954 年）有一次在画写生，画一位女性。在他边上站着另一位女士，在看他作画。她看了马蒂斯的画，觉得根本就不像，于是她便问马蒂斯：“这难道是我们女人的形象吗？”马蒂斯从容地回答道：“太太，那不是女人，那是一幅画！”这就意味着绘画并不总是表达像什么，而是一种意象具有自主性。其实建筑也是这样。它甚至不能像现代派绘画那样被指责画得像还是不像。

20 世纪 70 年代后，出现了“后现代主义建筑”（严格说出现于 20 世纪 60 年代），他们往往用拼贴式手法来表现作品（建筑）。因此，在其作品中总有许多古典的词汇，如：希腊柱、罗马拱等。其实这种倾向在现代绘画中也能找到。著名的超现实主义绘画大师达利的许多作品，看起来各部分都画得很逼真，甚至透出古典主义风格，但合起来就冲突强烈，令人匪夷所思。另一位超现实主义画家雷尼·马格利特的作品《比利牛斯的城堡》，地平线压得很低，天空中画了一块巨石，巨石上画了一个城堡。这幅奇怪的画，其实回应了一个词组：Castle in Spain。翻译成中文即“空中楼阁”。

第三节　建筑美学与雕塑美学

一

建筑与雕塑的关系是相当密切的。这种关系其实有两个方面：一是建筑与雕塑具有共同的造型语言，它们有共同的形式美法则，如：变化与统一、均衡与稳定、比例与尺度、节奏与韵律、虚实与层次等。二是建筑与雕塑更具有共生性，特别是巴洛克建筑和巴洛克雕塑。巴洛克建筑上面往往加上许多雕塑。如：德累斯顿的“大围廊”（茨温格宫），在立面上加了许多雕刻形象；巴黎歌剧院的立面上也有许多雕刻装饰。这些装饰性的雕塑，其风格属晚期的洛可可风格，手法极其烦琐，使建筑形象显得富贵华丽，充分反映出折中主义建筑风格的特征。

位于法国兰斯市的兰斯大教堂（建于 13 世纪末），是一座法国中世纪的著名教堂。这座建筑的风格属典型的哥特式风格，里面的雕刻不但多，而且风格统一，也是西方中世纪雕刻艺术的典型作品之一。这里的雕刻形象，人物修长，衣褶细腻而几乎都是垂直的长条形的。兰斯大教堂正面大门南侧墙面上的天神报喜、圣母往见等的雕刻群像，充满着垂直感，与建筑的垂直线风格完美匹配。

二

法国中世纪的另一座著名的夏尔特教堂，其中的雕刻也极为精美。如：教堂正门的人像雕刻，依附于柱子上，使建筑和雕刻紧密地结合在一起。

德国中世纪教堂及其雕刻也很著名。13 世纪末，德国的建筑艺术和雕刻艺术受法国的影响很大。如：萨克森—安哈尔特州瑙姆堡主教堂中的许多雕像，都与建筑紧密地结合。

在这里我们还要说说埃克哈特与乌塔。这是一对生活在 11 世纪瑙姆堡的贵族——埃克哈特总督（1032—1046 年任职）与他的妻子，波兰公主乌塔。他俩真人一般大小的雕像，身穿 13 世纪流行的“时装”，连同另外 10 名捐赠者雕像，一并立在瑙姆堡主教堂的西殿内，这是由一位只署上“瑙姆堡师傅”的雕刻家于 1249 年之后创作的。这位师傅可能无法了解生活在 200 年前人们衣着习惯，或者他就是想尽可能生动地表现人物和事件，使人觉得他们似乎真实地存活在他自己的写实主义风格的作品中。埃克赫特和乌塔的栩栩如生的形象很可能是生活在雕刻师的那个时代一对男女模特的真实相貌。

三

建筑与雕塑，不得不提文艺复兴时期的艺术巨匠米开朗琪罗。有关美狄奇府邸家庙墓室中的“昼、夜、晨、暮”那组（4 个）雕像，已经在前面说了。在此我们还要说他的 2 个不朽之作：《大卫》和《摩西》。1501 年，26 岁的米开朗琪罗开始雕刻大卫像，他接手了一块被弃置达 25 年的大理石料，历经 3 年终于完成了这一伟大的雕像。大卫健美的和保卫国家的无私气概，既是每一位公民素质的典范，也代表了全体佛罗伦萨市民的意志和愿望，同时又是人们心目中的完美的英雄形象。当米开朗琪罗的《大卫》完成后，人们选择了放置《大卫》的位置：在市政大厦门前，这更意味着这座雕像的重要性。

《大卫》既是米开朗琪罗的成名之作，也是意大利文艺复兴从初期到盛期的伟大的转捩点，转向对现实的关注，肯定人生的价值、荣誉和尊严，也开启了人文主义思维的领域。

四

谈到建筑与雕刻，同样不能绕过巴洛克大师贝尔尼尼（1598—1680 年），他是意大利巴洛克艺术的集大成者。他的雕塑造型，抛开了所有的约束，把人的情感表现提高到以往艺术家一直未曾企及的高度。同时，他利用人物肢体动作，营造一种外向的动势，从而使雕塑艺术发展出一种新的空间关系，使螺旋状形式成为巴洛克风格的基本结构之一。

罗马教皇乌尔班八世是贝尔尼尼最早的艺术资助人、委托者，也是他曾为之服务的 8 位教皇中的第一位。受其委托，贝尔尼尼在罗马圣彼得大教堂祭坛，制作豪华富丽的高达 28m 的青铜华盖（1624—1633 年），很好地体现出罗马天主教会的一份热情与雄心，在与宗教改革者们的较量中，借助艺术家的才智，炫耀天主教世界的繁荣与权力。贝尔尼尼的华盖，集雕刻与建筑为一体，4 根高达 20m 的螺旋形柱子，支撑着一个精雕细刻的华丽的顶盖。顶盖上立有 4 尊天使雕像和铸有精致的涡形支架支撑着一个带有十字架的圆球，它象征着教权的至高无上、统治一切。华盖前面的半圆形栏杆上点燃着 99 盏长明灯，而下方则是祭坛和圣彼得的陵墓。只有教皇才可以在这座祭坛上面对着东升的旭日，为朝圣者举行弥撒。

贝尔尼尼的青铜华盖和他设计的镀金青铜圣彼得宝座与米开朗琪罗的《哀悼基督》共同成为圣彼得大教堂的镇堂之宝。

17 世纪以后，宗教艺术的作用已不再是简单地宣讲图示教义，他还帮助人们坚定信念，皈依上帝成了首要任务。建筑师、雕刻家和画家，成了最有力的视觉引导者，他们一起把教堂装点成宏伟绚丽的舞台，这舞台要有比描述中的神话景象更为华丽和光辉，让人们曾经幻想的天堂变为现实，使信仰动摇者重新回归教会的怀抱。这种舞台化的装饰艺术，以贝尔尼尼为罗马维多利亚圣母教堂，科尔纳罗家族小礼拜堂祭坛所作的大理石雕刻《圣特雷莎的沉迷》（1645—1652 年）最为典型。

光线可以通过礼拜堂的天窗投射到这组雕像上，闪耀在圣女特雷莎的胸前。将要在沉迷中苏醒过来的她的面部表情表现出宗教体验的独特形式。这个雕像的衣褶，也不是传统的下垂形式，而是做成缠绕、回旋的形式，以强化激情和动势，这是典型的巴洛克风格。

五

关于雕刻，我们当然不能忘记法国著名的印象派雕塑家罗丹（1840—1917 年），由于生活所迫，他很小的时候便已经掌握了雕塑技术，包括制模等。后来他曾 3 次报考艺术学院，但均未果。在多次失败后，他便开始到欧洲的许多地方去游历。1874 年他创作《伤鼻的男子》，这是他成熟而有成就的第一件作品。与 19 世纪学院派“凝固”的雕塑风格不同，罗丹注重研究不断活动着的模特儿，让他们不断变换位置和姿势，因此每一个姿势和动态变化度变成了他的雕塑语汇之一部分。《地狱之门》是 1880 年受法国政府委托，为装饰艺术博物馆大门设计的规模宏大的青铜作品。他从 13 世纪意大利诗人但丁的“地狱”中得到启示，以一种自由表现的场面安排来展示主题。双扇青铜大门高 5.4m，宽 3.9m，有 184 个不同姿态的人物，通过浮雕、高浮雕和圆雕的形式来表现主题。数量众多的人体姿势，被称为“人体百科全书”。从这件作品中可以看出，

图 16-6　巴尔扎克纪念像

雕塑与建筑确实是紧密地结合在一起的。

罗丹的另一件重要作品是《巴尔扎克纪念像》（1897 年），如图 16-6 所示。这件作品完全摆脱了古典主义优美、理想、唯美的模式，以其粗犷、自由、运动的风格，完全不同于古典主义的审美准则。罗丹在创作这座雕像时，认真地阅读了巴尔扎克的文学著作，走访并查阅有关巴尔扎克的评论研究。然后进行创作，开始时他做了无数个小稿，然后决定用巴尔扎克在深夜写作的间隙，穿着睡衣踱步的形象。罗丹说：“他习惯于穿着睡衣工作。这使我可以让他穿上宽松的睡袍，给我提供了最好的线条和轮廓。”从创作的过程和方法来说，其实雕塑与建筑很相似，至少其思路是相像的。从美学的意义来说，我们不仅要品读雕塑的形态，也要学习它的创作过程。

六

关于雕塑与建筑的结合，我们还要说法国近代雕塑家马约尔（1861—1944 年）。他的代表作是巴黎卢浮宫广场上的一组雕塑。他所创作的女性形象，具有丰满浑厚的特点，具有“力感”，象征着大自然的活力。在这里与建筑和广场结合在一起。《地中海》这件作品，强调人体的体块效果，去掉

了许多不必要的细节，使作品单纯、饱满，显得更为和谐。其他如《河》《被束缚的自由》等，也都具有这种风格。

七

对于现代主义风格的雕塑，我们更要说英国著名雕塑家亨利·摩尔（1898—1986 年）。但他的雕塑学习却是在严格的学院派英国皇家美术学院学习的，在此使他获得了扎实的雕塑基本功。同时他对古埃及、意大利等地的雕塑（艺术）有了深入的了解，这才使他脱颖而出，成为一名根底很深的现代派雕塑大家。

亨利·摩尔的优秀作品很多，在这里我们只说与建筑的关系最为密切的华盛顿国家美术馆东馆入口处的一个作品。我们在这里摘录《贝聿铭传》（（美）迈克尔·坎内尔．贝聿铭传．倪卫红译．北京：中国文学出版社，1997.）：“早在抽象派雕塑成为毫无魅力的公司大厦的必备内容之前，贝聿铭已经千方百计在他所设计建造的建筑物旁边安置摩尔、考尔德和毕加索等艺术家的作品。他这么做的动机没有任何敷衍了事的成分；他认为，抽象派雕塑能够以一种形象雕塑无法企及的方式丰富大型现代派建筑。”

亨利·摩尔的这个作品，与贝聿铭的东馆是如此之合一，难怪有人评价，现代主义到了这里，无论是雕塑还是建筑，都达到了顶峰，并且成为一个整体。

第四节　建筑美学与音乐美学

一

德国哲学家谢林（1775—1854 年）说：“建筑是凝固的音乐。”后来有人补充说：“音乐是流动的建筑。”（一说是歌德说的，又一说是贝多芬说的）。从此，建筑与音乐之间的关系就更为密切了。英国著名音乐理论家柯克在《音乐语言》一书中说：“……中古时期的音乐在构思上主要是建筑式的；浪漫派的作品和文学联系紧密；印象派则和绘画毗邻；现代派又回到建筑式的构思中去了。”（（英）戴里克·柯克．音乐语言．茅于润译．北京：人民音乐出版社，1984.）但这里所说的“建筑式”，主要是指对称、均衡之类的形式感。其实音乐与建筑的最关键的联系是在表现方式上。音乐中的旋律、节奏、强弱、装饰性等，与建筑确实有许多相似之处。无非区别在于音乐是听觉的，而建筑是视觉的。

我国著名建筑学家梁思成也很赞美“建筑是凝固的音乐”这句话，他曾用北京的天宁寺塔的形式来比拟建筑的音乐性，而且还为它谱成曲子。当我们在观赏这座宝塔时，也确实会联想到音乐，或者说它本身就是一首美好的乐曲，令人神往。

二

如果从建筑美学的角度来分析，建筑中的比例、节奏、韵律以及对位等艺术法则，在音乐中也同样有，调式、节奏、旋律、赋格以及上行音、下行音等。

音乐与建筑还有一个重要的内在联系在于语义结构。有人问贝多芬：“《田园交响曲》在表现什么？”他回答说：“音乐不能叙事，只能表情。”他的《田园交响曲》表现了许多乡村生活情景。听这首乐曲，使人会朦胧地想象出许多乡村的景色和那里的生活情境。雷电交加时场景令人紧张；雨过天晴，又使乡村景物显得明快、清新。当然，这首曲子比起其他乐曲来，画面效果更多一些。又如，他的《命运交响曲》，其“命运”主题本身就是抽象的，他用“×××—×”这 4 个音来表现“命运在叩门”，是相当传神的。整首曲子，就是由这个节奏进行变形，达 6 次之多。音域变，节奏不变，以此来表现主人公如何与命运搏斗并最终取得胜利。

这种艺术形态联系到建筑，也同样如此。但建筑似乎更抽象，建筑只能从构图、线条、虚实、比例等手法来表现主题。例如，哥特式教堂，那种直指上苍的强烈的垂直线，那种高高的大厅和尖拱式的门窗，似乎有一种强烈的震慑力，使自己感到渺小，感到有罪，要虔诚地信奉上帝，才能到天堂。教堂的建筑形象以及教堂里作弥撒时的音乐，可谓浑然成为一体。

文艺复兴建筑的那些平和的檐部形象，开朗的圆拱窗以及具有节奏感的柱廊，这一切似乎都在颂扬人世间的美好，世俗比禁欲更有意义。这些主题，也通过抽象的视觉形象表达出来。音乐与建筑，在文化和艺术上是相通的。

三

中国的民族音乐也很优美动人，如果我们听到《春江花月夜》那首曲子，好像徜徉在美丽的富春江之上，江声月色，美妙非凡，令人如醉如痴。这种乐曲之美，意象出美的景观。对这种美的乐曲的建筑诠释，就是园林建筑了。承德避暑山庄的一景“月色江声”，正是这首乐曲的诠释。再具体到江南园林，苏州拙政园里的水面景观，《江南好》这首弦乐四重奏有异曲同工之妙；无锡的二泉（名胜），与华彦钧（阿炳）（1893—1950 年）的著名二胡曲《二泉映月》两者有同样的美。当然，《二泉映月》还有其深刻的主题，这一曲子是在诉说作者的茹苦含辛的人生，坎坷多舛的岁月，听起来既令人辛酸，又反映出一种悲剧式的美。日本著名指挥家小泽征尔听了这首《二泉映月》后，说了一句十分感人的话：“我起先不了解这首曲子，初次听到，但我听着听着，眼泪也流下来了。”——看来音乐相比于述事，更长于表情。建筑是“凝固的音乐”，所以也同样如此。

四

德国诗人海涅（1797—1856 年）曾经这样赞美过匈牙利音乐家李斯特的作品：“他在钢琴上，施展了一场暴风雨。我们似乎看见他置身于电光雷鸣之中，腾云驾雾般地升往天空。他的钢琴好像已经消失，他为我们呈现的是音乐。”我们也许会感到建筑也是如此，当我们见到匹兹堡市郊的建筑流水别墅，或佛罗伦萨的潘道芬尼府邸等优秀的建筑时，也会有相似的感受，我们也会说：“这时，材料消失了，只留下建筑。”

建筑是凝固的音乐，流水别墅这个建筑形象，以它的光洁的水平方向展开的挑台，与粗糙的垂直方向延伸的石墙组合起来，交相辉映；其比例和节奏又是那样的和谐得体。在这里，你也许会联想到交响曲中的主题和赋格。前面的水平挑台好似温文抒情的“主调”，后面的垂直墙面又好像是端庄稳重的“属调”。这两者似乎在“一问一答”，形成赋格曲式。这座建筑的美，与一曲优美动听的交响诗没有什么两样。

李斯特的交响诗《英雄悼歌》，以垂直线式的音乐语言，表现出风俗、信仰、法律和理念。而罗马圣彼得大教堂前的方尖碑，布达佩斯英雄广场纪念碑或马德里的哥伦布纪念碑等，也同样有这种艺术效果。无论其思想性和艺术性，建筑与音乐两者总是息息相关，互生感受的。

纪念性和宗教性，在崇高的意义上也许有许多相同之处，但纪念性的建筑语言往往带有“言志”和“比德”的审美特征；宗教建筑的语言则往往是沉思、遁世的。如前所说，像巴黎的埃菲尔铁塔、阿尔及尔的解放纪念碑等，其外形曲线是向上弯曲的；而西安小雁塔，云南大理千寻塔等，其外形曲线是向下弯曲的。这与音乐中的音型的“上行”与“下行”的审美效果是一致的。莎士比亚的戏剧《威尼斯商人》中的富家嗣女波希娅说，每个人都有自己的音乐，她还说：“谁听不到它，谁就会感到痛苦。”建筑的音乐性亦是如此。

五

现代音乐与古代音乐完全是两种不同的系统。建筑也同样，古代建筑与现代建筑同样也是两种不同的系统。近现代建筑从 1851 年的“水晶宫”开始，到 20 世纪初，近现代建筑走向高潮，其特点之一就是流派的出现。新艺术运动、维也纳分离派、表现主义、风格派、构成主义、未来派等；其实音乐在这个时期也同样如此，当时有印象派、新古典主义、新即物主义（产生于两次世界大战之间），以及后来的爵士音乐、乡村音乐等。这种流派众多的特征，使建筑与音乐两者又一次产生共同性。这种共同性的原因就在时代。

新古典主义音乐的代表人物是俄国音乐家斯特拉文斯基（1882—1971 年）。他的作品《火鸟》《春之祭》等，引起人们强烈的反响，有人支持，有人反对。据说《春之祭》（芭蕾舞剧）在巴黎初演时，剧场里闹得不可开交，甚至戏也演不下去了。其实若与建筑比较，它有些近于折中主义建筑（流派）。19 世纪下半叶盛行于欧洲的折中主义建筑，代表作是巴黎歌剧院（1874 年），它把各地的各种风格的建筑（形式）组合在一个作品中，但又显示出统一性。这种建筑风格与新古典主义音乐具有相近的性质。

到了 20 世纪 20 年代后，音乐界的新风格、新流派更多；建筑也同样如此。例如美国的乡村音乐。它来自民间，来自生活，感情十分浓厚、淳朴，似乎回应着年代已经久远的民歌形态。该流派中，美国著名音乐家福斯特（1826—1864 年）的许多作品，真可谓感人至深。他的那首《故乡的亲人》，我们好像能在歌中“看见”美丽动人的山水、田野，美丽动人的村舍，用木板条钉成的小木屋，如图 16-7 所示，一条小路，曲曲弯弯，路边有低低的木栅栏；远去，远去，带着忧伤的情调，一直伸向远方，“如今已远离故乡，心中是多么的悲伤。……”

他的另一首歌《我的肯塔基故乡》，是描写美国的小黑奴的。快乐童年不再来，何时能见到那美丽的家园：“阳光明朗照我肯塔基故乡，这夏天里人们欢畅。黑麦熟了，草地上花儿也开放，枝头小鸟终日在歌唱，儿童们在小屋门外捉迷藏，好快活、好天真可爱。忽听门外有人敲门召唤我，再见了我亲爱的家乡……”也是带着忧伤的情调，描绘童年时代家乡的美好时光、美丽的家园。

图 16-7　美国乡村建筑——弗厄本克住宅

《异乡寒夜曲》是一首著名的朝鲜民歌，那曲调显示出明显的朝鲜民歌特征。“离别这里不知多少年啊，故乡明月夜……什么时候才能看到故乡的山河，……又是这个静静的夜，明月向西落。”曲调委婉，歌词忧伤。听着这支歌，似乎在我们面前显现出朝鲜的山水和田野，连同自己的感情，都沉浸在银色的月夜里了。

第五节　建筑美学与文学美学

一

建筑与文学，看起来好像是两个不同的文化艺术领域，可是如果我们从美学的角度来看，建筑和文学都是关于人的学问，在这一点上具有共同的主题性。建筑提供人们生活活动的空间，不仅满足着人们的物质性需求，而且也满足着人们的精神性需求。建筑作为环境，给人以精神的、观念的影响，优秀的建筑，也给人以美的享受。从这个意义来说，它与文学是很接近的。而文学对建筑的描述，以及建筑对文学性意境的追求，则更使这两者有了共同的语言。

虽然建筑与文学毕竟是两个不同的文化艺术领域，文学描写和建筑造型是两种不同的表述方式；然而其精神实质却是相同的。它们只是以不同的形式表述着相同的精神。

建筑与文学的关系，可以分表层的和深层的两方面。表层的关系多指描述性的，如：滕王阁，当我们联系到王勃的《滕王阁序》时，就会增添它的一层美感；反过来说，一座好的建筑，以美的视觉形象给文章以更多的内涵，使文章增色。深层的关系，则可通过 4 个文化境界，即历史、时代、民族、地域，来研究建筑与文学的相互关联性问题。

二

从中国的文学与建筑来看，这两者的关系早已自然地有了联系。我们先从《诗经》和《楚辞》说起。中国古代文学大体可以分为韵体和散体两大类。根据鲁迅的研究认为，诗歌（韵体）作为文学形式，要早于小说（散体），所以在中国古代文学中，对《诗经》和《楚辞》是首先要关注的。《诗经》比《楚辞》早，但都属于先秦文学。那个时代，我国的南方也已经开始发展，有吴、楚等国。但南方的文化形态，在风格上与北方的很不相同。《诗经》属北方文学风格，《楚辞》则为南方的。显然，前者富有现实主义精神，后者比较浪漫。拿这种关系去观察建筑，则也同样如此。北方建筑着重讲究的是功能、社会伦理等；南方的建筑除此之外还有许多浪漫特征。无论屋脊、屋角、山墙等装饰，艺术夸张甚至含有巫术色彩。这种建筑形象，也许会使我们联想到屈原的《九歌》之类。

就描述来说，我们以《诗经·小雅·斯干》中的一首为例：“如跂斯翼，如矢斯棘，如鸟斯革，如翚斯飞，君子攸跻。”这是对当时华丽的宫廷建筑的文学性描述。从理论角度我们更应该看到，《诗经》中的这种描述，不仅仅是使建筑增光添彩，而且也正是由于这种描述，遂使这样的建筑形式作为至高无上的美的形式被确定下来。美，往往一半是客观存在的，另一半是社会文化所约定的。《诗经》是“五经”之一，有至高无上的经典性，所以对这样的建筑美的追求，也正是中国古代文化或美学上理所当然的事了。

韵体文到了汉代，由于社会的原因和文学自身的原因，“赋”这种形式有了很大的成就。汉代社会相对说比较稳定（除了东西汉之交的新莽时期），但这种社会的长治久安，则所谓“治久文繁”，“德盛文缛”（王充《论衡》），汉赋这种形式就合乎社会之需。当时流行“献赋”“考赋”，赋占尽功利。司马相如为陈阿娇（即陈皇后）写《长门赋》，为的是想劝说汉武帝回心转意，因此文辞委婉缠绵，真有打动人心之感。晋代的陆机（261—303 年）在《文赋》里说："赋体物而浏亮"，赋谓之铺陈其事。分析起来，与汉代的宫廷建筑极为相似。汉代的宫殿今虽已无存，但我们可以通过诸多资料，想象出当时建筑的壮丽形态。当时的长乐宫、未央宫、建章宫等，可谓壮观绮丽。《西京杂记》中说："未央宫周围二十二里九十五步五尺，街道周围七十里，台殿四十三，其三十二在外，其十一在后宫，……"豪华宏大的建筑，与巨幅长篇的赋是多么的一致。

建筑靠文学来描述，文学亦靠建筑而生辉。东汉以后，南方文化有了长足的发展，建筑和文学也同样如此。南朝的刘义庆（403—444 年）在《世说新语》中说："宣武移镇南州，制街衢平直。人谓王东亭曰：'丞相初营建康，无所因承，而制置纡曲，方此为劣。'东亭曰：'此丞相乃所以为巧。江左地促，不如中国，若是阡陌条畅，则一览而尽，故纡余委曲，若不可测。'"这可见，到了六朝时代，建筑的空间艺术已很讲究。而与此同时，文学上也进一步重视艺术技巧。刘勰（465—532 年）在《文心雕龙·隐秀》中说："夫隐之为体，义生文外，秘响旁通，伏采潜发……"建筑与文学到了这个时代，都进一步追求艺术性了。

建筑和文学相互影响和借鉴，自此可谓"渐入佳境"。到了唐宋，更进一步，诗词和散文对建筑形象的描述，使建筑更增添一层美丽的文学色彩。对"江南三大名楼"的描述，三篇诗文：王勃的《滕王阁序》，崔颢的《黄鹤楼》和范仲淹的《岳阳楼记》，皆产生于唐宋。甚至，早已无存的阿房宫，在《史记》中有记述，更是在唐代的杜牧，在他的《阿房宫赋》中的精彩描述，才成为中国建筑史上的了不起的作品。可惜此建筑早已被烧掉。诗词对建筑的描述，使建筑和文学之互动达到了最高的境界。在此列举一些描述建筑的诗句和词句：

"寂寞空庭春欲晚，梨花满地不开门。"

（唐·刘方平）

"闻道欲来相问讯，西楼望月几回圆。"

（唐·韦应物）

"碧栏杆外小中庭，雨初晴，晓莺声。"

（唐·张泌）

"深院静，小庭空，断续寒砧断续风。"

（宋·李煜）

"庭院深深深几许，杨柳堆烟，帘幕无重数。"

（宋·欧阳修）

"东风袅袅泛崇光，香雾空蒙月转廊。"

（宋·苏轼）

"还相雕梁藻井，又软语商量不定。"

（宋·史达祖）

也许，中国古代建筑的各种类型，无论厅堂斋轩、亭台楼阁、廊庑门窗、女墙台阶等等，几乎都被诗词描述过。因此到了明清，就给园林建筑带来了好处，他可以现成地利用诗词的境界来构图。如：苏州拙政园中的枇杷园，通过月洞门望去，景物层次分明，"庭院深深深几许"，正是欧阳修之《蝶恋花》的境界。园中还有那座留听阁，连同前面的荷花池，正是李商隐的《宿骆氏亭寄怀崔雍崔衮》中句："秋阴不散霜飞晚，留得枯荷听雨声。"但这多半是造园者的文学造诣，有意这样设置的，不然为什么叫"留听阁"呢？不懂诗词，不会赏园之妙处，更莫论造园。

如果范围再宽一点，戏曲也属文学。元明清时代，由于社会文化的诸多原因，戏曲有很大的发展。戏曲与建筑（指美学的）关系，不只是戏曲要由建筑来容纳（如戏馆、书场等），更深一层的关系，也还是文学性的。就建筑而言，则更多的是园林建筑与戏曲艺术的关系了。如江南诸园，多受昆曲艺术的影响；后来弹词兴起，则两者的关系也同样密切。

中国古代文学到了明清，小说大发展，小说作为文学形式，表现力更为宽广。对建筑的描述，这里重点说《红楼梦》中的"大观园"。好事者根据曹雪芹的描述，现在已建起多处"大观园"。不论建筑造得成功与否，总能说明一点：这些作品完全是附会演绎的。

然而小说之于建筑，不仅仅是大观园。从深层说，更重要的是小说的结构。明清时期的长篇小说，几乎都是章回式的。细想之下，这种形式多像建筑！四合院分进式的建筑，无论是宫廷、寺院、庙宇、民居等，无不如此。所谓规模大，不是院子大或房子大，而是院子多、屋舍多。大宅子多达好几十个院子，这与小说在结构上多么对应。《水浒传》这部小说的结构特点是每一回几乎都有很强的独立性，这与多进四合院建筑多么相似。

数千年的中国古代建筑，数千年的中国古代文学，两者对照起来，从中能发现深层的渊源，这对建筑和文学的美学层面上研究是很有裨益的。

三

西方建筑与中国建筑不仅形式各异，风格不同，而且基本结构也不同。这种不同的根本点是在社会文化。西方社会文化强调形式逻辑，强调人本，从而西方古代的建筑和文学有其共同性。西方文化同样也源远流长。《荷马史诗》这部文学名著称得上是西方文学之源了，后来它影响到古希腊、古罗马的文学；建筑也是如此，同样源于当时的米诺斯和迈锡尼的建筑。也许可以说，没有《荷马史诗》，就没有希腊、罗马文化，也没有后来的欧洲文化。爱琴文明乃是西方文明的摇篮。

中世纪把欧洲拖进了黑暗的深渊，而当它苏醒过来时，最早出现的是基督教文化，但也应当说是城市文化。这种文化在文学上具有市民性，又有浪漫色彩。它们与当时的建筑形态是很相似的，或者说源于同一个结构。叙事诗《列那狐传奇》，仿佛是我们见到了中世纪城市的街巷、民宅、法庭等。弗郎索瓦·拉伯雷（1495—1553年）的代表作《巨人传》，是一部著名的浪漫主义小说，在小说中也似乎使我们见到了中世纪哥特式的教堂形象。建筑与文学，息息相关，哥特式建筑的高直形态，也许由于这些文学作品的描述而显得更神奇和美。歌德（1749—1832年）曾对斯特拉斯堡大教堂这样赞美过："……看呀，这建筑物坚实地屹立在大地上，却又遨游太空。它们雕镂得多纤细呀，却又永固不坏。"

在西方古代，法国古典主义文化有相当重要的地位，这种文化投射到任何一个文学艺术门类，都有光辉的作品。绘画上有安格尔、大卫等的许多名作；文学上有高乃依、拉辛和莫里哀等的许多名作；建筑上则有巴黎卢浮宫的东廊等辉煌作品。这些门类的代表作，细玩起来，则似乎显示出风格一致，非常和谐。有趣的是古典主义戏剧的"三一律"和卢浮宫东廊的古典主义三段式构图，具有明显的相似性。

建筑是一种比较抽象的艺术（指的是其形式美），它不像小说那样以具体的情节和人物刻画来表现艺术性所在。因此浪漫主义文学或许与建筑的关系更密切一些。法国著名文学家雨果（1802—1885年）的《巴黎圣母院》可谓是最好的一个例证了。这座建筑和这部作品，很像我国的滕王阁和王勃的《滕王阁序》之间那样浑然成一体。

西方古代文学中的诗歌，也同样与建筑有着比较密切的关系。有人说英国的林肯大教堂，在这种哥特式的浪漫形态上，我们能"读"到英国著名的浪漫派诗人拜伦（1788—1824年）的诗篇。另一位英国浪漫派诗人雪莱（1792—1822年），他的作品更倾向自然，他的那首《诗章》，人们在朗诵时，会时常感受到空间的神奇与自然。

当然，西方古代小说对自然的描写，也许要比中国古代小说描写得更细腻而具体。屠格涅夫（1818—1883年）的大段描写俄罗斯自然风光，能唤起读者更多的视觉形象。英国著名小说家狄更斯（1812—1870年）的《奥利弗·特威斯特》（又译：雾都孤儿），也仿佛使我们亲临雾都，见到了都市街巷、桥梁、路灯、府邸和贫民窟等等。这是西方古代文学的描述特点，也是西方古代建筑的文学式的表述。

四

无论是现代社会的结构、观念形态以及各种现代文化门类，都源于工业革命。因此，现代的一切，一开始就是世界性的。近代西方文化大举东渐，中国也开始了新文化运动。这样，是不是民族和地域性会消失呢？至少它们的确在淡化。建筑是如此，文学也是如此。在现当代，医院、办公楼、体育馆、商场、银行等等，几乎都难以分出是什么国家的了。诗歌同样如此，现代诗的民族和国家特征已经淡化；但另一面，流派之间的差异却在不断衍生。从 19 世纪末开始，建筑上出现了许多流派；也产生了许多流派，表现主义、象征主义、超现实主义、存在主义、意识流，以及后现代主义、结构主义、解构主义等等。这就是现代文化。建筑和文学，得到了又一种组合。

意识流（Stream of Consciousness）是 20 世纪 30 年代前后兴起的一股文学思潮。所谓意识流，就是专注于描述人物的内心世界，着力于表现“无意识”和“潜意识”，以及刻画人的变态心理。若细细分析，这种意识流风格在建筑创作手法上也有相似的现象。如：德国斯图加特州立美术馆新馆（建成于 1984 年），它的入口形态有构成主义之感，内院能使人联想起罗马角斗场，坡道栏杆又能使人想起高技派（High Tech）。但作为符号来分析，却又都是不确定的，只是靠联想引起“语义”。整座建筑，看来似觉东拼西凑，但细细分析，则也顺理成章。所以有人说它像一部意识流小说。其他如表现主义等，在建筑上也有所反映。

语言学（Linguistics）的兴起，使得建筑与文学有了更多的共同内涵。正如英国后现代派建筑理论家查尔斯·詹克斯所说，后现代建筑的最重要的性质就是讲究语言，把建筑作为一个语言系统来看待。把建筑的各个部件作为词汇和句子来看待，本着某种主题思想和结构系统组合成“一篇文章”。因此后现代派的建筑形象，就完全不同于过去要是我们以过去的建筑造型手法来鉴赏，就会格格不入。这其实与后现代派文学有很多相似性。后现代文学的主要特征是通俗化、商业化和否定文化艺术的既有法则。这种观点与建筑是很相似的，文学的通俗化，在建筑上即所谓“双重译码”，所谓否定传统，其实就是对既有的建筑造型模式的否定，他们利用语言学、符号学的法则重新建构。不懂得传统的建筑形式法则者，反而更容易接受后现代派的作品。

解构主义（Deconstructionism）也被说成是后结构主义（Post-structuralism）的文学作品，更出自语言学，把原来结构主义的严密系统解开，再行组合，他们甚至反传统反到更深层，企图否定整个西方文化。这种文学理论更带有哲学性，所以也就更影响其他文化艺术门类。20 世纪 80 年代后出现的解构主义建筑，如：巴黎的拉维莱特公园等，便提供了明证。

索　　引

Index

注：本索引中西方人名均以姓氏进行排序；府邸、宫殿、教堂、园林、民居、柱式由于子项丰富，均列于大类名之下，以便根据类型检索。

G

H

J

K

参考文献 References

[1] （宋）孟元老．东京梦华录．邓之城注．上海：古典文学出版社，1956.

[2] 刘敦桢．中国住宅概说．北京：建筑工程出版社，1957.

[3] 中国建筑史编辑委员会．中国古代建筑史．北京：中国工业出版社，1962.

[4] 中国建筑史编辑委员会．中国近代建筑史．北京：中国工业出版社，1962.

[5] 清华大学土木建筑系图书编辑室．建筑构图原理．北京：中国工业出版社，1962.

[6] （法）丹纳．艺术哲学．傅雷译．北京：人民文学出版社，1963.

[7] （宋）吴自牧．梦粱录．杭州：浙江人民出版社，1980.

[8] 清华大学建筑系．建筑史论文集（第六辑）．北京：清华大学出版社，1980.

[9] 梁思成．清式营造则例．北京：中国建筑工业出版社，1981.

[10] （英）戴里克・柯克．音乐语言．茅于润译．北京：人民音乐出版社，1981.

[11] 建筑历史学术委员会．建筑历史与理论（第一辑）．南京：江苏人民出版社，1981.

[12] 同济大学，清华大学，南京工学院，天津大学．外国近现代建筑史．北京：中国建筑工业出版社，1982.

[13] 朱光潜．西方美学史（上、下卷）．北京：人民文学出版社，1979.

[14] （德）黑格尔．美学（1~4 册）．朱光潜译．北京：商务印书馆，1982.

[15] 建筑师（13、14、15）．北京：中国建筑工业出版社，1982—1983。

[16] 文化部文物保护科研所．中国古建筑修缮技术．北京：中国建筑工业出版社，1983.

[17] 罗哲文，罗扬．中国历代帝王陵寝．上海：上海文化出版社，1984.

[18] 叶朗．中国美学大纲．上海：上海人民出版社，1985.

[19] 苏联艺术科学院美术理论与美术史研究所．文艺复兴欧洲艺术（上、下册）．严摩罕，姚岳山，平野译．北京：人民美术出版社，1985.

[20] 张驭寰．吉林民居．北京：中国建筑工业出版社，1985.

[21] （美）阿纳森．西方现代艺术史绘画・雕塑・建筑．邹德侬，巴竹师，刘珽译．天津：天津人民美术出版社，1986.

[22] （古罗马）维特鲁威．建筑十书．高履泰译．北京：中国建筑工业出版社，1986.

[23] 姚承祖．营造法原．北京：中国建筑工业出版社，1986.

[24] 云南省设计院《云南民居》编写组．云南民居．北京：中国建筑工业出版社，1986.

[25] （俄）康定斯基．论艺术里的精神．吕澎译．成都：四川美术出版社，1986.

[26] 高轸明，王乃香，陈瑜．福建民居．北京：中国建筑工业出版社，1987.

[27] （美）弗朗西斯・D・K・钦．建筑・形式・空间和秩序．邹德侬，方千里译．北京：中国建筑工业出版社，1987.

[28] 闫崇年．中国历代都城宫苑．北京：紫金城出版社，1987.

[29] 董鉴泓．中国城市建设史．北京：中国建筑工业出版社，1989.

[30] 沈玉麟．外国城市建设史．北京：中国建筑工业出版社，1989.

[31] （英）钮金斯．顾孟朝，张百平译．合肥：安徽科学技术出版社，1990.

[32] 徐民苏等．苏州民居．北京：中国建筑工业出版社，1991.

[33] （英）罗杰・斯克鲁登．建筑美学．刘先觉译．北京：中国建筑工业出版社，1992.

[34] 沈福煦．美学．上海：同济大学出版社，1992.

[35] 《中国建筑史》编写组．中国建筑史．北京：中国建筑工业出版社，1993.

[36] 段玉明．中国寺庙文化．上海：上海人民出版社，1994.

[37] 杨永生．中外名建筑鉴赏．上海：同济大学出版社，1997.

[38] 王明贤，戴志中．中国建筑美学文存．天津：天津科学技术出版社，1997.

[39] 沈福煦．现代西方文化史概论．上海：同济大学出版社，1997.

[40] 侯幼彬．中国建筑美学．哈尔滨：黑龙江科学技术出版社，1997.

[41] 周维权．中国古典园林史．北京：清华大学出版社，1999.

[42] （英）贝克特.绘画的故事.李尧译.北京：生活•读书•新知三联书店，1999.

[43] 沈福煦.建筑设计手法.上海：同济大学出版社，1999.

[44] 沈福煦.建筑方案设计.上海：同济大学出版社，1999.

[45] 颜宏亮.建筑构造设计.上海：同济大学出版社，1999.

[46] 中国建筑学会建筑史学分会.建筑历史与理论（6、7辑）.北京：中国科学技术出版社，2000.

[47] 徐岩，蒋红蕾，杨克伟，王少飞.建筑群体设计.上海：同济大学出版社，2000.

[48] 刘芳，苗阳.建筑空间设计.上海：同济大学出版社，2001.

[49] 沈福煦，沈鸿明.中国建筑装饰艺术文化源流.武汉：湖北教育出版社，2001.

[50] （英）派屈克•纳特金斯.建筑的故事.杨慧君译.上海：上海科学技术出版社，2001.

[51] 沈福煦.中国古代建筑文化史.上海：上海古籍出版社，2001.

[52] 高春明.上海艺术史(上、下).上海:上海人民美术出版社，2002.

[53] 沈福煦，刘杰.中国古代建筑环境生态观.武汉：湖北教育出版社，2002.

[54] 张驭寰.中国城池史.天津：百花文艺出版社，2003.

[55] 陈志华.外国建筑史（19世纪末以前）.北京：中国建筑工业出版社，2005.

[56] 沈福煦.建筑历史.上海：同济大学出版社，2005.

[57] （宋）李诫.营造法式（上、下）.北京：中国书店出版社，2006.

[58] 张辉，吴晓欧.图说世界雕塑.吉林：吉林人民出版社，2009.

后　　记

书写到此，还只是 21 世纪初的时期，但时间又过去了好多年，现在已经到了 21 世纪的第 3 个 10 年，我们在本书中也提到了 2008 年的北京奥运会，如：著名的“鸟巢”（主体育场）和“水立方”（游泳馆），也提到了迪拜的“哈利法塔”，高达 160 层，828m（2009 年），但这里仅仅写了一句话，更没有从建筑美学的角度来分析。2010 年上海世博会，更是一个琳琅满目，令人眼花缭乱的美妙盛会，这是一次成功、精彩、难忘的盛会，这许许多多展览场馆，使我们大开眼界，原来建筑（造型）也可以这样来塑造！它至少预示着，将来的建筑及其美，必然会有让我们意想不到的形态。世界总是美好的！此外，2021 年举行的东京奥运会、中银舱体楼的拆除等事件，都预示着新的变化。可以想见，当我们拿到这本《建筑美学（第 3 版）》的时候，一定又会有更新、更多的建筑问世。未来是写不完的。